中文社会科学引文索引（CSSCI）收录集刊

中华美学学会外国美学学术委员会
中国社会科学院文学研究所文学理论研究室
扬州大学文学院 编

外国美学
International Aesthetics

30

江苏凤凰教育出版社

图书在版编目(CIP)数据

外国美学.第30辑/高建平主编.—南京:江苏凤凰教育出版社,2019.7
ISBN 978-7-5499-8266-0

Ⅰ.①外… Ⅱ.①高… Ⅲ.①美学-国外-丛刊 Ⅳ.①B83-55

中国版本图书馆 CIP 数据核字(2019)第 162116 号

书　　名	外国美学(第30辑)
主　　编	高建平
责任编辑	周敬芝
出版发行	江苏凤凰教育出版社(南京市湖南路1号A楼　邮编210009)
苏教网址	http://www.1088.com.cn
照　　排	南京前锦排版服务有限公司
印　　刷	江苏中山印务有限公司(电话:0511-86917816　86917818)
厂　　址	丹阳市朝阳路1-3号
开　　本	787mm×1092mm　1/16
印　　张	15.75
版　　次	2019年8月第1版 2019年8月第1次印刷
书　　号	ISBN 978-7-5499-8266-0
定　　价	50.00元
网店地址	http://jsfhjycbs.tmall.com
公　众　号	苏教服务(微信号:jsfhjyfw)
邮购电话	025-85406265,025-85400774,短信 02585420909
盗版举报	025-83658579

苏教版图书若有印装错误可向承印厂调换
提供盗版线索者给予重奖

名誉主编	汝 信
顾　　问	叶 朗　朱立元　陈中梅　钱中文　徐恒醇　曾繁仁 滕守尧

主　　编	高建平
副 主 编	姚文放

编　　委　丁　方　丁国旗　王一川　王　杰　王柯平　王瑞书
　　　　　　尤西林　牛宏宝　史忠义　刘方喜　李心峰　沈语冰
　　　　　　宋　瑾　张　法　陆　扬　陈　军　陈定家　易　英
　　　　　　金惠敏　周启超　周　宪　姚文放　顾华明　徐碧辉
　　　　　　高建平　曹卫东　章俊弟　梁艳萍　彭　锋

国际编委　佐佐木健一　　日本东京大学荣休教授,国际美学协会前主席
　　　　　　阿列西·艾尔雅维奇(Aleš Erjavec)　斯洛文尼亚科学与人文研
　　　　　　　　　　　　　　　　　　　　　　　究院研究员,国际美学协
　　　　　　　　　　　　　　　　　　　　　　　会前主席
　　　　　　阿诺德·贝林特(Arnold Berleant)　原美国长岛大学教授,国
　　　　　　　　　　　　　　　　　　　　　　　际美学协会前主席
　　　　　　柯提斯·卡特(Curtis Carter)　美国威斯康星麦魁特大学教
　　　　　　　　　　　　　　　　　　　　　授,国际美学协会前主席
　　　　　　理查德·舒斯特曼(Richard Shusterman)　美国佛罗里达亚特
　　　　　　　　　　　　　　　　　　　　　　　　　兰大大学教授
　　　　　　斯蒂凡·马耶夏克(Stefan Majetschak)　德国卡塞尔大学教授
　　　　　　沃尔夫冈·韦尔施(Wolfgang Welsch)　德国耶拿大学荣休教授

本期执行编辑　刘卓

目　录

经典选译　　1　论意识形态
　　　　　　　　　［法］阿尔都塞　著
　　　　　　　　　吴子枫　译

　　　　　　　43　论音乐中的恋物特征与听的退化
　　　　　　　　　［德］阿多诺　著
　　　　　　　　　刘　斐　译

哲学美学　　71　论图像的缄默
　　　　　　　　　［德］伽达默尔　著
　　　　　　　　　张　灯　译

　　　　　　　79　尼采解"世间恶"与灵知主义神话
　　　　　　　　　胡继华

　　　　　　　99　论罗杰·斯科鲁顿的艺术哲学
　　　　　　　　　章　辉

　　　　　　117　从纯粹美学与政治"偶遇"——形式分析与杰姆逊的批评手艺
　　　　　　　　　石　磊

东欧马克思主义　134　论奥索夫斯基的马克思主义符号美学
美学研究　　　　　傅其林

　　　　　　149　论马克思主义与现代主义在南斯拉夫的交融与抵牾
　　　　　　　　　张成华

163　社会主义文艺建设的困境与突围——对东欧"保卫社会主义现实主义"论争的再思考
　　　郭芳丽

177　《希望的原理》：一个哲学文本的文学解读
　　　邓建华　廖　恒

阿尔都塞研究

191　阿尔都塞与"认识论断裂"
　　　吴子枫

210　从"政治美学化"到"美学政治化"——重读阿尔都塞的文艺评论
　　　田　延

阅读与评论

232　阿多诺与音乐美学——《音乐社会学导论·序》
　　　朱立元

238　《情感与行动——实用主义之道》中译本导言
　　　［美］理查德·舒斯特曼　著
　　　高砚平　译

Contents

Translation of Classics	1	On Ideology
		Louis Althusser, translated by Wu Zifeng
	43	On the Fetish-Character in Music and the Regression of Listening
		Theodor W. Adorno, translated by Liu Fei
Philosophical Aesthetics Studies	71	Vom Verstummen des Bildes
		Hans-Georg Gadmer, translated by Zhang Deng
	79	Nietzsche's Interpretation of "Evil" and the Myth of Gnosticism
		Hu Jihua
	99	On Roger Scruton's Philosophy of Art
		Zhang Hui
	117	The Encounter of Politics and Aesthetics: Formal Analysis and Jameson's Craft of Criticism
		Shi Lei
Eastern European Marxist Aesthetics Studies	134	On the Marxist Aesthetics of Signs of Stanisław Ossowski
		Fu Qilin

149 On the Infusion and Conflicts of Marxism and Modernism in Yugoslavia
Zhang Chenghua

163 The Dilemma and Breakthrough of Socialist Project of Literature and Art: Rethinking the Debate of "Defending Socialist Realism" in Eastern Europe
Guo Fangli

177 A Literary Reading of *The Principle of Hope*
Deng Jianhua, Liao Heng

Althusser Studies Studies

191 Althusser and Coupure épistémologique
Wu Zifeng

210 From "Aestheticization of Politics" to "Politicization of Aesthetics": A Revisit of Althusser's Literary Criticism
Tian Yan

Reading and Review

232 Adorno and Musical Aesthetics: Introduction to the Chinese Translation of *The Sociology of Music*
Zhu Liyuan

238 Introduction of *Act and Affect: Paths of Pragmatism*
Richard Shusterman,
translated by Gao Yanping

———— 经典选译 ————

论意识形态①

[法] 阿尔都塞 著
吴子枫 译

什么是**意识形态**？并且首先，为什么是这个术语？

一、马克思与意识形态这个术语

我们知道，"idéologie"这个词是由德斯蒂·德·特拉西、卡巴尼斯和他们的朋友们一起发明的。他们根据启蒙哲学中的一个经典传统——其中，起源的概念②占据着核心位置——用它表示关于各种观

---

① 本文译自阿尔都塞遗著《论再生产》(Sur La Reproduction)，法国大学出版社 2011 年版。阿尔都塞曾从《论再生产》手稿中抽出著名的《意识形态和意识形态国家机器》一文，发表在 1970 年 6 月《思想》杂志 (La Pensée) 第 151 期上，并引起巨大关注。实际上那篇文章是由两个部分的摘要拼合而成的，其中关于"意识形态"部分也只是摘取了手稿中"论意识形态"一章的部分内容。随着《论再生产》的出版，学界现在终于可以把那篇文章的内容放回到那份手稿的整体中，来重新加以理解，这极大地深化了人们对阿尔都塞意识形态理论的认识。为了让中国读者得到一个阿尔都塞专门针对意识形态而作出独立发挥的既一致又完整的文本，我们这里全文发表《论再生产》第十二章"论意识形态"，希望以此推进中文学界对马克思主义意识形态理论的研究（阿尔都塞：《论再生产》，吴子枫译，已收入陈越主编的《阿尔都塞著作集》，即将由西北大学出版社出版）。

② "起源"原文为"genèse"，阿尔都塞经常用"genèse"和"origine"这两个不同的词来表示"起源"。前者来自《圣经·旧约》第一卷的"创世纪"，引申为"宇宙起源论"，转义为"起源""发生"等，后者也有"起点""根源"的意思。用这个词表示阿尔都塞认为"起源"的"概念"是一种意识形态概念。事实上，阿尔都塞一直都没有放弃对关于"起源"和"目的"的意识形态的批判，在他看来，唯物主义哲学家（比如伊壁鸠鲁）"不谈论世界的起源 (origine) 这个无意义的问题，而是谈论世界的开始 (commencement)"。参见《写给非哲学家的哲学入门》(Initiation à la philosophie pour les non-philosophes)，法国大学出版社 2014 年版，第 66 页。——译注

念(idéo-)的起源的理论(-logie)，由此有了**观念学**(Idéologie)①这个词。他们给研究观念学的团体取了一个广为人知的名字：**观念学家**(Idéologues)②。当拿破仑在一句名言中说"观念学家毫无用处"时，他想到的就是他们，并且仅仅是想到了他们，而显然没想到他自己：他作为资产阶级社会形态的头号意识形态家(马克思主义意义上的"**意识形态家**")，"幸免于"恐怖时代③，知道(或不知道，这无关紧要，因为他这么实践了)没有意识形态和意识形态家(他自己就是第一号意识形态家)是不行的。

在它们第一次被公开使用 50 年之后，马克思重新采用了意识形态、意识形态家这些词，但同时赋予了它们以一种完全不同的含义。他早在青年时期的著作，就采用了这些词，并不得不赋予它们以一种完全不同的含义，原因很简单：因为从为《莱茵报》撰稿时开始，他就先以激进的左翼意识形态家的姿态，然后以空想共产主义者的姿态，与他的敌人即另一些意识形态家展开了一场意识形态斗争。

因此，是意识形态斗争的实践和政治斗争的实践，迫使马克思非常早地——从他青年时期的著作开始——就承认了意识形态的存在和它的现实性，承认了它在意识形态斗争并最终在政治斗争中(也就是在阶级斗争中)所扮演的角色的必要性。我们知道，马克思既不是**第一个**承认阶级斗争存在的**人**，甚至也不是**第一个**发明阶级斗争这一概念的**人**，因为他自己承认，这个概念出现在王朝复辟时期资产阶级历史学家的著作中④。

---

① "Idéologie"即本文中的"意识形态"。文中的楷体字因原文中的不同字体而设置，下同。——译注

② 由于"Idéologues"(观念学家)在马克思主义理论中已经成为一个"科学概念"，所以作为"科学概念"的"Idéologues"，在本文中一律译为"意识形态家"。——译注

③ "恐怖时代"(la Terreur)，指法国大革命时从 1793 年 5 月到 1794 年 7 月这一阶段。——译注

④ 米涅、奥古斯丁·蒂埃里、基佐和梯也尔他们本人。这些历史学家-意识形态家在王朝复辟时期，描绘了法国大革命阶级斗争的历史："第三等级"反对其他两个"旧制度"等级(贵族、僧侣)的斗争。我们还要补充说：阶级斗争的概念(notion)早在这些历史学家很久之前，甚至早在法国大革命之前就出现了。就拿法国资产阶级前革命的意识形态的阶级斗争时期来说吧，从 17 世纪开始，封建制度的意识形态家和资产阶级的意识形态家，就已经以关于绝对君主制的"起源"问题的意识形态论战为中心，在一种所谓的种族斗争 (转下页)

可以肯定，正是这个一方面属于历史，另一方面属于自传的原因（即与莱茵河畔的资产阶级相对立的、加速了这位年轻激进的意识形态家转向空想共产主义），使得马克思在开始意识到自己的阶级立场之后——即在《神圣家族》《1844年手稿》①中，尤其是在《德意志意识形态》中——，给予**意识形态**这个概念如此多的关注。从这方面来看，有一个特别重大的理论差别把《德意志意识形态》与《神圣家族》《1844年手稿》区别开来。尽管《德意志意识形态》中包含了一种机械主义-实证主义的意识形态观，即一种还不是马克思主义的意识形态观，但在这个文本当中，人们还是可以找到一些惊人的提法，可以从资料上得到强有力地证明，马克思的政治经验突然闯入了一个仍然是虚假的总的观念中。例如以下两个简单的提法：1."占统治地位的意

（接上页）（日耳曼人和罗马人之间的斗争）的形式下，明确地思考过阶级斗争了。**日耳曼法学家**是封建制度"古典"形式的辩护人，他们反对与资产阶级"平民"结成联盟的绝对君主制的"专制主义"。他们抵抗着罗马征服者所强加的君权神授专制君主模式的有害影响，维持着古典封建制度的"民主"神话，在这种神话中，国王只是一个由自己的同僚通过民主议会选举出来的领主。他们因此根据这种图式来书写"中世纪"的"历史"。这个论点最杰出的代表是孟德斯鸠（参考《论法的精神》最后几章）。相反，**罗马法学家**（参考度波长老）则为相反的论点辩护：与封建的无政府状态相反，绝对君主制由于得到引用和注释罗马法的法学家支持，并有"平民"出于**民族**原因的忠诚为基础，所以能够在社会关系中确立秩序、公正和理性。罗马人对高卢人的征服，对**日耳曼法学家**是反动的灾难，但对**罗马法学家**来说却成了一项解放的事业。让我们注意这些论点的独特变迁（尽管来自高度的历史想象，但它们像任何意识形态论点一样，有一些真实的目标）：当力量对比最终开始失去平衡，也就是说在18世纪后半叶，**日耳曼法学家**对"民主"的要求最终被一些与绝对君主制的**专制主义**进行斗争的意识形态家（这次是左派）从它最初的辩护人那里夺过去——比如左派日耳曼法学家马布利，就采用了右派日耳曼法学家孟德斯鸠同样的论据……在这一点上，我们可以注意到对在种族斗争（日耳曼人反对罗马人，或反过来说也一样）的意识形态伪装下作为历史"火车头"的阶级斗争的真正承认。这场意识形态论战的显在对象是绝对君主制，这场意识形态斗争的真正对象，是资产阶级的上升，以及它在资产阶级和绝对君主制结盟的基础上反对封建贵族的斗争（但这一切都发生在占统治地位的封建生产关系内部）。我们还可以指出，这场围绕绝对君主制、**罗马法**、种族斗争等等问题而展开的意识形态斗争，与现有一流的**意识形态理论**出现在同一时代：在这个一流的行列中，有霍布斯的理论，举世闻名；有斯宾诺莎的理论，完全被埋没；还有所有那些充斥于18世纪**启蒙哲学**中的**意识形态理论**——正如大家所知道的那样，或者不如说，正如大家所不愿意知道的那样。我们还可以指出（以便当以后我们再次谈论哲学时，还能记住这一点），如果没有政治形式和商业形式下的"**罗马法**的**复兴**"这一先决条件，就难以想象"现代"哲学即由笛卡尔开创的资产阶级哲学的诞生。（文中"被埋没"原文为"méconnue"，也可译为"被误认"。"复兴"原文为"Renaissance"，直译即"再次诞生"。——译注

① 即《1844年经济学哲学手稿》。——译注

识形态是统治阶级的意识形态"①;2. 把意识形态定义为"承认"和"误认"②。

不幸的是,马克思一方面认为自己已经在《德意志意识形态》(他后来把它留给"老鼠的牙齿去批判"了③)中"清算"了"从前的哲学信仰";另一方面(在《德意志意识形态》的实证主义过渡阶段)又认为必须彻底"消灭"一切哲学(因为哲学仅仅是意识形态);所以他开始学习"实证的东西",也就是说,在1848年革命失败之后,开始学习政治经济学。由于意识到自己直到那时为止对此所具有的只不过是一些道听途说的知识,所以1850年他决定"从头开始",着手进行认真的研究。我们知道,十七年之后,他从自己的研究中写出了《资本论》第一卷(1867年)。

不幸的是,尽管《资本论》包含了一种关于各种意识形态(尤其是庸俗经济学家们的意识形态)的理论的许多要素,但并没有包含这种理论本身,因为这种理论在很大程度上(接下来我们会看到,在什么程度上)取决于一种**关于意识形态一般的理论**④,而在马克思主义理论

---

① 参见《德意志意识形态》,《马克思恩格斯文集》第一卷,人民出版社2009年版,第550—551页:"统治阶级的思想在每一时代都是占统治地位的思想。这就是说,一个阶级是社会上占统治地位的物质力量,同时也是社会上占统治地位的精神力量。支配着物质生产资料的阶级,同时也支配着精神生产资料,因此,那些没有精神生产资料的人的思想,一般地是隶属于这个阶级的。占统治地位的思想不过是占统治地位的物质关系在观念上的表现,不过是以思想的形式表现出来的占统治地位的物质关系;因而,这就是那些使某一个阶级成为统治阶级的关系在观念上的表现,因而这也就是这个阶级的统治的思想。"——译注

② 希望大家能允许我吐露一点个人隐情:在弗洛伊德学说的信奉者中,拉康曾把"承认/误认"运用于无意识,我重新采用了他提法中的这两个词,把**意识形态**的功能定义为"承认/误认"(reconnaissance/méconnaissance)。可是在我费劲地把这个定义陈述出来几年之后,却"发现"这个提法一字不差地早就出现在《德意志意识形态》中了……[参见《德意志意识形态》,《马克思恩格斯文集》第一卷,第549页:"我们举出'未来哲学'中的一个地方作为例子来说明**承认**现在的东西同时又**不了解**现在的东西——这也是费尔巴哈和我们的敌人的共同之点。"引文中的黑体为译者所加,注意,"不了解"一词即"误认"(méconnaissance)。——译注]

③ 顺便提一句,这句话证明:马克思当时认为需要对《德意志意识形态》进行严肃的**批判**,不过,是老鼠们……担负了这个批判的任务。可是大多数马克思主义者对却它字字信奉,并大肆引用以建立自己的"理论"。唉!老鼠们都能做到的事,有多少作为马克思主义者的人做到了呢?

④ "意识形态一般"(idéologie en général),与"各种意识形态"(idéologies,指各种具体的意识形态)相对,这个提法是阿尔都塞仿照马克思的"生产一般"而提出来的,前文中还有"哲学一般"等提法,也是如此。——译注

中,一直缺乏这样的理论。

我想冒着巨大的风险为这个关于意识形态一般的理论提出一个初步的、相当图式化的草图。我将要提出的这些论点,当然不是即兴而发的,但也只有经过非常漫长的研究和分析(对这些论点的陈述可能会激发这种研究和分析),才能得到支持和证明,也就是说,才能得到确认或否决。因此我请求读者对我将冒险[陈述/公开表明]①的命题,既保持高度的警惕,也给予最大的宽容。

二、意识形态没有历史

首先要简单阐述一下根本原因,说明为什么在我看来可以提出一套方案(至少证明有权提出这套方案),以建立一种关于意识形态**一般**的理论,而不是建立一种关于**各种**个别的意识形态的理论。对于那些个别的意识形态,人们既可以通过其领域内容(宗教、道德、法律和政治等等的意识形态),也可以通过其阶级含义(资产阶级、小资产阶级、无产阶级等等的意识形态)来看待它们。

在本书第二卷②中,我将尝试从刚才提到的两个方面出发,给**各种**意识形态画一个理论草图。而我们会看到,关于**各种**意识形态的理论,最终取决于社会形态的历史,因此取决于在社会形态中结合起来的生产方式的历史,以及在社会形态中展开的阶级斗争的历史。在这个意义上,显然就不可能有关于**各种**意识形态的**一般**理论了,因为**那些**意识形态(从上面提到的两个方面看,可以把它们定义为不同领域的和不同阶级的意识形态)是有历史的,而这种历史的归根到底的决定作用显然**外在于**那些意识形态本身,尽管又涉及那些意识形态。

反过来,如果我能够提出一套关于意识形态**一般**的理论方案,并且如果这套理论正是关于**各种**意识形态的**那些**理论必须依赖的诸要素之一,那就意味着要提出一个在表面上是悖论的命题——为了把牌摊到桌面上,我将把它表达为:**意识形态没有历史。**

---

① [手稿中有两个重叠在一起的词:陈述/公开表明]

② 这里所说的"第二卷",是指阿尔都塞整个写作计划中的第二卷,但这个计划并没有完成。——译注

这个提法白纸黑字地写在《德意志意识形态》里。马克思在谈到形而上学时说了这样的话,他说,形而上学同道德(言下之意还包括其他的意识形态形式)一样**不再有历史**。①

在《德意志意识形态》中,这个提法是在一种坦率的实证主义语境中出现的。在这里,意识形态是纯粹的幻觉、纯粹的梦想,即虚无。它的所有现实性都外在于它自身。因此,意识形态被设想为一种想象的建构物,它的理论地位与梦在弗洛伊德之前的作者们心目中的理论地位恰好是一样的。在那些作者看来,梦是"白昼残迹"的纯粹想象的(即无用的)结果,它表现为一种任意的,有时甚至是"颠倒的"组合和秩序,简而言之,表现为"无序的"状态。在他们看来,梦是想象的东西,是空幻的,无用的,是人一旦合上双眼,就会从唯一完满而实在的现实——白昼的现实——的残迹中任意"拼合起来"的东西。这恰好就是哲学和意识形态(因为在该书中,哲学就是典型的意识形态)在《德意志意识形态》中的地位。

意识形态是一种想象的拼合物,是纯粹的、空幻而无用的梦想,是由唯一完满而实在的现实的"白昼残迹"构成的东西——这个现实,就是许多物质的、具体的个人的具体的历史,他们物质地生产着自身的存在。在《德意志意识形态》中,意识形态没有历史的提法正是以这一点为基础的,因为它的历史**在它之外**,而在那里唯一存在的历史就是那些具体的个人等等的历史。因此,在《德意志意识形态》中,意识形态没有历史这个论点是一个纯否定的论点,因为它同时意味着:

1. 意识形态作为纯粹的梦,什么都不是(这种梦是由天知道什么力量制造出来的——除非是由分工的异化制造出来的。而异化同样也是一种**否定的**规定性)。

2. 意识形态没有历史,这绝不是说意识形态真没有历史(恰恰相反,因为意识形态无非是对实在历史的苍白、空幻和颠倒的反映),而是说**它没有属于自己的历史**。

然而,我希望捍卫的这个论点,尽管在形式上重复了《德意志意识形态》中的措辞("意识形态没有历史"),但是它与《德意志意识形态》

---

① 参见《德意志意识形态》,《马克思恩格斯文集》第一卷,第 525 页:"因此,道德、宗教、形而上学和其他意识形态,以及与它们相适应的意识形式便不再保留独立性的外观了。它们没有历史,没有发展,而发展着自己的物质生产和物质交往的人们,在改变自己的这个现实的同时也改变着自己的思维和思维的产物。"——译注

中那个实证主义-历史主义的论点有着根本的不同。

因为一方面,我认为可以主张各种意识形态**有属于它们自己的历史**(尽管这个历史归根到底是由发生在生产关系的再生产机器中的阶级斗争决定的);另一方面,我认为也可以同时主张**意识形态**一般**没有历史**,但这不是在否定的意义上(它的历史在它之外),而是在绝对肯定的意义上来说的。

意识形态的特性在于,它被赋予了一种结构和功能,以至于变成了一种非历史的现实,即在历史上无所不在的现实,因为这种结构和功能**以同样的、永远不变的形式**出现在我们所谓的整个历史中——说整个历史,是因为《共产党宣言》把历史定义为阶级斗争的历史,即**阶级社会的历史**。如果真是这样,那么意识形态没有历史这个提法就具有了肯定的意义。

为了避免读者被可能要面对的这个命题搞糊涂,我要再次回到我关于梦的例子上来,而这一次是要依据**弗洛伊德**的观念。我要说,我们的命题(**意识形态没有历史**)能够而且也应该与弗洛伊德的命题(**无意识是永恒的**,即它没有历史)建立起直接的联系(这种做法绝对没有任意的成分,完全相反,它在理论上是必然的,因为这两个命题之间存在着有机的联系)。

如果"永恒的"并不意味着对全部(暂存的)历史的超越,而是意味着无处不在,因而在整个历史范围内具有永远不变的形式,那么,我情愿一字不变地采用弗洛伊德的表达:**意识形态是永恒的**,恰好就像无意识一样。我还要对必要的、从今往后也是可能的研究进行预支,以补充说,这种相似是有理论根据的:因为**事实上,无意识**的永恒性归根到底以**意识形态**一般的永恒性为基础①。

因此,在弗洛伊德提出了一种关于无意识**一般**的理论这个意义上,我自认为有权提出(至少以假说的形式提出)**一种**关于意识形态一般的理论。

为了简化用语,并考虑到上面已经对**各种**意识形态有所讨论,我们更愿意约定用"**意识形态**"这个术语本身称呼"意识形态一般"。我刚才说过,这个意识形态没有历史,或者(这是一回事)它是永恒的,也

———————————

① 总有一天要用另一个肯定性的术语来称呼弗洛伊德用否定性的术语即"无意识"所指的现实。这个肯定性的术语,将与"意识"没有任何联系,哪怕是否定性的联系。

就是说,它无所不在,在整个历史(=有各社会阶级存在的社会形态的历史)中具有永远不变的形式。大家会看到,我将自己的讨论暂时限制在"阶级社会"及其历史的范围内,但我会在其他地方表明,我所捍卫的这个论点也能够并且应该推及于人们所说的"无阶级"的"社会"。

三、镇压①与意识形态

说完了这些,在进入我们的分析之前,还有最后一点说明。

这种意识形态理论的优越性(这也是我在我们叙述中的这个环节对它进行发挥的原因)在于,它向我们具体地指出了意识形态在其最具体的层面,在个人"主体"的层面,即生存着的人的层面,是如何通过人们具体的个性,通过他们的工作、他们的日常生活、他们的行为和活动、他们的犹豫、他们的疑惑,通过他们所感受到的最直接的显而易见性,而发挥功能的。我敢说,那些高声大叫要"从具体出发!从具体出发!"的人,将在这里得到"满足"。

此前,当我们指出法律-道德的意识形态所扮演的角色时,我们就已经触及了这个具体的层面。但我们当时仅仅是将它指了出来,还没有对它进行探讨。因此,我们当时还不知道"**法的系统**"是一套意识形态国家机器。后来我们引入了意识形态国家机器的概念,指出存在着复数的意识形态国家机器,说明了它们的功能,指出是它们使不同领域和不同形式的意识形态得以实现,并使那些意识形态统一在**国家的意识形态**之下。我们还阐明了那些意识形态国家机器的总功能,以及以那些意识形态国家机器为对象和场所的阶级斗争的种种后果。

但是,我们还没有阐明,在这些机器和它们的实践中得以实现的国家的意识形态及意识形态的不同形式(要么是阶级的,要么是不同领域的),是如何达到具体的个人本身(比如某个叫皮埃尔、保罗、让、雅克的人;某个冶金工人、雇员、工程师、工人战士、资本家;某个资产阶级国家的人;某个警察、主教、法官、官员,等等),出现在他们的观念

---

① "镇压"原文为"répression",在本书中,我们将依据上下文并根据中文表达习惯将它分别译为"镇压"或"压迫",即当它与"剥削"成对出现时,译为"压迫";当它与"意识形态"成对出现时,译为"镇压"。另外值得注意的是,精神分析中的"压抑"也是这个词。——译注

和行为,出现在他们具体的日常生活的存在中的。我们还没有阐明意识形态是通过什么样的总机制,"使得"具体的个人在劳动的社会-技术分工中,即在生产、剥削、镇压和意识形态化(还有科学实践)当事人的不同岗位上,"自动行事"①的。简而言之,我们还没有阐明意识形态是通过什么样的机制,不需要安排个体的宪兵跟在每个人的屁股后面,就"使得"那些个人"自动行事"的。

我这样说不是在陈述一个无根据的悖论,因为在反社会主义的阶级斗争中,有一些"幻想的"②作品把"极权的"社会主义社会描绘成这样一种社会③:在那里,每一个人身后都跟着一个专门为他而设的"监视人"(一个警察或老大④,同时也是**宗教大法官**,他出现在最偏僻的每一个房间里,并配备了科幻小说中前卫精致的设备,如墙壁上的麦克风、电子眼、闭路电视等等),对每一个个体的一举一动进行观察—监视—禁止—命令。

抛开这种反社会主义作用明显(但也很粗劣)的"政治科幻小说"不谈,回到五月运动中的大学生—中学生—知识分子(他们认为自己领导着这场运动,但是它作为一场群众运动,超出了他们的掌控)这里来,我们会在那些试图领导这场**运动**的非常狭小的圈子里的非常时髦也非常普遍的形式中,再次发现完全同样的令人难以置信的神话。当《行动》周刊最近在头版巨幅图画中写下"赶走你大脑中的警察!"这一口号时,它没有想到自己重复了同样的神话,没有想到这个表面上是无政府主义的口号,根子里却是反动的。

因为关于**宗教大法官**无处不在的"极权的"神话,与关于警察"在我们大脑中"无处不在的无政府主义的神话完全一样,都以同样的反

---

① "使得……自动行事"原文为"fait agir tout seuls",也可译为"使……自己动起来"。——译注

② "幻想的"原文为"d'anticipation",其中"anticipation"其实是"预先""预测"的意思。"d'anticipation"也可译为"科幻的",但为了与后文中的"science fiction"(科幻小说)相区分,这里译为"幻想的"。——译注

③ 反社会主义的"宗教大法官"主题可以上溯到陀思妥耶夫斯基。此后还有库斯勒和《第25小时》(*La 25ème heure*)等等。[亚瑟·库斯勒(Arthur Koestler, 1905—1983),匈牙利裔英籍作家、记者,著有反共小说《中午的黑暗》(*Darkness at Noon*, 1940)等;《第25小时》(*La 25ème heure*)是罗马尼亚裔法国作家维吉尔·乔治乌(C. Virgil Gheorghiu, 1916—1992)写于1949年的一部小说。——译注].

④ "老大"原文为"Grand-Chef"。——译注

马克思主义的"社会"运行观为基础。

关于这种社会运行观，我们已经谈到过一点点，我们指出它颠倒了事物的真实秩序，把上层建筑放到了下层建筑①的位置上，更准确地说，它仅仅抓住了压迫而"在私下里放过"了剥削；或者，它以同样错误的但更精致的形式，宣称在作为帝国主义最后阶段而出现的"国家垄断资本主义阶段"，把剥削化约成了它的"本质"：压迫；或者说——如果想咬文嚼字的话——剥削在实际上已经变成了压迫。

我们现在可以更进一步地指出，把剥削看作压迫，同时带来了理论上和政治上的后果，一个二度化约，即把意识形态行为化约为彻头彻尾的压迫行为。

正因为如此，《行动》周刊当时才会喊出这个口号："赶走你大脑中的警察！"因为只有"在私下里放过"了意识形态，或者把意识形态与压迫完全混为了一谈，才能想象和提出这种主张。从这个角度看，《行动》周刊的口号算得上是一个小小的理论奇观，因为它不是说"与虚假观念作斗争，摧毁你大脑中的虚假观念！因为统治阶级的意识形态正是通过这种虚假观念'使'你'运转'的。要用正确的观念代替它们，正确的观念可以让你投入革命的阶级斗争中去，消灭剥削，消灭剥削得以维系的压迫！"而是宣布"赶走你大脑中的警察！"。这个口号值得列入"理论-政治错误杰作历史博物馆"，正如大家所见，它非常简单地用警察代替观念，也就是说，用由警察履行的镇压功能代替了由资产阶级意识形态履行的臣服功能。

因此，我们在这种无政府主义观念中发现：1. 压迫代替了剥削，或者说剥削被思考为压迫的一种形式；2. 镇压代替了意识形态，或者说意识形态被思考为镇压的一种形式。

这样一来，压迫就成了核心的核心，成了以阶级剥削为基础的资本主义社会的本质。压迫一方面代替了剥削，代替了意识形态，另一方面最终也代替了国家，因为各种国家机器（我们此前已经看到，国家机器既包括镇压性机器，也包括意识形态机器）被化约为一个抽象的

---

① "下层建筑"与"上层建筑"原文为"infrastructure"和"superstructure"，通译为"基础"和"上层建筑"，但在本文中，为了与"base"（基础）相区分，也为了突出这个对子的"隐喻的""描述性的特征"，我们把这两个词译为"下层建筑"和"上层建筑"，相应地，凡译为"基础"的地方，原文都是"base"。——译注

概念①:"压迫"。

正是这同一批"理论家",为我们提供了一个总"综合"②(因为在这个"观念"的整个"发展"——甚至是五月以来的历史发展——中,有一种奇妙的潜在逻辑在起作用),提供了对这个观念的总综合,即通过说出在大脑中存在着"警察",来解决矛盾(然而我们都知道,在大脑中存在的只能是一些"观念")。这个总综合被说成是"德国大学生运动"领袖的"发现",这个所谓的"发现",就是指"知识"的直接压迫性。

由此就有了对"知识权威"进行"造反"的必要性,有了对知识压迫的"反权威的"造反,有了对五月运动及其后续事件的回溯性阐释。这种阐释自然且必然以大学和各级学校为中心,因为资本主义社会的本质,即压迫,就其起源和诞生状态来说,正是在那些地方以(资产阶级)"知识"权威的形式直接表现出来的。而这就是整个事情的原因③,即**五月运动首先在大学和知识分子当中发生**的原因。这也是革命运动能够(甚至"应该")由所谓的知识分子领导的原因,而无产者则成了被邀请来参加革命的④。目前所有类型的出版物都从经验上证明了这些"论点"的存在,尤其证明了这个无政府主义观念的"逻辑"的"老田鼠"⑤的非凡工作——它带来了一些同样纯粹的理论后果。

---

① 这里"概念"原文为"notion",有时候也译为"观念"。当作为"概念"讲时,阿尔都塞把它与另一个词"concept"作了严格的区分。一般来说,在他使用"notion"时,往往与形容词"意识形态的"(idéologique)搭配,以表明那种"概念"是一种"意识形态概念",当他使用"concept"时,往往与形容词"科学的"(scientifique)搭配,以表明那种概念是"科学的概念"。下文凡出现"意识形态概念"或"不科学的概念"的地方,"概念"一词的原文均为"notion",凡出现"科学的概念"的地方,"概念"一词的原文均为"concept",下不一一注出,读者可根据上下文领会这两个"概念"的区别。——译注

② "综合"原文为"synthèse",即黑格尔的"合题"。——译注

③ 原文"C'est pourquoi votre fille est muette",直译为"这就是您女儿不会说话的原因",典出莫里哀戏剧《屈打成医》:"Voilà pourquoi votre fille est muette"(以上就是您女儿不会说话的原因),一般用在对某件事情冗长的解释之后。——译注

④ 有人会说这是临时的……但这是一个会持续的"临时",因为作为这整个阐释基础的那个观念是错误的。那些知道资产阶级社会的基础是剥削而不是压迫的工人群众,将"不会运转起来",而上述临时的"领袖"如果不愿放弃那个错误观念,就必然会在自己的错误中,即在自己的方向上,一直错下去。

⑤ "老田鼠"原文为"vieille taupe",作为俗语又有"讨厌的老太婆"的意思。"老田鼠"典出莎士比亚的戏剧《哈姆莱特》:"说得好,老田鼠!你钻地钻得好快啊!好一个开路先锋!"后来马克思曾用"老田鼠"来指"革命",比喻在世人不知不觉的情况下,通过长期埋头苦干,为创造新社会而进行准备。参见《马克思在〈人民报〉创刊纪念会上的演讲》,(转下页)

因此,这也是为什么——在承认剥削不能化约为压迫,国家机器不能仅仅化约为镇压机器之后,在承认每个人屁股后面或"大脑中"并没有专门为他而设的"警察"之后——必须阐明意识形态是如何发挥作用的原因。意识形态在意识形态国家机器中得到实现,并获得惊人的然而又完全"自然的"阶级成果,即具体的个人"运转了起来",而"使"他们"运转起来"的,就是意识形态。

这一点,柏拉图早就知道了。他早就预见到,要监视、镇压奴隶和"手工业者",就必须有警察("卫士")。但是他知道,绝不可能在每个奴隶或手工业者的大脑中安排一个"警察",也不可能在每个人屁股后面单独安排一个警察(否则,为了监视第一个警察,就要安排另一个警察跟着他,依此类推……到头来,社会上就只有警察,没有生产者了。这样一来,警察自己又靠什么生活呢?)。柏拉图知道,必须从童年开始就教给"人民"一些"高贵的谎言"①,"使"他们自动"运转起来"②,而且是以人民能够相信的方式教给他们这些高贵的谎言,以便让他们"运转起来"。

柏拉图当然不是个"革命者",虽然他是个知识分子……他是个可恶的反动分子。然而他有足够的政治经验,不会自欺欺人③,认为在阶级社会中,单单只靠镇压就可以保障生产关系的再生产。他早就知道,正是那些高贵的谎言,也就是说,正是意识形态(尽管他还没有这

(接上页)《马克思恩格斯文集》第二卷,人民出版社,2009年,第580页:"……工人也同机器本身一样,是现代的产物。在那些使资产阶级、贵族和可怜的倒退预言家惊慌失措的现象当中,我们认出了我们的好朋友、好人儿罗宾,这个会迅速刨土的老田鼠、光荣的工兵——革命。"另外,罗莎·卢森堡在1917年也写过一篇名为《老田鼠》的文章;1965年到1972年间,巴黎有过一家左翼知识分子开的书店也叫"老田鼠",1979年之后,这个名字还被用来当作他们出版社的名字。阿尔都塞在这里显然是在反讽。——译注

① "高贵的谎言"原文为"beaux mensonges",从法文直译是"美丽的谎言",即柏拉图的"高贵的(高尚的)谎言",参见柏拉图《理想国》,王扬译,华夏出版社2012年版,第125页:"'那么',我说,'我们先前讨论过的那些必要的谎言中,哪一种能成为我们的妙计,虚构某种高尚的东西,用它来说服人,特别是那些城邦的统治者,不行,就转向城邦中的其他人。'"——译注

② 这里的"使……运转起来"原文是"font marcher"(原形为"faire marcher qn"),其中"运转起来"(marcher),也意为"轻信、同意",所以这个短语的转义即"威逼、骗取或促使某人同意""欺骗某人"。——译注

③ "自欺欺人"原文为"ne pas se raconter d'histoires",其肯定形式"se raconter des histoires"是一个固定短语,即"给自己编故事"或"自欺欺人"。阿尔都塞曾用"ne pas se raconter d'histoires"("不给自己编故事"或"不自欺欺人")来定义"唯物主义"。参见阿尔都塞《来日方长》,第178页。——译注

个概念),真正保障着生产关系的再生产。但我们现代的"无政府主义的革命""领袖"却不知道这一点。这证明,他们最好去读一读柏拉图,不要畏惧自己找到的"知识权威",因为尽管那些知识纯粹是意识形态的①,他们仍可以从中找到关于阶级社会运行的(可以说)一些基本"教诲"。这证明,有可能存在一种完全不同于权威的—压迫性的知识的"知识",确切地说,科学的知识。自马克思和列宁之后,这种知识成为了一种解放的、科学的知识,因为它是**革命的**。

因此——我希望事情现在清楚了,原因也说清楚了——,从理论上和政治上说,都必须阐明意识形态是通过什么样的机制"使"人们即具体的个人"运转起来"的,无论他们"运转起来"是服务于阶级剥削,还是"运转起来"加入长征②——这种长征将以比人们所想到的更快的速度,开启西方资本主义国家(包括法国本身)的革命。因为这些革命组织本身也通过意识形态而"运转",不过,当它们是马克思列宁主义的革命组织时,就通过无产阶级的(首先是政治的,但也包括道德的)意识形态而运转。而这种意识形态,通过关于资本主义生产方式、资本主义社会形态、革命的阶级斗争以及社会主义革命的马克思列宁主义科学的坚持不懈的教育作用③,已经得到了改造。

四、意识形态是个人与其实在生存条件的想象关系的想象性"表述"④

为了着手讨论关于意识形态的结构和功能的核心论点,我要先提

---

① 而不是科学的。我们的"理论家们"把这种区分判决为过时的。既然不存在虚假的知识和真实的知识,不存在意识形态和科学,所以他们更愿意谈论"知识"本身。而渴望真实知识的无产者知道,真实的知识并不是压迫性的:他们知道,当这种真实的知识是马克思列宁主义的科学知识时,它就是革命的和解放的。

② "长征"原文为"Longue Marche";"运转"原文为"marcher",也有"走""行进"的意思。所以这里"还是运转起来加入长征",也可译为"还是在长征中行进"。——译注

③ 把无产阶级自发的意识形态改造成越来越突出马克思列宁主义科学内容的无产阶级意识形态的这种教育,历史地表现为各种复杂的形式:有通过各种书本、小册子和**各种学校**,以及一般地通过宣传而进行的通常意义上的教育;但尤其有通过阶级斗争实践的锻炼、通过经验、通过对经验的批判和改正等等而进行的教育。

④ "表述"原文为"représentation",也有"表现""描绘""再现""代表"等含义,(转下页)

出两个论点,一个是否定的,另一个是肯定的。前者针对的是以意识形态的想象形式所"表述"的对象,后者针对的是意识形态的物质性。

论点 1:意识形态表述了个人与其实在生存条件的想象关系。

我们通常把宗教意识形态、道德意识形态、法律意识形态、政治意识形态等等都说成是各种"世界观"。当然,除非把这些意识形态中的任何一个当作真理来体验(比如赞同、"信仰"上帝、职责、正义、革命等等),否则我们就会承认自己是从一种批判的观点来讨论意识形态的,是像人种学家考察"自己'小小的'原始社会"的神话那样来考察它的,就会承认这些"世界观"大都是想象的,是不"符合现实的"。

然而,一旦承认这些世界观不符合现实,从而承认它们构成了一**种幻觉**,我们也就承认了它们在**暗示**着现实,并且承认了只要对它们进行"阐释",就可以在它们对世界的想象性表述背后,再次发现这个世界的现实本身(意识形态=幻觉/暗示)。

存在着不同类型的阐释,其中最著名的是流行于 18 世纪的机械论类型(上帝是对现实的国王的想象性表述)和由基督教初期的教父们所开创、后来由费尔巴哈和从他那里延续下来的神学-哲学学派(如神学家巴特①和哲学家利科②等)所复兴的"诠释学的"阐释(例如对费尔巴哈来说,上帝是现实的人的本质)。我要说它们的本质在于,只要我们对意识形态的想象性置换(和颠倒)进行阐释,我们就会得出结论:在意识形态中,人们(以想象的形式)对自己表述了他们的实在生存条件。

这种阐释留下了一个"小小的"难题没有解决:人们为了"对自己表述"他们的实在生存条件,为什么"需要"对这些实在生存条件进行想象性置换呢?

第一种阐释(18 世纪的阐释)有一个简单的解答:这是**僧侣**或**专制者**的过错。他们"杜撰"了**高贵的谎言**,使人们相信自己在服从上

(接上页)在斯宾诺莎和康德那里,也译为"表象"。这个命题的句式似乎模仿并改写了马克思的原话:"……这些观念都是现实[**实在**]关系和活动、他们的生产、他们的交往、他们的社会组织和政治组织有意识的表现(représentation),而不管这种表现是现实的还是虚幻的。"参见《德意志意识形态》,《马克思恩格斯文集》第一卷,第 524 页注。而"实在""想象"这两个说法则是对拉康概念的借用。"实在的"(réel)有时候也译为"现实的""真正的"。——译注

① 指卡尔·巴特(Karl Barth,1886—1968),瑞士籍新教神学家,新正统神学的代表人物之一。——译注

② 指保罗·利科(Paul Ricœur,1913—2005),法国当代哲学家。——译注

帝,从而在实际上服从僧侣和专制者,而这两者通常串通一气,狼狈为奸。根据上述提供解答的理论家的不同政治立场,他们或者会说僧侣为专制者的利益服务,或者相反,说专制者为僧侣的利益服务。因此,对实在生存条件进行想象性置换是有原因的:这个原因就在于一小撮寡廉鲜耻的人,把对"人民"的统治和剥削建立在他们对想象出来的世界的歪曲表述之上,这样他们就能通过统治人们的想象来奴役人们的心灵。感谢上帝,这种想象力是所有人都共有的能力!

第二种阐释(费尔巴哈的阐释,马克思在他青年时期的著作中一字不变地重复了这种阐释)要更"深刻",也就是说,正好同样的错误。它同样在寻找并找到了对人们的实在生存条件进行想象性置换和歪曲的原因,简言之,找到了在对人们的生存条件进行表述的想象中出现异化的原因。这个原因不再是**僧侣**或**专制者**,也不再是他们自己主动的想象和受骗者被动的想象。这个原因就在于支配着人们自身生存条件的物质异化。在《论犹太人问题》和其他地方,马克思就是这样不遗余力地为费尔巴哈的观念(在《1844年手稿》中,用伪经济学论述对它进行了改进)辩护的:人们之所以对自己作出了关于他们生存条件的异化的(=想象的)表述,是因为这些生存条件本身是使人异化的(《1844年手稿》中说:是因为这些条件受到了异化社会的本质即"**异化劳动**"的统治)。

因此,所有这些阐释都紧紧抓住了它们作为前提所依赖的那个论点,即:我们在意识形态中发现的,通过对世界的想象性表述所反映出来的东西,就是人们的生存条件,因而也就是他们的实在世界。

但是,这里我要重复我几年前就已经提出的一个论点,以便重申,"人们"在(宗教的或其他的)意识形态中"对自己表述"的并不是他们的实在生存条件、他们的实在世界,而首先是他们与这些生存条件的**关系**。正是这种关系处在对实在世界的所有意识形态的(即想象的)表述的中心。正是这种关系包含了必定可以解释对实在世界的意识形态表述带有想象性歪曲的"原因"。或者,抛开原因这一词语,更确切地说,应该这样来提出这个论点:正是这种关系的想象性质构成了我们(如果不是生活在其真实性中的话)可以在所有意识形态中观察到的一切想象性歪曲的基础。

用马克思主义的语言来说,一些个人占据着生产、剥削、镇压、意识形态化和科学实践的当事人的岗位,对他们的实在生存条件的表述,归根到底产生于生产关系及其派生出来的其他关系;如果真是这样,我们就可以说:所有意识形态在其必然作出的想象性歪曲中所表述的并不是现存的生产关系(及其派生出来的其他关系),而首先是个人与生产关系及其派生出来的那些关系的(想象)关系。因此,在意识形态中表述出来的就不是主宰着个人生存的实在关系的体系,而是这些个人同自己生活于其中的实在关系之间的想象关系。

如果真是这样,那么实在关系在意识形态中发生想象性歪曲的"原因"问题就消失了,而且势必被另一个问题所取代:为什么对个人作出的、关于他们与社会关系(它主宰着人们的生存条件和他们个体的与集体的生活)的(个人)关系的表述必然是想象的呢?这是什么性质的想象呢?以这种方式提出问题,既避免了根据个人"小集团"①(僧侣或专制者,那些意识形态的伟大神话的创造者们)作出的解释,也避免了根据实在世界的异化特性作出的解释。在稍后的阐述中,我们就会看到其中的原因。目前,让我们先告一段落。

五、意识形态具有一种物质的存在

论点 2:意识形态具有一种物质的存在。

我们以前在谈到那些看似构成了意识形态的"观念"或"表述"等等其实并不具有一种想象的、②观念的或精神的存在,而是具有一种物质的存在的时候,就已经触及这个论点了。我们甚至提出,关于各种"观念"的想象的、观念的和精神的存在这种想法,完全产生于某种关于"观念"和意识形态本身的意识形态。我们还可以补充说,完全产生于关于某种自科学出现以来似乎就"建立了"这种观念的东西的意识形态,即科学工作者在他们自发的意识形态中将其作为各种(真实的或虚假的)"观念"对自己表述出来的东西的意识形态。当然,这个以肯定命题形式提出的论点还没有得到证明。我们只想请读者——比方说以唯物主义的名义——先友善地接受这个论点。我们会在其他

---

① 我故意使用了这个非常现代的说法。因为说来遗憾,甚至在共产党内部,用"小集团"行为来"说明"某些政治偏向("左倾"或右倾)都成了家常便饭。[宗派主义]/机会主义。

② 这里"想象的"原文为"idéale",通常也译为"理想的""完美的"。——译注

地方而不是在当前第一卷中证明这一论点。

"观念"或其他"表述"具有物质的而非精神的存在这个推定的论点,对我们进一步分析意识形态的性质来说,确实是必需的。或者更确切地说,对任何意识形态的一切稍微严肃一点的分析,都会以直接的、经验的方式让每一位稍有批判性的观察者有所发现,而这个论点只是有助于我们将那些发现更好地揭示出来。

在讨论意识形态国家机器及其实践时,我们曾说过,每一种意识形态国家机器都是一种意识形态的实现(这些宗教的、道德的、法律的、政治的、审美的等等不同领域的意识形态的统一性,是由它们都归入国家的意识形态之下来保障的)。现在让我们回到这个论点上来:一种意识形态总是存在于一种机器当中,存在于这种机器的某种实践或多种实践当中。这种存在就是物质的存在。

当然,意识形态在某种机器及其实践当中的物质存在,与一块铺路石或一支步枪的物质存在有着不同的形态。但是,尽管冒着被误认为是新亚里士多德派的风险(注意:马克思非常尊敬亚里士多德),我们还是要说,"物质是在多种意义上而言的",或更确切地说,它以不同的形态而存在,而所有这些形态归根到底都源于"物理上的"物质。

说过这点之后,让我们以最简便的方式继续下去,并看看在"个人"身上发生的事情。这些"个人"生活在意识形态当中,也就是生活在一定的对世界的(宗教的、道德的,等等)表述当中;表述的想象性歪曲取决于他们与自身生存条件的想象关系,也就是说,归根到底取决于他们与生产关系的想象关系(意识形态＝与实在关系的想象关系)。我们要说的是,这种想象关系本身就具有一种物质的存在。大家既不能怪我们逃避困难,也不能怪我们"自相矛盾"!

然而,我们会观察到这样的事情。

一个个人会信仰上帝、职责或正义等等。(对所有的人来说,也就是说,对所有生活在对意识形态的意识形态表述——这种表述把意识形态化约为各种观念,并把它们定义为精神的存在——当中的人来说)这种信仰产生于那个个人的**观念**,从而也就是产生于那个作为有意识的主体的个人:他所信仰的观念包含在他的意识当中。借助于这种方式,即借助于这样建立起来的纯粹意识形态的"概念的"配置(一个被赋予了意识并在这种意识中自由地形成或自由地承认他所信仰的那些观念的主体),这个主体的(物质的)行为自然地就来自这个主体了。

这个个人以这样那样的方式行事,采取这样那样的实践行为,而且,更重要的是参与了意识形态机器的某些常规实践,他作为主体在完全意识到的情况下所自由选择的那些观念就"依赖于"这个意识形态机器。如果他信仰上帝,他就去**教堂做弥撒、跪拜、祈祷、忏悔、行补赎**(从这个说法的通常意义来说,它从前就是物质性的),当然还有悔过,如此等等。如果他信仰职责,他就会采取相应的行为,把这些行为铭刻在仪式化的实践中,并使之"与良好的道德相一致"。如果他信仰正义,他就会无条件地服从**法**①的规则,会在这些规则遭到违反时,在自己良知的深深愤慨中提出抗议,甚至联名请愿和参加示威游行等等。如果他信仰贝当元帅的"**民族革命**",也同样会采取相应的行为;如果他信仰社会主义革命,也同样会采取相应的行为,也就是说肯定会采取完全不一样的行为。为了不"逃避困难",我故意列举了最后两个例子,它们是这个困难挑战的极限。

因此,在这整个图式中,我们可以看到:对意识形态的意识形态表述本身不得不承认,每一个被赋予了意识,并信仰由自己的意识所激发或被自己所自由接受的观念的主体,就应该"按照他的观念**行动**",因而也就应该把自己作为一个自由主体所固有的那些观念铭刻在他的物质实践的行为中。如果他没有那样做,**那就不好**。

事实上,假如他没有按照他的信仰去做他应该做的事,那是因为他做了别的事,这意味着,还是按照同样的唯心主义图式,在他的头脑中除了他公开宣称的观念之外还有其他观念,意味着他是作为一个要么"自相矛盾"("无人自甘为恶"),要么玩世不恭,要么行为反常的人,在根据其他那些观念而行动。

因而,无论如何,关于意识形态的意识形态尽管带有想象性的歪曲,但也还是承认:某个人类主体所拥有的各种"观念"存在于他的各种行为中,或者说应该存在于他的各种行为中;如若不然,这个关于意识形态的意识形态也会给他提供与他所实施的行为(甚至是反常的行为)相符的另一些观念。这个关于意识形态的意识形态谈到各种行

---

① "法"原文为"droit","droit"有"法""权利""公正的""正当"等含义,也译为"法权"。在本书中,我们根据上下文分别将它译为"法""权利"或"法权"。为避免混淆,我们将另一个词即"loi"译为"法律"。——译注

为，而我们将要谈到的是嵌入各种实践当中的行为。我们还要指出，在某种意识形态机器的物质存在内部，这些实践被铭刻在各种仪式当中，并受到这些仪式的支配，哪怕它只是那个机器的一小部分，例如一个小教堂里的小弥撒、一次葬礼、一场体育俱乐部的小型比赛、一个上课日、一次政党或**理性主义联盟**①的集会或会议，或者任何诸如此类的活动。

此外，我们还要感谢帕斯卡尔的自我辩护的"辩证法"，它有一个惊人的提法，使我们能够把关于意识形态的这种意识形态概念图式的顺序颠倒过来。帕斯卡尔大致是这样说的："跪下，开口祈祷，**你就会信**。"他就这样诽谤性地把事情的顺序颠倒了过来，像基督一样，带来的不是和平而是分裂，还有特别没有基督徒味道的东西——诽谤本身（因为把诽谤带到世上的人活该倒霉！）。然而这种诽谤却使他有幸通过詹森党②的挑战，掌握了一种直接指明现实的语言，不带丝毫想象性成分。

请容许我们把帕斯卡尔留在他那个时代宗教意识形态国家机器内部的意识形态斗争的争论当中吧。当时，他一直冒着触犯禁令，也就是说，冒着被逐出教会的风险，在自己的詹森派中进行着一场小小的阶级斗争。如果可能的话，也请容许我们使用一种更为直截了当的马克思主义的语言，因为我们正行进在马克思主义理论家们还没有很好地探索过的这个领域。

那么，我们要说，仅就某个主体（某个个人）而言，他所信仰的那些观念的存在，是物质的，**因为他的观念就是他的物质的行为，这些行为嵌入物质的实践中，这些实践受到物质的仪式的支配，而这些仪式本身又是由物质的意识形态机器所规定的**——这个主体的各种观念（好像碰巧！）就是从这些机器里产生出来的。当然，在我们命题中被用了四次的"物质的"这个形容词可能会表现出不同的形态：出门做一次弥撒、跪拜、画十字，或是**认罪**、判决、祈祷、痛悔、赎罪、凝视、握手、外

---

① "理性主义联盟"（Union Rationaliste）是法国一批科学家于1930年创立的一个学术团体，最初的发起人是物理学家保尔·朗之万（Paul Langevin），成员主要有法兰西学院和法兰西科学院的教授、著名科学家和著名作者，该团体的宗旨是反对一切形式的非理性主义，反对各种形式的独断论和对超自然事物的求助。该团体有自己的刊物，并在一些重要的广播电台办有专栏节目。——译注

② "詹森党"原文为"parti janséniste"，其中"parti"一般也译为"派""部分"。——译注

在的言说或"内在的"言说(意识),这些事情的物质性,并不是同一个物质性。如果我们把关于不同物质性的形态差异的理论搁下不谈,我想大家不会在这一点上指责我们。

无论如何,在对事情这种颠倒过来的表达中,我们所面对的根本不是一个"颠倒"(这是黑格尔式的马克思主义或费尔巴哈式的马克思主义的神奇提法)①的问题,因为我们看到,有某些概念已经完全从我们新的表达中消失了,而相反,另一些概念却保存了下来,还出现了一些新的术语。

消失了的术语有:**观念**。

保存的术语有:**主体、意识、信仰、行为**。

新出现的术语有:**实践、仪式、意识形态机器**。

因此,这不是一种颠倒(除非在一个政府被"颠"覆或一个玻璃杯被碰"倒"的意义上讲),而是一种相当奇特的(非内阁改组式的)改组,因为我们得到了以下的结果。

作为观念的观念(即作为具有一种观念的或精神的存在的观念)消失了,而这恰恰是因为出现了这样的情况:它们的存在成了物质的,被铭刻在实践的行为中了,这些实践受到仪式的支配,而这些仪式归根到底又是由意识形态机器来规定的。由此看来,主体只是在下述系统策动他时才去行动。这个系统就是意识形态,(按照它的实际决定作用的顺序来说)它存在于物质的意识形态机器当中,并规定了受物质的仪式所支配的物质的实践,而这些实践则存在于主体的物质的行为中,最后,这个主体完全有意识地根据其信仰而行动!如果有人想要反对我们,说这个主体能够有不一样的行动,那么我们要提醒大家:我们已经说过,"初级的"意识形态得以在其中实现自身的那些仪式的实践,会"生产"(即作为副产品而生产)②出"次级的"意识形态。感谢上帝,如果不是这样,无论是造反、革命"意识的觉醒",还是革命本身,都绝无可能。

但就是以上的表达也表明,我们保留了下列概念:主体、意识、信

---

① 对"颠倒"这种提法的批判,可参见阿尔都塞《矛盾与过度决定(研究笔记)》一文的相关论述,见《保卫马克思》(该文在书中被译为《矛盾与多元决定(研究笔记)》),顾良译,商务印书馆2006年版。——译注

② 在什么样的条件下?正如我们会在第二卷中看到,这些条件对于阶级斗争来说是最重要的东西。

仰、行为。我们要马上从这个序列里抽出一个决定性的、其余一切都依赖于它的中心词：**主体**的概念。

我们还要马上写下两个相互关联的论点：

1. 没有不借助于意识形态并在意识形态中存在的实践；
2. 没有不借助于主体并为了一些主体而存在的意识形态。①

现在我们可以谈到我们的核心论点了。

六、意识形态把个人唤问为主体②

这个论点就完全等于把我们后面一个命题的意思挑明：没有不借助于主体并为了一些主体而存在的意识形态。这意味着：没有不为了一些具体的主体（比如你我）而存在的意识形态，而意识形态的这个目标又只有借助于主体——即借助于主体的范畴和它所发挥的功能——才能达到。

我们这么说的意思是，尽管主体范畴是随着资产阶级意识形态的兴起，首先是随着法律意识形态的兴起，才以（主体）这个名称出现的③，但它（也可以以其他的名称——如柏拉图所谓的灵魂、上帝等

---

① 前一个"主体"是单数，后一个是复数，这个区别在下一节开头讲明了，并在"基督教的宗教意识形态"一节里具体地演示了出来。——译注

② "唤问"原文为"interpelle"，其原形为"interpeller"，名词形式为"interpellation"，这个词的含义有：1.（为询问而）招呼，呼喊；2.（议员向政府）质询，质问；3.［法］督促（当事人回答问题或履行某一行为）；4.（警察）呼喊，追问、质问，检查某人的身份；5. 强使正视，迫使承认；6. 呼唤（命运），造访。詹明信把它解释为"社会秩序把我们当作个人来对我们说话，并且可以称呼我们名字的方式"，国内最早的《意识形态和意识形态国家机器》译本译为"询唤"，系捏合"询问"和"召唤"的生造词，语感牵强，故不取。我们最初使用了"传唤"的译法（参见《哲学与政治：阿尔都塞读本》，陈越编，吉林人民出版社，2003年），似更通顺，但由于"传唤"在法语中另有专词，与此不同，且"传唤"在汉语中专指"司法机关通知诉讼当事人于指定的时间、地点到案所采取的一种措施"，用法过于狭窄，也不可取。考虑到这个词既是一个带有法律意味的用语，同时又用在并非严格司法的场合，我们把它改译"唤问"，取其"唤来问讯"之意（清·黄六鸿《福惠全书·编审·立局·亲审》有"如审某里某甲，本甲户长，先投户单，逐户唤问"一说）。在有的地方也译为"呼唤"等。"主体"原文为"sujet"，又有"臣民"的意思，与动词"s'assujettir"（"臣服"）对应，"基督教的宗教意识形态"一节结尾说明了这种"歧义性"。——译注

③ 它借用"权利的主体"这个法律范畴制造了一种意识形态概念：人天生就是一个主体。（"权利的主体"原文sujet de droit，其中"droit"也译为"法"。详见前面的译注。——译注）

等——发挥功能)却是构成所有意识形态的基本范畴,不管意识形态的规定性如何(属于什么领域或属于什么阶级),也不管它出现在什么历史年代——因为意识形态没有历史。

我们说,主体是构成所有意识形态的基本范畴,但我们同时而且马上要补充说,主体之所以是构成所有意识形态的基本范畴,只是因为所有意识形态的功能(这种功能定义了意识形态本身)就在于"构成"具体的主体(比如你我)。正是在这双重构成的运作中存在着所有意识形态的功能,意识形态无非就是它在这种功能的存在的物质形式中所发挥的功能。

为了更好地理解后面的内容,必须提醒大家注意,无论是写这几行文字的作者,还是读这几行文字的读者,他们本身都是主体,因此都是意识形态的主体(这本身是个同义反复的命题),也就是说,在我们所说过的"人天生是一种意识形态动物"这个意义上,这几行文字的作者和读者都"自发地"或"自然地"生活在意识形态中。

就作者写了几行自称是科学的话语而言,他作为"主体"在"他的"科学话语中是完全不在场的(因为所有的科学话语按照定义都是没有主体的话语,"科学的**主体**"只存在于科学的意识形态中)。这是另一个问题,我们暂且把它搁下不谈。

圣保罗说得好,我们是在"**逻各斯**"中,也就是说在意识形态中"生活、动作、存留"的①。因此,主体范畴对于你我来说,是一件最初的"显而易见的事情"(显而易见的事情总是最初的):显然,你是主体(自由的、道德的、负责任的等等的主体),我也是。像所有显而易见的事情那样,包括使得某个词"意味某个事物"或"具有某种意义"这种显而易见的事情(因此也包括像语言的"透明性"这件显而易见的事情)一样,你我作为主体这件显而易见的事情——以及它的无可置疑——本身是一种意识形态的后果,基本的意识形态后果②。事实上,意识形态的特性就是把显而易见的事情当作显而易见的事情强加于人(而又不动声色,因为这些都是"显而易见的事情"),使得我们无法不承认那些显而易见的事情,而且在它们面前我们还免不了要产生一种自然的反

---

① 参见《新约·使徒行传》,17:28。——译注

② 语言学家和那些为了不同目的而求助于语言学的人会碰到许多困难,出现这些困难是由于他们不了解意识形态后果对所有话语(甚至包括科学话语)的作用。("不了解"原文为"méconnaissent",也译为"误认"。——译注

应，即(大声地或在"意识的沉默"①中)对自己惊呼:"那很明显！就是那样的！完全没错!"

在这种反应中起作用的是意识形态的**承认**功能，它是意识形态的两种功能之一(另一种是**误认**功能)②。

举一个非常"具体的"例子吧：我们都有一些朋友，当他们来敲门时，我们隔着门问："谁呀?"回答是(因为"这是显而易见的")："我。"于是我们认出"是她"，或"他"。结果是：我们开了门，"总是不会错，真的是她"。再举一个例子：当我们在街上认出某个(老)相识③，我们会说"你好，亲爱的朋友！"，随后跟他握手(这是在日常生活中进行意识形态承认的一种物质的仪式性实践——至少在法国是这样，不同地方有不同地方的仪式)，这就向他表明我们认出了他(而且承认他也认出了我们)。

通过这种事先的说明和这些具体的例证，我只想指出，你我**总是已经**④是主体，并且就以这种方式不断地实践着意识形态承认的各种仪式；这些仪式可以向我们保证，我们确确实实是具体的、个别的、独特的，当然也是不可替代的主体。我目前正在从事的写作和你目前⑤正在进行的阅读，从这方面来说，也都是意识形态承认的仪式，我思考

---

① "意识的沉默"原文为"silence de la conscience"，这个表达可能来自萨特《境况种种》第一集，参见萨特《境况种种》第一集(*Situations I*)，伽利玛出版社，1947年，第218页；也可能来自梅洛-庞蒂《知觉现象学》，参见梅洛-庞蒂《知觉现象学》(*Phénoménologie de la perception*)，伽利玛出版社，1945年，第462页。另参见梅洛-庞蒂《知觉现象学》，姜志辉译，商务印书馆2001年版，第506页："因此，语言必须以一种语言的意义为前提，以一种意识的沉默为前提，这种意识的沉默包裹着说话的世界，词语首先在它当中获得构型和意义。"译文有修改。——译注

② "承认"(reconnaissance，在行文中有时译作"认出")和"误认"(méconnaissance，或"不承认""不了解"两个说法都与拉康("镜像阶段")有关。但同时，阿尔都塞关于"意识形态=承认/误认"的观念，实际上来自马克思本人，具体见前文脚注。——译注

③ "(老)相识"即"(re)-connaissance"，也即"(重新)相识"，是动词"reconnaître"(即"认出""承认""认识到")的名词形式。——译注

④ 注意，"总是已经"(toujours déjà)是阿尔都塞经常用到的一个词，为的是反对"起源论"，后文中还出现了"总是-已经"(toujours-déjà)这个变体形式。这两个词通常也可译为"从来"，但为了突出阿尔都塞的强调语气，我们在本书中将其译为"总是已经"和"总是-已经"。——译注

⑤ **注意**：这个双重的**目前**又一次证明了意识形态是"永恒的"，因为这两个"目前"是被一段不确定的时间间隔分开的；我在1969年4月6日写下这几行字，而你可以在今后任何一个时候读到它们。

中的"真理"或许就会随着这里所包含的"显而易见性"强加给你(它可能会让你说:"完全正确!……")。

但是,承认我们都是主体,并且我们是通过最基本的日常生活的实践仪式发挥功能的(握手、用你的名字称呼你、知道你"有"自己的名字——哪怕我不知道这个名字是什么,等等,这些行为都使得你被承认为是一个独一无二的主体)——这种承认只能让我们"意识"到我们是在进行意识形态承认的不断的(永恒的)实践(对它的"意识"也就是**对它的承认**),但丝毫没有为我们提供关于这种承认机制的(科学的)**认识**,也没有为我们提供对这种承认进行承认的(科学的)**认识**。然而,尽管我们是在意识形态中而且是在意识形态深处进行言说的,但如果我们要勾画出一套打算跟意识形态决裂的话语,大胆地使之成为关于意识形态的(无主体的)科学话语的开端,我们必须达到的正是那种认识。

因此,为了表述"主体"为什么是构成意识形态的基本范畴,而意识形态也只存在于构成具体的主体(你或我)的过程中,我要使用一种特殊的阐述方式:既"具体"到足以被认出,又抽象到足以被思考且经过了思考,从而提供一种认识。

作为第一个提法,我要说的是:**所有意识形态都**通过主体这个范畴发挥的功能,**把具体的个人唤问为具体的主体**。

这个命题要求我们暂时把具体的个人和具体的主体区分开来,尽管在这个层面上,具体的主体只有通过具体的个人的担当才存在。

如此一来,我们要提出,意识形态"起作用"或"发挥功能"的方式是:通过我们称之为**唤问**的那种非常明确的活动,在个人中间"招募"主体(它招募所有的个人)或把个人"改造"成主体(它改造所有的个人)。我们可以从平时最常见的警察(或其他人)的呼唤——"嗨!您,叫您呢!"①——来想象那种活动。

---

① 呼唤(interpellation)作为一种服从于明确仪式的日常实践,在警察的呼唤实践中采取了惊人的形式(它发挥功能的形式和在教育呼唤中的形式非常相似):"嗨!您,叫您呢!"但与别的呼唤实践不同,警察的呼唤是镇压性的。"您的证件!"证件首先是指**身份证件**:照片、姓名、出生日期、居住地址、职业、国籍等等。集中体现在姓名等等信息中的身份,使得人们可以识别这个主体(警察的呼唤说明他多少受到了怀疑,从而先天是"坏人"),从而认出他,不把他与其他人相混淆,以便或者"让他通过"("没问题!"),或者"逮住"他("跟我来!");其结果,所有在人民示威游行中被逮住的那些人都非常清楚:开始以"你"相称并伴以一阵痛打,在局子里过夜,还有一整套警察认出"坏主体"的可怕的物质仪式:"是他打了(转下页)

为了"让具体的东西"变得更具体,假定我们所想象的理论场景发生在大街上,那么被呼唤的个人就会转过身来。就这样,仅仅做了个一百八十度的转身,他就变成了一个**主体**。为什么呢?就因为他已经承认那个呼唤"正"是冲着他的,承认"被呼唤的**正是他**"(而不是别人)。经验表明,呼唤的远距离通信实践就是这样的,而且这种呼唤在实践上很少落空:无论是口头呼叫,还是一声哨子响,被呼唤的人总会承认正是他被人呼唤。然而这是一种奇怪的现象,尽管有大量的人在"因为做了什么事而自责",但单凭"犯罪感"是解释不了这种现象的,除非所有的人确实都因为做了什么事而不断自责,从而所有的人都隐约地,并且是时时刻刻地感到自己至少有一些事情要交代,也就是说,有一些职责要履行。难道只是这一点让人们回应所有那些呼唤吗?奇怪。

自然是为了让我们的小理论剧的展示方便实用、明了易懂,我们才不得不用一种前后连贯的形式,也就是按照时间的顺序,把事情表演出来。有几个人在一起溜达,从某个地方(通常是他们背后)传来一声呼唤:"嗨!您,叫您呢!"有个人(十有八九总是被叫的那个人)转过身来,相信—怀疑—知道这是在叫他,从而认识到呼唤声所叫的"正是他"。但实际上,这些事情的发生是**没有任何顺序性的。意识形态的存在和把个人唤问为主体完全是一回事**。

我们可以补充一句:像这样好像发生在意识形态**之外**(确切地说,发生在街上)的事,实际上发生在意识形态**当中**。因此,实际上发生在意识形态当中的事,也就好像发生在它之外。这就是那些身处意识形态当中的人(你和我)总是理所当然地相信自己外在于意识形态的原因:意识形态的后果之一,就是在实践上运用意识形态对意识形态的意识形态特性加以**否认**。意识形态从不会说:"我是意识形态。"必须处于意识形态之外,也就是说,在科学的认识当中,才有可能说:我就在意识形态当中(这完全是例外的情况);或者说:我曾经在意识形态当中(这是一般的情况)。谁都知道,对身处意识形态当中的指责从来都是对人不对己的(除非他是真正的斯宾诺莎主义者或马克思主义者,在这一点上,两者的立场完全是一样的)。这就等于说,意识形态(对它自

(接上页)我!"相应的指控是:"对公务人员动武"或其他鉴定。当然,也有一些小偷和罪犯,还有一些警察,不"喜欢","某些实践"。

己来说)**没有外部**,但同时(对科学和现实来说)**又只是外部**。

斯宾诺莎比马克思早两百年就完美地解释过这一点,马克思实践了它,却没有作出详细的解释。不过我们还是不谈这一点吧,尽管它有重大的后果,不只是理论的后果,而且直接是政治的后果。因为,比如说,关于**批评和自我批评**的整套理论——马克思列宁主义阶级斗争实践的这个金子般的原则,就依赖于这一点。简单地说:怎么做到在批评之后会有(用毛的列宁主义提法来说)**改正错误**的自我批评呢?唯有以应用于阶级斗争实践的马克思列宁主义科学为基础才能做到。

因此,意识形态把个人唤问为主体。由于意识形态是永恒的,所以我们现在必须取消此前我们用来演示意识形态发挥功能的那种时间性形式,同时指出:意识形态总是-已经把个人唤问为主体,这就等于明确指出,个人总是-已经被意识形态唤问为主体。我们从这里不可避免地得出最后一个命题:**个人总是-已经是主体**。因此,这些个人与他们总是-已经是的那些主体相比,是"抽象的"。这个命题可能好像是一个悖论,像是在玩高空杂技。请稍等一会儿。

然而,个人——甚至在出生前——总是-已经是主体,却是一个谁都可以理解的、明摆着的事实,根本不是什么悖论。个人与他们**总是-已经**是的那些主体相比,永远是"抽象的",弗洛伊德仅仅通过指出围绕着期待孩子"出生"这桩"喜事"所进行的意识形态仪式,就已经证明了这一点。谁都知道,一个将要出生的孩子是以何种方式(关于这些方式,要说的还有很多)被寄予了多少期望的。这就等于平淡无奇地说:如果我们同意先将各种"感情"放在一边,即把对将要出生的孩子寄予期望的家庭意识形态①的各种形式(父系的/母系的/夫妇的/兄弟的)放在一边不谈,那么事先可以肯定的是,这个孩子将接受父姓②,并由此获得一个身份,成为不可替代的③。所以,在出生前,孩子就总是-已经是一个主体。它在特定的家庭意识形态的模子里并通过这个模子被规定为这样的存在,从(有意或意外)怀孕开始,它就按照这个模

---

① 我们已经说过,在某种**程度**上,家庭是一种意识形态国家机器。
② "父姓"原文为"le nom de son père",即拉康的术语"父亲的名"。——译注
③ 这让人想到在一些戏剧中,孩子在产院里被调换或被真正的父亲"认出"来;孩子被从父亲那里夺走,被托付给母亲,等等,并想到这些事件所造成的所有可怕[被删除的字]后果。

子而被"期望"着。不用说,这个家庭意识形态的模子在其独特性方面是被可怕地结构着的;正是在这个不可改变的、多少有点"病态的"结构中(想想我们能给"病态的"这个说法赋予的任何意义),原先那个未来-主体必定会"找到""它的"位置,即"变成"它预先就是的一个有性别的主体(男孩或女孩)。不必成为一个大知识分子,就能想到,这种意识形态的约束力和预定作用,以及在家庭中抚养和教育孩子的所有仪式,都肯定跟弗洛伊德所研究的前生殖器"期"和生殖器"期"的各种性欲形式,从而与对被弗洛伊德(根据其后果)称为**无意识**的东西的"控制",有着某种关联。但是,让我们把这一点也搁下不谈吧。

这个关于预先就总是-已经是主体的孩子(因而不是退伍的战士,而是未来的战士)的故事,不是一个玩笑,因为我们看到,这个故事是进入弗洛伊德领域的入口之一。不过,我们对它感兴趣,有另外的原因。当我们说意识形态一般总是已经把总是-已经是主体的个体唤问为主体时,我们是什么意思呢?除"产前"有极端情况之外,它具体意味着这些东西:当宗教意识形态开始直接发挥功能,把一个叫路易的小孩唤问为主体时①,这个小路易已经是主体了②,但还不是一个宗教的主体,而是家庭的主体。当法律意识形态(我们可以想象后来就是这样)开始把青年路易唤问为主体,不再跟他谈爸爸妈妈,也不再跟他谈仁慈的上帝和小耶稣,而是跟他谈正义时,他也早已经是主体了,是家庭的、宗教的还有教育的等等的主体。当最后,由于**人民阵线、西班牙内战、希特勒、1940年的战败、被俘、偶遇一位共产主义者等等杂自传**③**环境**,政治意识形态(通过它的一些对比形式)开始把已经是成人的路易唤问为主体——尽管此前很久他就已经是主体,总是-已经是的主体,家庭的、宗教的、道德的、教育的、法律的……主体——,这一次是政治的主体!他一从战俘营回来,就开始从传统的

---

① 这里"叫路易的小孩"显然是指阿尔都塞自己,接下来的一整段描述,也是以阿尔都塞自己的经历为原型的。具体参见其自传《来日方长》,蔡鸿滨译、陈越校,上海人民出版社2013年版。——译注

② 这里"已经是主体了"原文是"est déjà-sujet"(直译为"是已经的主体"),阿尔都塞用了"déjà-sujet"这个词,表示这个主体从一开始就"已经"(déjà)是"主体"(sujet)。——译注

③ 原文为"auto-hétérobio-graphiques",是根据"autobiographique"(自传)一词而杜撰的,其中词缀"hétéro-"有"异-""外来的-""杂-"等多种意思。——译注

天主教的战斗态度转向进步的天主教的战斗态度：成为半异端分子，然后开始阅读马克思，然后加入共产党，等等。生命就这样向前走去。各种意识形态不断地把主体唤问为主体，"招募"那些总是-已经是的主体。它们的作用在同一个总是-已经（多次）是主体的个人身上迭合交错、自相驳难。要靠他自己去设法应付……

我们现在要把注意力转向这样一个问题：置身于这个唤问场景中的"演员们"，以及他们各自扮演的角色，是怎样被反映在所有意识形态的结构本身当中的。

七、一个例子：基督教的宗教意识形态

由于所有意识形态的结构在形式上总是相同的，因此，我们只分析一个大家都熟悉的例子——宗教意识形态，同时明确指出，对于道德意识形态、法律、政治、审美和哲学意识形态，可以非常容易地作出同样的证明。另外，一旦将来我们准备停当，再次讨论哲学时，会专门回到这个证明。

接下来让我们来仔细考察一下宗教意识形态。为了大家都能理解，就以基督教的宗教意识形态为例。我们要使用一种修辞手段"让它说话"，也就是说，把它不仅通过《旧约》和《新约》、神学家和**布道辞**，而且通过它的实践、仪式、典礼和圣事所"言说"的东西，汇总到一篇虚构的演说①中。基督教的宗教意识形态大抵是这样说的：

它说：我有话对你说，那个叫彼得的人（每一个人都是通过他的**名字**被**呼唤的**，在这个被动意义上，他的**名字**从来不是他自己给的），为了要告诉你，上帝存在，而你对他负有一些责任。它又说：上帝藉我的声音传话给你②《圣经》记有上帝的道③，传统④使之远播世上，

---

① "演说"原文为"discours"，也译为"话语"。——译注

② 尽管我们知道个人总是—已经是主体（虽然只是家庭意识形态的主体），但我们还是继续使用这个方便的说法，因为它可以造成一种对比的效果。（原文脚注就在这里，但根据《意识形态和意识形态国家机器》一文，这个注释应该在接下来第二段的第一句话中间。参见后文脚注。"这个方便的说法"指"个人"这个说法。——译注

③ "道"原文为"parole"，即"讲话、发言"。——译注

④ "传统"原文为"tradition"，作为宗教用语，指"口头流传下来的教义"。——译注

"教皇不谬"永远确定了它的"微言大义",比如圣母玛利亚的贞洁或……教皇不谬本身)。它说:这就是你,你是彼得!这就是你的起源①,你是永恒的上帝所造,尽管你生于主历1928年!这就是你在世上的位置!这就是你该做的事!像这样,如果你守"爱的律法",你就能得救,你,彼得,就能成为**基督荣耀之躯的一部分**!等等。

然而,这是一篇极其司空见惯的、陈腐的演说,但同时又是一篇极其令人惊奇的演说。

说它令人惊奇,是因为我们认为宗教意识形态的确是在对个人②说话,以"把他们改造成主体"——它唤问彼得这个个人,就是为了让他成为一个主体,自由地服从或是不服从呼召,即上帝的诫命。如果它用这些个人的**名字**来称呼他们,因此承认他们总是—已经被唤问为具有某种个人身份的主体(以至于帕斯卡尔的基督——这个帕斯卡尔明确地……——说:"我这滴血正是为你而流!");如果它以那样的方式唤问他们,以至于主体回答"是的,**正是我**!";如果它能让他们**承认**他们的确占据了它指派给他们在世上的位置、一个尘世间③固定的所在,说:"完全正确,我在这里,是一个工人、老板或军人!";如果它能根据他们对"上帝的诫命"(化为爱的律法)所表现的敬与不敬,让他们承认某种命定的归宿:永生或入地狱;——在众所周知的洗礼、坚振礼、领圣餐、忏悔和终傅等等仪式实践中,如果一切都确实是这样发生的话,我们就应该注意到:使基督教宗教主体得以演出的整套"程序"都由一种奇怪的现象统治着,即只有在存在一个独一的、绝对的、**大他者主体**④即上帝的**绝对**条件下,才会有如此众多的、可能的宗教主体存在。

接下来让我们约定,用一个大写字母 S 开头的 Sujet,来特指这个新的、独一无二的**大主体**,以区别于小写 s 开头的那些普通的小主体。⑤

---

① "起源"原文为"origine",也可译为"出身"。——译注
② 前面一个注释,本来应该在这个地方,见前文注释。——译注
③ "尘世间"原文为"dans cette vallée de larmes",即"在这流泪谷",语出《圣经·诗篇》84:6。——译注
④ "大他者主体"原文为"Autre Sujet",详见下注。——译注
⑤ 按照本书通例,我们把这个大写的主体用楷体表示,并在表示对照的地方,在前面加上一个"大"字;相反,在表示对照的情况下,小写的主体前加上一个"小"字。——译注

可见，把个人唤问为主体，是以一个独一的、中心的、**大他者主体**的"存在"为前提的，宗教意识形态就是奉这个主体的名把所有个人都唤问为主体的。这一切都明明白白地①写在理所当然被称之为《圣经》的东西里。"那时，上帝耶和华从云中对摩西讲话。他呼叫摩西说：'摩西！'摩西回答说：'（正）是我！我是你的仆人摩西。你吩咐吧，我听着呢！'耶和华就对摩西说：'我是自有永有的。'"

上帝就这样把自己定义为真正的大主体，他由于自己并为了自己而存在（"我是自有永有的"），他唤问他的主体，那个由于他的唤问本身而臣服于他的个人，那个叫摩西的人。那个通过其名字而被唤问-呼唤的摩西，因为承认上帝所呼唤的"正"是他，也就承认——是的！——承认自己是一个主体、一个上帝**的**主体、一个臣服于上帝的主体、一个通过这个**大主体**而存在并臣服于这个大主体的小主体。证明是：他服从上帝，并使他的百姓服从上帝的诫命。而**芸芸众生正在走向应许之地**！因为上帝在唤问着、命令着，同时允诺说，如果人们承认他作为伟大的大主体②的存在，承认他的诫命，并且在一切方面都服从于他，就将得到回报。如果不服从，他将变成可怕的上帝：当心他的圣怒！……

因此，上帝是主体，而摩西和无数是上帝百姓的主体则是这个主体的唤问-对话人，是他的**镜子**、他的**反映**。人不就是照着上帝的**形象**造出来的吗？而这不就是为了**上帝能够在自己创世—堕落—救赎**这一伟大战略计划结束时进行自我欣赏，也就是说，通过他们（就像通过他自己的荣光那样）来进行自我承认吗？

正如全部的神学思考都证明的那样，尽管上帝没有人也完全"能行"，但他却需要人，这个**大主体**需要那些小主体，正像人需要上帝，那些小主体需要**大主体**一样。说得清楚点：上帝需要人，这个伟大的**大主体需要一些小主体**，哪怕他的形象在他们身上发生了可怕的颠倒（当这些小主体沉迷于放纵也即沉迷于罪恶时）。

说得再清楚点：上帝把自己一分为二，并派圣子来到地上，作为一个仅仅被他"离弃"的主体（客西马尼园里漫长的抱怨直到被钉上十

---

① 我以糅合的方式，不是逐字逐句，而是"按精神实质"进行引用。（参见《旧约·出埃及记》3。——译注

② "伟大的大主体"原文为 Grand Sujet（伟大的主体）。——译注

字架才结束①),既是小主体又是**大主体**,既是人又是上帝,专门要为最后的**救赎**即基督的复活预备道路。因此,上帝需要"让自己成为"人,**大主体**需要变成小主体,好像是为了完全在经验上显现出来,为那些小主体的眼所能见,手所能触(见圣多马②);而只要他们是小主体,就会臣服于**大主体**,**仅仅**是**为了**最后在末日审判的时候,能够像基督一样,回归上帝的怀抱,也就是说,回归那个**大主体**③。

让我们用理论语言将这种从**大主体**分出一些小主体,从大主体本身分出小主体-大主体的奇妙的必然性翻译出来吧。

我们看到,所有意识形态的结构——以一个独一的、绝对的**大主体**之名把个人唤问为主体——都是**镜像的**,也就是说像照镜子一样,而且还是一种**双重镜像的**结构:而这种镜像的重迭是意识形态的构成要素,并且保障着意识形态功能的发挥。这意味着所有意识形态都有一个**中心**,意味着这个绝对的**大主体**占据着这个独一无二的中心位置,并围绕这个**中心**,通过双重镜像的关系把无数个人唤问为小主体,以使那些小主体臣服于**大主体**,同时,通过每个小主体能凭其而凝视自身(现在和将来)形象的那个**大主体**向他们作出**保证**:这确实关系到他们,也确实关系到他,而因为一切都发生在**家庭**(神圣家庭:家庭本质上都是神圣的)中,所以"上帝将在那里**承认**归他的人",也就是说,那些承认上帝且通过他而进行自我承认的人,将会得救,并坐在上帝的**右边**(在我们国家,这是死神的位置,因为我们国家驾驶员的位置在左边),融入基督神秘之躯。

因此,意识形态重叠的镜像结构同时保障着:

1. 把"个人"**唤问**为主体;

---

① 可参见《新约马太福音》,26:36—46;27:46。——译注

② 圣多马(Saint Thomas),耶稣十二门徒之一,曾因怀疑耶稣的复活而用手触摸耶稣受伤处。阿尔都塞在其自传《来日方长》中,也提到过这个典故:"我终于在自己的欲望中变得幸福了,这欲望就是要成为一个身体,首先要在自己的身体里存在,在身体里我获得了自己终于真正存在的无可辩驳的物证。我和神学上的圣托马斯毫不相干,因为他仍然在思辨的眼睛的修辞底下思考;但我和福音书里的圣多马却有更多的相通,因为他为了相信而愿意触摸。更有甚者,我不满足于只通过手的简单接触而相信现实,我还要通过对现实进行加工改造,并远远超出这个单纯的现实本身,去相信我自己的、最终赢得的存在。"参见阿尔都塞《来日方长》,蔡鸿滨译、陈越校,第229—230页。——译注

③ 三位一体的教义正是关于从大主体(圣父)分出小主体(圣子)以及这两者的镜像关系(圣灵)的理论。

2. 小主体与大主体的相互**承认**，小主体们之间的相互**承认**，以及主体的自我承认①，以及

3. 这种绝对的**保证**，即一切都确实会这样：上帝确实是上帝，彼得确实是彼得，只要小主体对**大主体完全臣服**，对他们来说就会一切顺利：他们将得到"回报"。

结果是：那些小主体们落入了臣服、普遍承认和绝对保证的三重组合体系中，丝毫也不令人惊奇，他们"运转起来"了。他们"自动运转了起来"，没有警察跟在屁股后面，但当拿那些"坏主体"实在没办法时，也需要在深思熟虑之后，时不时地在镇压中追加一些专门化小分队前来进行干预，比如**宗教法庭**的法官们，或者当涉及的不是宗教意识形态而是别的意识形态时，追加的是其他**法官**和其他专门化部队②。那些小主体"运转了起来"：他们承认"真是这样的"，"事情确实如此"而不是如彼，承认必须服从**上帝**，服从本堂神甫，服从戴高乐，服从老板，服从工程师，并且承认必须爱自己的邻人，等等。这些小主体们承认了"一切都确实"（如此），于是运转了起来，为了事情能够完成，他们说：**但愿如此！**③

这证明：**事情并非如此**，但为了让事情成为它应该是的那样，**就必须如此**——我们可以顺嘴说出：为了每天、每时每刻在"意识"中，也就是说，在那些占据由劳动的社会-技术分工为他们指定的生产、剥削、镇压、意识形态化和科学实践等岗位的个人的物质行为中，**保障生产关系的再生产**，就**必须如此**。

我们都知道，在资本主义社会形态中，（存在于宗教意识形态国家机器当中的）宗教意识形态所扮演的角色与它在"农奴制的"社会形态

---

① 黑格尔作为一位讨论了普遍承认的理论家，也是一位令人钦佩的但有所偏袒的意识形态理论家。费尔巴哈，作为一位讨论镜像关系的理论家，也一样。还没有关于这种保证的理论家。我们以后会再讨论这些。

② 利奥泰(Lyautey)说镇压的黄金法则是："展示武力，以便不必动用武力。"我们可以将这个表达改进一下："不要展示武力，以便不需要动用武力就让它起作用"，等等。[路易·于贝尔·贡扎尔夫·利奥泰(Louis Hubert Gonzalve Lyautey, 1854—1934)，法国政治家、军事家、法兰西学院院士，曾参与指挥法军征服马达加斯加岛，1912—1916 年任法国殖民地摩洛哥总驻扎官，第一次世界大战时期任战争部长，后任法军元帅。著有《论军队在殖民地的作用》(*Du rôle colonial de l'armée*, 1900)等。——译注]

③ "但愿如此！"原文为"Ainsi soit-il!"，即祈祷结束时说的"阿门"，直译过来是一个祈使句："让它成为这样的吧！"——译注

中所扮演的角色不再相同。在资本主义社会形态中,其他一些意识形态机器扮演着更重要的角色,它们的集中作用总是包括同样的"目标",即每天不间断地在"意识"中对生产关系进行再生产,也就是说,对在资本主义社会生产中发挥不同功能的当事人的物质行为进行再生产。但是,我们就宗教意识形态的结构和功能所说的话也同样适用于其他任何意识形态。在道德意识形态中,镜像关系发生在(职责)① **这个大主体**②与(各种道德意识)这些小主体之间;在法律意识形态中,镜像关系发生在(正义)这个大主体与(自由和平等的人)这些小主体之间;在政治意识形态中,镜像关系发生在(祖国、民族利益或普遍利益、进步、革命等等各种)大主体与(相关成员、选民、战士等等)这些小主体之间。

当然,马克思列宁主义革命的政治意识形态具有一种特殊性,**史无前例的**特殊性:它是由一门**科学**,即马克思主义历史科学,所强有力地"加工过",从而是被改造过的意识形态,这门关于社会形态、阶级斗争和革命的科学,虽然没有完全消灭意识形态的镜像结构,却使它产生了"变形"(《国际歌》里唱得好:"既没有上帝,也没有护民官和主人"③,因此也就没有臣服的小主体!……)。《国际歌》就这样希望使政治意识形态本身"去中心化":这在多大程度上是可能的呢?或者说,既然它是相对可能的,那么到目前为止,它在什么样的限度内是可能的呢?这是另一个问题④。虽然如此,但在去中心化努力(即群众对

---

① "职责"原文为"devoir",通常也译为"义务",它与另一个通常被译为"义务"的词"obligation"的区别是:"devoir"的动词形式"devoir",意为"应该""应当";"obligation"的动词形式是"obliger",意为"强迫""迫使";作为名词的"devoir"更多地指根据道义或良知,人们必须做某事,是主观上的"应当",而"obligation"则更多地指道义、风俗、法律条文等强加给人要做某事,是客观上的"被迫""不得已"。为了统一译名,也为了有所区别,本书中"devoir"统一译为"应当"或"职责","obligation"统一译为"义务"。——译注

② 原文为"sujet",根据下文,此处首字母应该大写,即"Sujet"。——译注

③ 阿尔都塞的引文为"Ni Dieu, ni Tribun, ni Maître",《国际歌》原文是"Ni Dieu, ni César, ni tribun"(直译为"既没有上帝,也没有凯撒和护民官",中文歌词译为"也不靠神仙皇帝"),其中"tribun"既有"(思想的)辩护士""平民演说家""民权保卫者"等意思,也指古罗马的"护民官""罗马军队高级军官"或"(法国拿破仑时期的)护民院(下院)"的议员。——译注

④ 看看"个人崇拜"的意识形态,它的基础中就有沙皇是"人民的小父亲"的意识形态的残余(带着宗教的回声。目前在西欧共产党中发展出来的意识形态倾向于认为,他们自己方面没有实践"个人崇拜"的意识形态,一点儿也没有(意共),或仅仅在一种情况下有,即在"莫里斯·多列士的党(法共)"这个不适当的表达中。"对个人崇拜进行批判"的意识形态,本身仍然是一种意识形态,因此,尽管它作出了"去中心化"或……否定的努力,(转下页)

马克思列宁主义政治意识形态的去镜像化努力)所面临的阻力范围以内,我们仍会在所有意识形态中看到同样的状况和同样的运行原则。要证明这一点很容易。

既然我们已经附带地顺嘴说出了那些话,就让我们回到这个任何人都肯定会提出的问题:在这样一套机制——对**大主体**和**小主体**的镜像承认,以及如果小主体接受了对**大主体**"诚命"的臣服地位,**大主体**就为他们提供的保证——当中,实际上真正涉及的是什么呢?在这套机制中涉及的现实,即通过**承认**的形式本身而被误认的现实(承认因此必然是**误认**)①,说到底,就是生产关系的再生产,以及由生产关系派生的其他关系的再生产。

八、意识形态具体如何"发挥功能"

接下来要做的,是通过几个具体的例子来阐明这整套非凡(且简单)的机械装置②是如何通过自己实际的具体复杂性来发挥功能的。

为什么说"简单"呢?因为意识形态的作用原理很简单:承认、臣服、保证——整个这些都以**臣服**为中心。意识形态使总是-已经是主体的个人(你和我)"运转起来"。

为什么说"复杂"呢?因为每个主体(你和我)都臣服于多种相对

(接上页)在某个地方它还是有一个中心。在哪里呢?自捷克斯洛伐克"事件"以来,这个中心有点儿难以辨认了:过于军事化了,政治意识形态不喜欢这样。如果愿意在我们的分析的烛照下,从另一个角度想想陶里亚蒂关于国际工人运动的"多中心主义"这个表达或"再没有社会主义导师国家"这句话,想想第三国际取消之后甚至没有任何国际,乃至当前国际共产主义运动分裂的情况,我们就会看到正在起作用的"去中心化"的各式各样的例子。说实话,它们是不合常规的,而且并不总是经过马克思列宁主义科学的"加工"和"检验"。但总有一天,国际共产主义运动的重新统一,会通过那些能够最大程度地保障"去中心化"的形式而得到保障。要有"耐心"。("耐心"原文为意大利语"Pazienza",这个词很可能是从葛兰西那里借来的。可参考葛兰西 1927 年 2 月 26 日从狱中写给他母亲的信,见葛兰西:《狱中书简》,田时纲译,人民出版社 2008 年版,第 48 页:"要有耐心,而我有足够的耐心,它车载斗量,广厦难装。"——译注)

① "承认"(reconnaissance,在行文中有时译作"认出")和"误认"(méconnaissance,或"不承认""不了解")两个说法都与拉康("镜像阶段")有关。但同时,阿尔都塞关于"意识形态=承认/误认"的观念,实际上来自马克思本人,具体参见前文脚注。——译注

② "机械装置"原文为"mécanique",也可译为"机器"。——译注

独立的意识形态——虽然它们都在国家的意识形态的统一性之下被统一。事实上我们看到,存在着复数的意识形态国家机器。每个主体(你和我)都同时生活在多种意识形态中,并受到它们的制约,它们的臣服作用在主体自身的行为——这些行为被铭刻在实践中,受到仪式的支配,等等——中"结合"了起来。

这种"结合"并不会自动发生:这里产生了在我们官方哲学的绝妙语言中被称作"职责冲突"的东西。当"特定的"情况出现时,如何使家庭、道德、宗教、政治等等的职责在总体上协调一致呢?这时候必须进行选择,甚至当人们(经历了"良知危机"——它是在这种情况下必须尊重的神圣仪式的一部分——之后,有意识地①)不进行选择的时候,选择也会自动进行。1940 年就是这样,在"奇怪的战争"②的奇特失败之后,戴高乐作出了选择,贝当也一样。一些既没有戴高乐那样的贵族称号,也没有自己运输工具的法国人,也进行了"选择",他们留在了法国,并在建立游击队基地之前,暗中尽其所能地与那些脱离了德国人的游散部队进行斗争。

还有着别样的"职责冲突"和别样的选择,它们不那么壮观,却同样富有戏剧性。仅举一个简单的例子:不少年来,天主教会(而不是上帝这个父亲)一直给信奉基督教的夫妻提供用来挂带的"祝圣"十字架,这就带来了家庭意识形态和宗教意识形态之间的冲突,而冲突的对象,就是"避孕丸"。我要让读者凭自己的想象和经验去对其他的"良知问题"——也就是说,不同意识形态机器之间客观存在的尖锐摩擦声——进行重新组合。比如有些法学家、法官或官员们面临的良知问题,他们陷在自己所处的秩序(或他们在国家机器中所承担的客观功能)和自己的道德意识形态(以及正义)或(进步的与革命的)政治意识形态之间。没有任何人能避开"良知问题",甚至警察中的某些官员也不例外。

我们要搁下这一点不谈,因为要对它进行发挥很容易。让我们回到我们的总论点上来,以阐明为什么可以说一切社会形态都"通

---

① "良知危机"原文为"crise de conscience",也译为"良心危机",其中"conscience"也译为"意识","consciemment"(有意识地)是它的副词形式。——译注

② "奇怪的战争"(drôle de guerre)指英国和法国在 1939 年 9 月至 1940 年 5 月期间,采取绥靖政策,对德国宣而不战的"战争"。——译注

过意识形态而运行",就像在谈到汽车时说它"通过汽油而运行①"一样。

此前在谈到"**法**"时,我们就同时注意到,**法**的本质功能更多的不是保障生产关系的再生产,而是调节和控制**生产**(以及那些保障生产关系再生产的机器)**的运行本身**。现在,我们对一些事情可以理解得更深了,因为我们已经注意到,**法**只有通过法律-道德的意识形态才能发挥功能。它在调节生产关系的运行的同时,通过自己的法律意识形态,来协助保障**生产关系的再生产**在每个主体(即生产、剥削等等的当事人)的"意识"中不间断地进行。

现在我们可以说,意识形态国家机器表现出了这样的特殊性:它属于上层建筑,并且躲在镇压性国家机器这个盾牌和靠山背后,以上层建筑的名义保障着生产关系的再生产。但既然它们是在主体(生产等等的当事人)的"意识"中保障生产关系的这种再生产,我们就不得不补充说,通过意识形态机器以及它们在主体(生产的当事人)身上产生的意识形态后果而进行的生产关系的这种再生产,是**在**生产关系本身的运行**中**得到保障的。

换言之,上层建筑相对于下层建筑而言具有一种**外在性**——尽管这个论点在原则上有充分的理由;尽管要是没有这个论点,在生产方式(从而社会形态)的结构和运行中就没有任何东西是可理解的;但这种外在性在很大程度上是在**内在性**的形式下起作用的。更明确地说,我的意思是,有些意识形态,比如宗教意识形态、道德意识形态、法律意识形态,甚至政治意识形态(甚至审美意识形态:这让人想到手艺人、艺术家,以及所有那些需要把自己视为"创造者"而进行劳作的人),恰恰是在生产关系——那些意识形态有助于使它"自动运转起来"——的运行内部,保障着生产关系的再生产(因而以意识形态国家机器的名义隶属于上层建筑)。

相反,镇压性国家机器并不是以同样的方式出现在生产关系的运行内部的。除发生交通总罢工时军用卡车会出来尽其所能地保障部分"公共交通"(至少在巴黎地区是这样),通常不会有军队、警察,甚至不会有政府部门,直接在生产关系的运行内部,对生产或意识形态国家机器进行干预。存在一些众所周知的极端情况,这时警察、共和国

---

① "运行"原文为"fonctionner",在其他地方也译为"发挥作用"。——译注

保安部队,甚至军会队被用来"打压"工人阶级,但这是在工人阶级罢工的时候,也就是当生产停止的时候。不过生产有自己内部的镇压当事人,经理和他们的下属、管理人员,乃至工头,还有绝大部分"工程师"甚至高级技术人员(无论他们本人是怎么想的,也无论人们怎么样看他们)。一旦我们明白了不存在劳动的纯技术分工,存在的只有劳动的**社会-技术**分工;也就是说,一旦我们明白了在**生产力和生产关系**的统一体(它构成了归根到底对发生在**上层建筑**中的事情起决定作用的**下层建筑**)中,不是**生产力**,而是**生产关系**在现有**生产力**的限度内起决定作用①;我们就能理解那些内部的镇压当事人的存在。

然而,生产中(更何况在其他领域,包括在各种国家机器的劳动分工中)的这种劳动的社会-技术分工,本身只有通过意识形态才能运行:首先是通过法律-道德的意识形态,同时也通过宗教、政治、审美和哲学的意识形态而运行。由此我们会发现(我敢说这非常清楚),生产(以及一种社会形态其他领域的活动)的运行极其简单,同时又极其复杂。由此我们还会看到,必须再一次纠正我们先前对上层建筑和下层建筑之间关系的"地形学"表述。

九、下层建筑和上层建筑

下层建筑由生产关系统治着。生产关系既作为生产关系(它使劳动过程的运作成为可能)又作为剥削关系而运行(当然是在劳动的物质过程的基础上运行的,因为是劳动生产了作为商品的社会有用物品)。而生产关系的运行得到保障,是通过:

1. 生产过程自身内部的(而不是外部的)剥削和镇压当事人。不是警察或军人,而是生产过程自己的当事人(经理和他们的下属,乃至工头,还有绝大部分"工程师"和高级技术人员)保障了生产过程中监视—控制—镇压等功能。这些人员在发挥自己的功能时,可能会带着全部能想象得到的"老练",利用一切"先锋的"**公关技巧**或**人际关**

---

① 这个论点将在其他地方得到证明。[参考"附录"。原编者。参见《论再生产》"附录:论生产关系对生产力的优先性"。——译注]

系技巧(即全部"先锋的"①心理学和社会心理学技术),在某些情况下,还会带着人们所希望的,使他们即便不是倒向也能偏向无产者一边的全部"道德上的"审慎和温情(包括他们自己的良知危机和觉悟);但在客观上,他们并不因此就不属于生产关系运行内部的镇压人员。

2. 各种不同意识形态后果的作用。首先是法律-道德的意识形态,在绝大多数情况下,它带来的结果是:"每个人"(包括无产者)出于好好工作的"职业良知",都在各自的岗位(包括无产者的岗位)上"尽自己的职责",包括无产者,因为他们也要尽自己无产者的(其实是资产阶级的)"政治职责":接受资产阶级的法律-道德意识形态,承认自己的工资代表了"自己的劳动价值";接受资产阶级的技术意识形态,承认"必须要有经理、工程师、工头等等人才行",等等。

在生产中,生产关系的运行是由镇压和意识形态联手保障的,其中意识形态起占统治地位的作用。

整个上层建筑都集中在国家那里。国家为掌握政权的那个阶级(或几个阶级)的代表服务,它包括各种国家机器:镇压性国家机器和诸意识形态国家机器。

上层建筑,从而一切国家机器的根本作用,就是保障对无产者和其他雇佣工人的剥削永世长存,也就是说,保障生产关系——同时也是剥削关系——的永世长存即再生产。

镇压性国家机器保障了好几项功能。一部分(专为法律意识形态机器宣判了的惩罚服务的专门化小分队)保障对违法者进行起诉,对违章人员进行扣押,对被判为违法的行为进行物质惩罚。这一部分+阶级斗争中的专门化暴力小分队(共和国保安部队等等)+军队,保障着一个总功能,即为意识形态国家机器的运行条件提供物质上的政治保证。

因此,是意识形态国家机器承担着生产关系(及其派生出来的其他关系,包括在它们自己的"人员"——他们本身也要被再生产——内部派生出来的关系)再生产的主要功能。然而,刚才我们发现,这种功能,尽管远远超出了那种完全内在于正常进行的生产关系的运作的功能,却仍然在生产关系的运作内部起作用。此前我们发现,"**法**"是保

---

① "先锋(的)"一词原文为"d'avant-garde",也译为"前卫的"。——译注

证生产关系运行的首要的专门化意识形态国家机器,现在我们意识到,我们必须扩展这个命题,说:**其他的意识形态国家机器,(作为它们自身干预作用的一部分)只有同时保障生产关系的运作本身,才能保障生产关系的再生产。**

由此可得出,上层建筑和下层建筑之间错综复杂的关系——不是笼统的、含糊的,而是极其精确的错综复杂的关系——首先是通过各种意识形态国家机器表现出来的。只有当这些意识形态国家机器的绝大部分"活动"表现在生产关系的运作本身当中以保障生产关系的再生产时,它们才列入上层建筑中。

在这个新的精确表达中,没有对那个地形学向我们表明的东西(即下层建筑对上层建筑的归根到底的决定作用)提出任何质疑。恰恰相反,我们的分析不但捍卫了这个首要的原理,而且使它变得更为有力了。反过来,我们由此得到的收获是,从一种仍然是描述性的理论过渡到了一种更"理论的"理论。这种理论通过意识形态国家机器的运作,通过意识形态国家机器保障生产关系的再生产在很大程度上是通过保障生产关系本身的运作来实现的这一事实,向我们揭示了上层建筑和下层建筑之间错综复杂关系的精确复杂性。

十、一个具体的例子

为了不停留在这些虽然精确但也同样抽象的概念上,是不是应该补充说:这一切都能在个人主体的日常生活中得到经验上的验证,而无论他们在"劳动"的社会-技术"分工"(生产)中或"劳动"的纯社会"分工"(剥削、镇压、意识形态化)和科学"分工"中占据的是什么岗位呢?

具体地说(我只举以下一些例子,任何读者都可以自己对它们进行无限扩展),这意味着:

1. 一个无产者,除非为"需要"所迫,并且除非同时臣服于法律意识形态("应该用劳动换取自己的工资"),臣服于关于劳动的经济-道德意识形态(参考勒内·克莱尔的嘲讽味十足的话:"劳动是义务的,因为劳动即自由"①,或者如果他"落后"一点的话,臣服于关于劳动的宗教意识形态("为了获救,必须受苦,**基督**曾经是工人,劳动'共同体'是灵魂'共同体'的雏形")等等,就不会去劳动。

2. 一个资本家,如果不再为自己的"需要"尤其是竞争(说到底,是相互抗衡的资本在平均利润率基础上的竞争)所迫,同时,如果他没有受到他本人根据一整套关于所有权、利润,以及关于他的恩惠的道德-法律意识形态所编造的观念的支持,他就不再是一个资本家了。——多亏了他的资本,他才能把这些恩惠赐予他的工人们("我自己带了钱来,不是吗?我拿它去冒险吗?那么我理应用它**换取**点什么,那就是利润;况且也需要有一个老板去管理工人,要是没有我,他们靠什么生活呢?")

3. 一个**财政部**的官员……一个老师、一个教授、一个研究员、一个心理学家、一个教士、一个军官、一个**部长**,甚至国家元首本人……一个父亲、一个母亲、一个大学生,等等(对于每一种类别,我们都可以使阐明变得完整)。

为了举另一种例子,为了看到不同的意识形态的后果是如何相互结合、相互补充、和平共处或相互抵牾,让我们看看在工人的一些实践仪式中所发生的事情(我要提醒大家注意:意识形态最终存在于这些仪式中,存在于在实践中——即这些仪式出现的地方——被这些仪式所规定的行为中)。

我们将只考虑一些招募仪式,或更简单一点,一天结束后离开工厂的仪式。(接下来的内容,忠实地转录自一位在雪铁龙公司当车工的同志某天对我所说的话。)

无产者结束了一整天的劳动(他从早上开始就等待着这一时刻的到来),铃声一响,他"立马"丢开一切,奔向洗手间和衣帽间,洗手,换衣服,梳头。他变成了另一个人:他要回家找老婆孩子。一回到自己家里,他就进入了另一个世界:同地狱般的工厂和劳动节奏再也没有任何关系的世界。但与此同时,没有过渡,他就陷入了另一种仪式中,即**家庭**意识形态的实践和行为(当然是自由的)仪式中:与妻子、孩子、邻里、亲戚和朋友的交往关系中;到了星期天,还会陷入别的仪式

---

① 勒内·克莱尔(René Clair, 1898—1981),法国电影艺术家,法兰西科学院院士。这里"义务的"一词原文为"obligatoire",即"必需的",也可以译为"强迫的"。——译注

中,一些与他的(总是自由的)爱好或嗜好相关的仪式:去枫丹白露森林或(有时候)去郊区小花园度周末、做运动、看电视、听广播,天晓得会是什么;到了假期,又是另外的仪式(去钓鱼、野营,或去"旅游与劳动"和"人民与文化"中心①,天晓得会是什么)。

由于陷入了这些不一样的"系统"中,这位同志补充说,你怎么能指望在某些情况下,工人不会变成和在工厂里不一样的人,比如变成和工会战士或"法国劳工总联盟"②成员(他本来就是它的成员)完全不一样的人呢?那个不同的"系统",比如说可以是(大多数情况下就是)小资产阶级的家庭意识形态仪式。那么,这个无产者,这个在工会中与自己的劳动同志在一起时是"有觉悟、有组织的"无产者,一旦回到家里,就碰巧会陷入另一种小资产阶级意识形态系统中吗?为什么不会呢?有时候就是这样。这可以解释不少事情。当然,不仅能解释所有那些和小孩子有关的故事(他们带来了一些"教育"难题),甚至能解释一些独特的政治故事,即那些可能以"出乎意料的"选举结果而告终的故事。因为我们都知道选举的时候是怎么回事。大家好像碰巧在电视或广播中听到了戴高乐讲话(这个狡猾的家伙以民族主义者的姿态出现,大谈法国人的和解、法兰西的伟大和所有好听的调调)。人们星期天全家出动,把一张不记名选票投到秘密写票室边上的投票箱里,神不知鬼不觉。一念之间随大流的晕头晕脑就足以使人们向政治选举的小资产阶级意识形态(首先是民族主义意识形态)让步:于是把票投给了戴高乐。可是此前工会已经宣布不该投戴高乐的票。第二天,大家肯定会在《世界报》上看到雅克·福韦③的文章(这文章也是仪式),大谈关于选举结果的"钟摆"定律。

毫无疑问。但第二天,这个无产者就回到自己的工厂,重新和伙伴们在一起了。谢天谢地,并不是所有的人都做出了同样的反应。但

---

① "旅游与劳动"(Tourisme et Travail)和"人民与文化"(Peuple et Culture),是由抵抗运动中共产党员和其他活跃分子创立的组织,前者致力于为工人提供免费或便宜的旅游服务,培养他们之间的"兄弟情谊",提供文化教育;后者致力于给工人和农民进行终身的文化教育,以反抗文化上的不平等。从1960年代开始,这两个组织在不少地区建立了自己的组织网络,为工人或农民提供文化教育和更便宜的旅游服务。——译注

② 原文为"CGT",即"Confédération Générale du Travail"(也译为"法国总工会")的缩写。——译注

③ 雅克·福韦(J. Fauvet, 1914—2002),法国著名记者,曾任《世界报》总编辑,著有《法共史》(Histoire du parti communiste français)等。——译注

是要一辈子(终其一生)都当工会战士,并不容易,更不用说当革命战士了。特别是当"什么也没发生"的时候。

什么也没发生,是因为意识形态国家机器完美地发挥了功能。当它们无法继续发挥功能,无法继续在所有主体的"意识"中对生产关系进行再生产时,就会有人们所说的(多少有点严重的)"事件"发生,就像在五月一样——它是一流的总演习的开始。长征之后,总有一天,革命会到来。

权当暂时的结论

我要在这里,在这第一卷的结尾,停止这项分析工作。在以后要出版的第二卷中,我会继续这项分析。

我将在第二卷中依次研究下列问题:

1. 各社会阶级;
2. 阶级斗争;
3. 各种意识形态;
4. 各门"科学";
5. 哲学;
6. 哲学上的无产阶级观点;
7. 革命的哲学对科学实践和无产阶级的阶级斗争实践的干预。

这样,我们将重新回到自己最初研究的"对象"——哲学,并可以回答我们一开始提出的那个问题:什么是马克思列宁主义哲学?但这样一来,我们最初的问题已经被"稍稍地"修过改了。

1969 年 3—4 月

(译者单位:江西师范大学"阿尔都塞与批评理论研究中心")

学术编辑:刘　卓

论音乐中的恋物特征与听的退化

[德]阿多诺 著
刘 斐 译①

人们开始抱怨音乐品位的堕落,在时序上只比人类实现其双重发现略晚一点,后者是指,在一个历史性时刻的开端处,音乐既代表着冲动的直接展现,又表征着驯服冲动的场所。它不仅激发出酒神女祭司的舞蹈和潘神那令人着迷的笛声,同时又发自俄耳甫斯的竖琴,暴力的景象正是在这竖琴四周聚集,进而获得平复。无论何时,只要它们的平衡似乎被酒神信徒的骚动所打乱,就会出现关于音乐品位堕落的说法。但是,倘若希腊哲学对音乐的看法得到了传承,规训功能被视作其主要的益处,那么,因争取遵循音乐的规训所造成的压力,在今天当然也就比其他任何时候都要普遍。只是由于当今大众的音乐意识很难称得上具有酒神精神,所以它最新的变化也就跟品位没什么关系。品位这一概念本身就是过时的。负责任的艺术会调整自身的标准,使之达到近乎是下判断的程度:和谐与不和谐,正确与不正确。但除此之外,不会有人尝试更多的选择;也不会再提出问题,没有人表现出对惯例主动加以修正的需求。能够验证这一品位的主体本身是否还存在,也已经变得可疑起来,问题的另外一极同样如此,自由做出选择的权利,在经验层面也无论如何都没人再去尝试了。如果有人想

---

① 编选者 Simon Frith 导言:本文最早发表于 *Zeitschrift fur Sozialforschung* Vol. VII(1938),至今仍是最能给人留下深刻印象的艺术社会学论文之一。在本书语境中,我们想强调的是:(1)阿多诺在文中对本雅明《机械复制时代的艺术作品》一文的观点展开了近乎露骨的批驳;(2)他明确借用了卢卡奇关于物化的概念来指称文化工业的逻辑;(3)对于结构性的"听"与个人衰微时代"充分"的美学回应的日渐匮乏,阿多诺自有他的一套看法。文章来源:A. Arato and E. Gebhard(eds.)*The Essential Frankfurt School Reader*, Oxford: Basil Blackwell, 1978, pp. 270 - 99;注释部分参考了 Susan H. Gillespie 经过 Richard Leppert 校订的新译本,收于 Richard Leppert 编选的 *Theodor W. Adorno: Essays on Music*, University of California Press, 2002, pp. 288 - 317. ——译者注。

找出某个"喜欢"商业音乐的人,即便被问到的人将自己的反应包含在"喜欢"或"不喜欢"这样的回答里,他也无法回避这样的字眼在该场合中是否恰当这一质疑。对该作品的熟悉程度代替了对其品质的期许。喜欢它几乎跟辨认出它是同一回事。对于一个发现自己已被标准化的音乐商品包围的人来说,做出价值判断的方法已经变成了某种杜撰。他既不能逃离无能,也无法在提供给他的东西中做出抉择,由于这些东西全都一模一样,因此偏好事实上仅仅取决于传记中的细节或是他在听到这些东西时所处的场合。自主性导向的艺术所采用的分类并不适用于当代的音乐接受;甚至对严肃音乐的接受也是如此,它们在"古典"这一粗俗的名目之下被驯化,以便让人们能够舒舒服服地再度离它而去。如果有人反对这一说法,认为特定的轻音乐和所有本意就是用于消费的音乐,在任何情况下都不曾被人们按照这样的分类加以体验,那我们当然让步。然而,这类音乐同样也被变化所裹挟,原因在于,它之所以提供它所承诺的愉悦、快感和乐趣,就是为了在给予的同时否定它们。在一篇文章中,阿尔杜斯·赫胥黎曾经问道,谁会在娱乐场所获得真正的愉悦?① 我们同样可以问,休闲音乐还能让谁放松?毋宁说,它完成了使人归于沉寂的过程,灭绝了说话这一表意行为,直至完全失去交流的能力。它栖身在人们由于焦虑、工作和轻易地顺从而形成的沉默的缝隙里。它无处不在,在不知不觉间将沉迷其中的人们变成无声电影这一特定场合中出现的那种极度可悲的角色。它被视为纯粹的背景。如果没人能再说话,那当然也就不再有人能够去听。有位美国的无线电广播方面的专家,他是真心想利用音乐这一媒介,却对这种广告形式的价值表示怀疑,原因是人们已经学会

---

① 阿尔杜斯·赫胥黎(1894—1963)曾多次就现代娱乐发表类似看法。比如,收于《沿路而行:游记选》(*Along the Road: Notes and Essays of a Tourist*, New York: George H. Doran, 1925, p.246)的《工作与休闲》一文中就说:"事实上,如果在今天这样的条件下被养育起来的话,人类中的大多数从事消遣的那些休闲行为,即便不是彻底堕落,至少也是愚蠢的,更糟的是,人们在私下里还都意识到它们是徒劳的。"又如收于《赫斯特文集》(*Aldous Huxley's Hearst Essays*, ed. by James Sexton, New York: Garland, 1994, pp.101-02,首版于1932年8月)里的《休闲问题》一文中的说法:"人们在不断地'做事',实际是在持续地购买物质产品、交通运输和缴纳'娱乐'场所的入场费……在脱离私人盈利者之手并采用科学方法运营的情况下,娱乐工业将有可能比它在今天产出更大的愉悦和分心作为回报……当下的系统存在的问题是,它对待人的方式就仿佛后者生来只是为了充当一个经济单位似的。"(p.102)

在聆听的同时取消自己对所听对象的注意力。就音乐的广告价值而言,他的观察是可以质疑的。但就音乐本身的接受而言,他的看法却大致不差。

在常见的关于品位下降的抱怨中,某些特定的说法总是反复出现。将当今大众音乐氛围判定为"堕落",诸如此类的愤恨和情绪化评价绝不少见。这些说法中最强硬的一种关乎感官放纵,据称这种放纵将会弱化并使英雄式的行为陷于无能。这种抱怨早在柏拉图《理想国》的第三卷中就曾出现过,他要废除掉"表达哀伤的曲调"以及那些"适用于饮酒场合"的"柔和"曲调,只是目前尚不清楚,为什么这位哲人将这些属性归附于混合吕底亚、吕底亚、低音吕底亚和伊奥尼亚调式。在柏拉图的《理想国》中,与日后西方音乐的主要调式相对应的伊奥尼亚调式将成为禁忌。长笛和"多音调"的弦乐器同样被禁止。唯一获得保留的那些曲调应该是"尚武的,表现出勇士在面临危险时说出的话语和腔调所具有的那种坚决,或是当他遭受伤害、打击或死亡以及任何其他不幸时展现出的勇敢、坚定和忍耐力"①。柏拉图的《理想国》不像官方哲学史说的那样是个乌托邦。它按照它实际存在或可能会存在的样子对其公民进行规训,甚至在音乐里也一样,其中对"刚""柔"曲调所作的区别,即使在柏拉图的时代也已经属于陈旧迷信的残余。② 柏拉图奚落那位被代表理智的阿波罗剥了皮的吹笛子的马叙阿斯(Marsyas),这一反讽表明前面的对话是在打趣。③ 柏拉图的伦理-音乐规划所凸显的,是按照斯巴达方式对阿提卡人实施的清洗所具有的特征。其他那些反复出现的、关于音乐教化作用的主题也属于同一水平。其中最明显的是对肤浅和"人格崇拜"的指责。攻击的矛头所向主要是进步:社会的进步,根本而言是特定的美学的进步。与那些被禁止的诱惑缠绕在一起的是感官的愉悦和意识的分化。音乐中个人对集体强制的克服标志着晚些时候实现突破的那个主观自由

---

① 柏拉图:《理想国》,郭斌和、张竹明译,商务印书馆2002年版,第104页。
② 阿多诺所引有关古希腊音乐调式及其效果的讨论,中译本见柏拉图《理想国》,郭斌和、张竹明译,商务印书馆2002年版,第102—103页。
③ 阿波罗与马叙阿斯之间的音乐竞赛同时也是弦乐器与管乐器之间的竞争。就这个故事的隐喻层面而言,与阿波罗的竖琴相联系的是文明,有规则、理性化的等等,马叙阿斯的牧笛则代表着与之对立的、放纵不羁的狄奥尼索斯——总起来看,也是心灵与身体二分的音响化展现。阿波罗先是采用诡计,继而通过对充当裁判的缪斯女神献上慷慨的奉承,最终赢得了比赛;随后,阿波罗将马叙阿斯绑在一棵松树上,活剥了他的皮。

的时刻,与此同时,曾经将个体从其所处的魔圈(magic circle)中解放出来的亵渎就呈现为肤浅。由此,那个受到缅怀的时刻就进入了西方的伟大音乐之中:感官刺激成了通往和声并最终通向色彩主义维度的大门;无拘无束的个人成了表现和音乐本身的人性化的承担者;"肤浅"由此就变成对形式之沉默的客观性的批评,正是在这个意义上,海顿才选择了"华丽时髦"而否弃博学。这实际正是海顿的选择,而不是哪位有着一副金嗓子的歌唱家或是某位能噘起嘴唇吹出悦耳之音的器乐演奏家的鲁莽选择。尽管这些时刻进入了伟大的音乐并在其中获得变形;但是伟大的音乐却并未在这些时刻中被消解。在多种多样的刺激和表现中,它的伟大之处就在于综合的能力。音乐的综合不仅保留了表象的统一,避免它分解成厨房景象般的散碎时刻,而且在这样的统一当中,在特定的时刻与不断展开的整体的关系当中,还同样保留了社会条件的意象,在这一意象中,超乎那些特定时刻之上的,将不会只是表象。直到史前时代(prehistory)结束之前,局部刺激和总体性、表现和综合以及表面与根基之间的音乐平衡,始终像是资本主义经济中的供需平衡那样不稳定。在《魔笛》中,启蒙的乌托邦和轻歌剧里的滑稽歌曲所带来的乐趣准确地达成一致,它本身就构成了一个时刻。《魔笛》之后,严肃音乐和轻音乐再也不可能结合在一起了。

  但是,从形式法则中解放出来的东西不再能够充当反抗惯例的那种生产性冲动。冲动,主观性和亵渎,这些功利主义异化的老对手们,如今则屈从于异化。在资本主义时代,音乐中那些传统的反神话酵素开始酝酿起针对自由的阴谋,而它们曾经一度被禁止与之结盟。对抗独裁主义计划的代表们如今变成了商业成功之专权的见证者。愉悦的时刻和欢快的外表变成了一个借口,使得听者不再想到整体,转而宣称"适当的听"。沿着这条放弃抵抗的道路,听者被转变成了顺从的购买者。局部的时刻不再担任整体之批评者的角色;相反,那些优秀的美学整体性施加于具有缺陷的社会整体性的批评,倒被它们悬置起来。整体的综合因为它们而遭到牺牲;它们并不再进行自主创造以便取代那个已被物化的综合,而是对其表示顺从。遭到隔离的愉悦时刻事实上不能与艺术作品内在的构造相匹配,作品中一旦有什么超越它们,触及对本质的洞见,就必将被牺牲。它们的糟糕之处并不在于其自身,而在于它们具有分散注意力的功能。为了服务于成功,它们否认那种不顺从的特征属于它们。它们密谋着要和遭到隔绝的时刻所能提供给一个孤立个人的一切达成一致,而这个个人早就不再孤立。在隔绝状态中,那些魅力变得无趣,成了熟悉的套路。任何献身于此的人都像那些热衷于东方式感官逸乐的希腊哲学家一样恶毒。魅力的诱惑性只有在否定的力量最强大的地方才会幸存:存在于那种放弃对现存和谐之幻象的信仰而产生的不和谐之中。音乐中禁欲这个概念本身就是辩证的。如果说禁欲主义曾经一度以一种反动的方式击败了审美的主张,那么它在今天已经变成了进步艺术的标志:确切地说,不是通过那种流露着匮乏和贫困的古老的节俭手段,而是通过严格地排除那些大杂烩式的愉悦来实现,那种愉悦总是要求为其自身的缘故而即刻被消费,仿佛在艺术中知觉不是智性内容的承载者,这种内容只会在整体而非被隔绝的局部时刻中显露自身。艺术从否定角度呈现的只是幸福的可能性,而这种可能性也是如今偶或一见的唯一一种部分具有正面意义的对于幸福的预期。所有的"轻"音乐和令人舒适的音乐都已变得虚假和虚伪。所有在美学上将其表象归入快感名下的东西已经无法提供快感,而曾经作为艺术之定义的幸福的承诺,也只有在面具从虚假幸福的脸上被扯下的时候方才可以一见。享乐活动仍旧仅仅寄乎身体直接在场之处。一旦这种享受过程要求获得一种美学的表象,那么按照美学的标准它就是虚假的并且就此诱使快感的追求者失去自我。只有在享乐过程缺乏表象的时候,对于享受本身之可能性的信念才得以维持。

大众音乐意识的新阶段是以愉快中的不愉快来定义的。这就有点像是对体育或广告的反应。"欣赏艺术"这个说法听上去很滑稽。至少,勋伯格的音乐和流行歌曲在拒绝被欣赏这一点上是一样的。任何人只要还能从舒伯特四重奏的美妙乐段甚或是亨德尔大协奏曲里一段健康而具有刺激性的展开获得快乐,就足以在一群蝴蝶收藏者之中被列为一名潜在的文化保卫者。令他蒙上饕餮之名的东西或许并不"新鲜"。自从资产阶级时代的开端处起,街头小曲、朗朗上口的小调以及一切泛滥成灾的陈腐形式就已经让世界感受到了它们的力量。以前,它攻击了统治阶级的文化特权。但如今,随着这些陈腐形式的权能扩展到整个社会,它的功能也发生了改变。这种功能转变影响到了所有的音乐,而不仅仅像在轻音乐领域内那样很容易就变得无害。音乐的各个领域必须被当成一个整体来思考。有些文化的守护者热心地追求音乐各领域的静态区隔——极权主义的无线电被委以重任，一方面要提供好的娱乐，另一方面则要求它对所谓的优秀文化有所促进，就仿佛现在还存在什么好的娱乐或者优秀文化还没有被他们的行政管理转变成罪恶似的——对涉及权力的音乐的社会领域做出的整饬划分是一种错觉。

自莫扎特以来的严肃音乐的发展过程是对陈腐的逃离，这恰好反映出发生在轻音乐历史中的是一个相反的过程，在今天，严肃音乐的重要代表对那种不祥的经验的描述，甚至在毫无戒心的、天真的轻音乐中也有所体现。同样轻率的选择是转向另一个方向，将这两个层面的断裂掩盖起来，假定一个具有连续性的进程使得一种渐进的教育过程得以将商业化的爵士乐和热门歌曲安全地过渡到文化商品。愤世嫉俗的野蛮主义并不比文化欺骗更可取。它在更高层次上通过破除幻象而获得的成就，旋即以原始主义和回归自然的意识形态将其抹除，借助后者，它美化了地下的音乐世界：这个世界早就不再继续协同那些被文化排斥的反对者去寻求表达，如今仅依赖上层施舍为生。

关于社会偏爱轻音乐而不喜欢严肃音乐这种幻觉，建立在大众之被动性的基础上，这种被动性使得对轻音乐的消费与那些消费它的人的客观利益实际上是矛盾的。据称，他们喜欢轻音乐和聆听更高类型的音乐其实只是为了获取社会声望，在这种情况下，熟知某首热门歌曲的文本就足以揭示出这一受到真心赞许的对象所具有的唯一功能。音乐的两个层面的统一由此就成为一个尚未被解决的矛盾。这两个层面无法达成一致，较低者不能为较高者充当介绍和普及，较高者也不能借用较低者的集体性力量来弥补自身的缺失。两半相加不能拼成完整的一体，但即便相隔甚远，每一半之中都体现出只会以矛盾的方式向前推进的整体的变化。如果逃离陈腐已成定局，而严肃作品的市场性因对其客观需求的收缩而减少为零，那么在较低的层面上，成功被标准化的后果就意味着，已经不再可能用老式的方法取得成功，只能进行模仿。在难以理解和难以逃避之间没有第三条出路；格局自身已经极化成最终会相遇的两个极端。在两端之间没有为"个人"留下空间。无论何处还出现个人的诉求，它都成了取自标准的幻觉。个人被清零正是新的音乐条件的真实特征。

如果音乐的两个层面在它们的矛盾统一体中混淆起来，二者间的界限却会发生变动。进步的作品已经否弃了消费。其余的严肃音乐被以成本价交付消费。它屈从于商品化的听。官方"古典音乐"的接受情况和轻音乐的接受情况之间的差别已经无关紧要。它们仍然受到操控,仅仅是出于市场性的考虑。热门歌曲的热衷者必须获得的确认,是他的偶像不会高出他太多;交响音乐会听众的情形正好与此相反。音乐行业越是努力在不同的音乐区域间树立起铁丝栅栏,人们就越发怀疑,要是没了这些藩篱,不同区域的居民将会过于轻易地实现相互理解。托斯卡尼尼,一位二流的乐队指挥,被称作大师,不无反讽的是,一首名为《请来点音乐,大师》①的热门歌曲,就在托斯卡尼尼在无线电的帮助下荣获"空中元帅"这一称号之际,立马取得了成功。

这种音乐生活所处的整个世界,从欧文·柏林和沃尔特·唐纳森②——"世界最佳作曲家"一直平稳地经过格什温、西贝柳斯和柴科夫斯基,直到舒伯特题为《未完成》的 B 小调交响曲所组成的作曲行业,全都属于恋物范畴。明星原则已经走向极权主义。听者的反应似乎跟音乐的演奏没了关系。与后者有关的,毋宁说是累积性的成功;就这种成功本身而言,人们不会觉得它是过去的听众让渡其自发性而来,相反,它被归功于出版商、有声片巨头和无线电老板的指令。名人并非唯一的明星。作品开始扮演同样的角色。一座由畅销作品构成的万神殿被建立起来。节目单被缩短,这一收缩过程不仅清除了中等的好作品,已经被认可的经典作品本身也经历了一次筛选,而这次筛选与品质无关。在美国,贝多芬的《第四交响曲》成了罕见品。这一筛选过程以一种死循环的方式复制自身:最为人熟知的就是最成功的,因此也就会被一遍又一遍地播放从而变得更为人熟知。标准作品的选择本身取决于它们对节目吸引力的"有效性",以及由轻音乐或明星指挥家来定义的获得成功的类别。贝多芬《第七交响曲》的高潮部分和柴科夫斯基《第五交响曲》中的慢板那难以言传的喇叭旋律被放置在同一水平。旋律逐渐被等同于八拍呈对称式的高音部旋律。这种旋律被归为作曲家的"创意",仿佛他能把它塞进口袋带回家似的,同时它也被理解成作曲家所具有的基本特性。"创意"这个概念远不适用于已获认可的古典音乐。其中大多由分解开来的三和弦构成的主

---

① *Music, Maestro, Please*!(1938),曲作者 Allie Wrubel,词作者 Herb Magidson。
② Walter Donaldson(1893—1947),流行歌词曲作家,编曲者;他的作品包括 *My Mammy*,*My Buddy*,*Carolina in the Morning*,*My Blue Heaven*,*Yes, Sir, That's My Baby* 等。

题性材料根本不像是在一首浪漫歌曲中那样属于作者。贝多芬的伟大之处就在于，那些偶或私密的旋律因素完全从属于作为整体的形式。一切音乐都将在创意类别的名目下受到检视，甚至连巴赫也不例外，他的《十二平均律钢琴曲集》里最重要的主题之一就是从别处借来的，但人们对所有权怀有炽热的信念，并对音乐中的剽窃行为展开穷追猛打，以至于音乐评论家最后可以把他的成功将最终为他挣得曲调侦探的名头。

在最狂热的状态下，音乐的恋物将占据公众对于唱歌的嗓音的评价。人声在感官上具有的魔力，正如那些天生有"料"的人与获得成功紧密相连那样，已经是一种传统。但在今天，它的物质性已经被遗忘。在庸俗的音乐唯物主义者看来，拥有嗓音和成为歌手是同一回事。在较早的时代，要成为阉人歌手和首席女歌手这样的歌唱明星，至少需要具备精湛的技艺。如今，受欢迎的则是这类被剥夺了一切功能的货色。甚至不需要音乐表演的能力。就连对乐器的机械控制也都不再成为必需。要想令其拥有者的名气合法化，一种嗓音只需音量特别大或音调特别高就行。要是有人鼓起勇气，哪怕只是以对话的姿态向人声的绝对重要性提出质疑，并且宣称，以中等程度的好嗓音即有可能创造出美妙的音乐，就和使用中等钢琴的道理一样，那他立刻就会发现自己面临一种敌意和憎恶的处境，这种敌意的情感根源之深，远不可以道理计。嗓音是如同国家商标一般的神圣属性。就仿佛是嗓音要对此施以报复一般，开始失去那种感官的魔力，而它们正是以这种魔力的名义被出售的。大多数的嗓音听上去都像是在模仿他人的歌唱，即便这原本就是他们自己唱出来的。所有这一切在对大师制作的小提琴的崇拜中达到了最荒诞的地步。人们一听到被明确标示为斯特拉迪瓦里（Stradivarius）或阿马蒂（Amati）小提琴发出的声音就立即欣喜若狂，——只有专家的耳朵才能辨识出它们和一把好的现代小提琴的音质差别——在狂喜中，人们却忘记去听作曲和表现，这两方面可并不是可有可无。现代小提琴制作工艺越是对进步顶礼有加，就越是会让古老的乐器备受珍视。如果创意、嗓音和乐器中促成感官快感的时刻化作恋物的对象并且被剥夺一切可以为它们提供意义的功能，那它们会从整体的意义那里获得一个同样孤立和遥远的回应，而且这一回应同样是由盲目而非理性的情感状态下获得的成功所决定的，由此构成的与音乐的关系当中就会掺入那些与音乐无关的因素。

不过，在热门歌曲的消费者和热门歌曲之间存在着的，是同样一些关系。他们之间唯一的关系是与一种完全异质之物的关系，该异质之物像是被一块密不透风的屏幕隔绝于大众的意识，它是试图为沉默者代言的东西。即便他们有时会做出反应，但对象是贝多芬的《第七交响曲》还是一件比基尼，已经没有区别。

音乐性恋物这一概念并不能被归因于心理根源。"价值"在其特殊性质尚未被消费者的意识所触及的情况下就被消费，并将情感导向它们自身，这是对其商品属性的一个滞后的表达。由于当今所有的音乐生活都被商品的形式所主宰；前资本主义时期的最后残余物也已被抹除。尽管音乐被慷慨地赋予一切超凡脱俗的崇高属性，它在今日美国所扮演的却只是为商品做广告的角色，人们必须拥有这一商品才能听到音乐。如果广告功能在严肃音乐中会被小心地加以淡化的话，它却总是会在轻音乐里取得突破。在整个爵士乐行当里，通过乐队之间自由交流乐谱，他们已经放弃了那种现场演出应当对钢琴谱和唱片的销售起到促进作用的观念。无数热门歌曲的文本所称颂的都是热门歌曲自身，以大写字体不断地重复着它们的标题。从这多如牛毛的类型中偶像一般脱颖而出的，是交换价值，然而愉悦的大量可能性却从中消失了。马克思把商品的拜物教特征定义为对物品的崇拜，该物品是某人自己生产的，但它作为交换价值，却又同时将自身异化于生产者和消费者——"人"。"商品形式的奥秘不过在于：商品形式在人们面前把人们本身劳动的社会性质反映成劳动产品本身的物的性质，反映成这些物的天然的社会属性，从而把生产者同总劳动的社会关系反映成存在于生产者之外的物与物之间的社会关系。"①这是成功的真实秘密。它只不过是人们为了获得产品而在市场上支付的东西的反射。消费者真切地崇拜他自己为购买托斯卡尼尼音乐会门票所支付的金钱。他也实至名归地"获得"了他对其加以物化并将之当成客观标准加以接受，同时又不能在其中确认自身的那种成功。但他并不是通过欣赏音乐会，而是通过购买门票才"获得"成功的。确切地说，交换价值以一种特殊的方式在文化产品的领域中发挥着效力。因为在商品的世界里，这一领域似乎免除了交换的法则，像是与产品处于一种直

---

① 马克思：《资本论》，中共中央马克思恩格斯列宁斯大林著作编译局编译，人民出版社 1956—1986 年版，第 23 卷，第 88—89 页。

接的关系之中,而正是这一表象反过来为文化产品赋予了交换价值。但它们仍然彻底地陷在商品的世界里,为了市场而被生产出来,以市场为目标。直接性的表象和交换价值的强制力一样坚不可摧。社会契约调和了矛盾。直接性的表象占有了间接的交换价值本身。如果一般而言商品包括交换价值和使用价值,那么由于文化产品在彻底的资本主义社会中必须对其幻象加以保留的纯使用价值,就必然会被纯交换价值所取代,后者正是以其作为交换价值的能力欺骗性地取得了使用价值的功能。音乐特定的恋物特征就栖身于这一代偿物之中。投注于交换价值的情感创造出一种直接性的表象;与此同时,与客体关系的缺失则揭破了这种表象。这种恋物特征根植于交换价值的抽象性之中。任何"心理的"层面,任何替代性的满足都取决于这样的社会替换。

　　音乐功能发生的变化涉及艺术与社会之关系的基础条件。交换价值的法则越是无情地摧毁对人而言的使用价值,交换价值就越是会深深地将自己伪装成愉悦的对象。曾有人问,是什么黏合剂仍然在将商品的世界统合起来?答案在于,从消费品的使用价值到交换价值的这一转移所构造出一种普遍的秩序,任何一种将自身从交换价值的束缚中解放出来的快感,最终都将在这一秩序中具有颠覆性。商品中交换价值的表象承担着一种特定的凝聚性功能。有钱实施购买的女性会沉醉于购买的行为。在美国的俗语中,"享受好时光"(having a good time)就意味着当他人享受愉悦时在场,而这反过来又成了唯一在场的内容。在如同圣礼般的时刻,拜汽车教用一句"这是辆劳斯莱斯"就让所有男人成为兄弟;而在那些亲密的时刻,女人们则会赋予发型师和化妆师更大的重要性,而忽略后者受雇佣的境遇。与不相干事物的关系忠实地反映出其社会本质。驾车出游的一对儿情侣花费时间去辨认过往车辆,要是能认出品牌他们就会感到高兴,女孩的满足仅由一个事实构成,即她和她男朋友"看上去不错",爵士乐迷中的行家里手因为知晓什么东西无论如何都不容错过而确认自己的合法身份:所有这些举动都遵循着同样的律令。面对商品变幻莫定的神学,消费者成了神殿里的奴隶。那些无从在别处牺牲自己的人可以在这里将自身作为献祭,并在这里遭到彻底的背叛。

　　在商品拜物教的新型模式中,在"施一受虐特征"中,在对今日大众艺术的被动接受中,同样的东西以不同的方式表现着自身。受虐式的大众文化是全能的生产进程自身的必然表现。一旦情感渗入交换价值,后者就不再是神秘的变体。这就类似于爱上牢房的囚徒,因为他没有别的可以去爱。个性遭到牺牲,令自身顺应于成功者的规范,亦步亦趋地追随他人,遵循着一个基本的事实,即在更宽泛的领域里提供给所有人的,是按标准生产的同样的消费品。但是,出于商业考虑必须掩盖这种同一性,从而导致对趣味的操纵以及官方文化开始伪装成个人主义,由此必然会加剧个性的消除。即便是在上层建筑领域,表象也并不仅仅意味着对本质的遮蔽,而是脱离本质的必要进程。人们不得不购买的那些产品所具有的同一性特征将自身隐藏在严苛而无所不在的强制性规范背后。虚构出来的供需关系寄生在虚假而细微的个体差异之间。如果趣味的价值在当今条件下成为问题,那就有必要去理解在这一条件下趣味是由什么构成的。默然顺从被理性化为谦逊,与任性和混乱相对;音乐分析如今已基本上衰退成音乐图表,在冥顽不灵的节拍计算中尽显其反讽的一面。这幅图景被严格限定的规范内偶发的差别进一步完善。然而遭到清算的个性要是真的热情地将传统的完整表象纳入囊中,那么趣味的黄金期崭露曙光的时刻恰恰也就是趣味已不复存在的那个时刻。

由此导致的后果是,那些构成恋物基础并变成文化产品的作品将经受根本性的改变。它们被粗俗化了。无关痛痒的消费摧毁了它们。那些被反复播放的东西,犹如挂在卧室里的《西斯廷圣母像》(Sistine Madonna),不仅会慢慢丧尽魅力,物化还影响到它们的内部结构。它们被改造成一团大杂烩,通过高潮和重复来给听者留下印象,然而整体的组织却无论如何也不会产生印象。通过高潮和重复使得不相连的部分能被人记住,这在伟大音乐自身有着先例,也就是在晚期浪漫派,特别是瓦格纳的作曲技巧中。音乐越是趋于物化,在异化的耳朵听来它就越是浪漫。正是通过这种方式,它变成了"所有物"。在自发接受的情况下,作为整体的一部贝多芬交响曲是绝不可能被占有的。得意扬扬地在地铁里用口哨大声吹着《布拉姆斯第一交响曲》最后一个主题的人差不多已经是在处理它的残骸。但是自从恋物者们亲身将这些作品置于险境,而且在实际操作层面将其吸收进热门歌曲,就出现了一种反作用的倾向,以便保持他们的恋物特征。如果细节的浪漫化蚕食了作品的整体,处于险境的本体就像是经过了镀铜的处理。当物化的局部被加以强调并达到高潮,这一部分就具有了魔法仪式的特征,个性的神秘、内在性、灵感和自然的繁殖,所有那些从作品自身之中被消除的东西，都在这里被召唤出来。正因为趋于崩解的作品弃绝了其自发性的时刻，一些鸡零狗碎的陈腔滥调就从外部被注入其中。尽管关于新的客观性人们有很多讨论，但是那些墨守成规的表演最本质的功能已经不再是"纯"作品的演奏，而是对粗俗化了的作品的呈现，同时又做出一种姿态，竭力然而无效地试图与粗俗化保持距离。

粗俗化与魅惑，一双互相敌对的姐妹，共同栖居在已然占领大片音乐领域的那些编配方式之中。改编的实践所覆盖的维度极其广泛。有时它会利用时间。它公然将物化的零碎摘离语境，把它们变成混杂曲。它破坏掉整部作品在多个层次上的统一，仅仅突出那些相互隔绝的流行段落。莫扎特《降 E 大调交响曲》中的一首小步舞曲，在省略其他乐章的情况下被演奏，就会丧失其交响乐的内聚力，变成匠气十足的那种类型化作品，它更接近《斯蒂芬妮加沃特舞曲》(*Stephanie Gavotte*)①，而与其原本应当标榜的那种古典主义则大异其趣。此外还有色彩主义意义上的那种改编。他们会把能弄到手的一切都编排一气，只要演奏方面的名家不会对此有所抵牾。如果改编者是轻音乐领域唯一受过音乐教育的人士，他们就会觉得重任在肩，更加肆无忌惮地在文化产品中夹藏私货。他们会对器乐编配提出各种各样的理由。就大型交响乐作品而言，改编可以降低费用，要不就指责作曲家缺乏改编技巧。这些理由都是可悲的托词。关于廉价性的争辩在美学上就是对自身的谴责，考虑到管弦乐改编方式正是在那些热心从事改编实践的人手里变得过剩，而且事实上，一部钢琴作品的器乐改编常常会比原初形式的演奏更加可亲，就让这种争辩站不住脚了。此外，有人相信，古老的音乐需要色彩主义式的更新；这种信念预设了色彩和五线谱之间关系的偶然性，这种预设，只有在粗鲁地忽略维也纳古典主义和受到如此热心地编配的舒伯特的情况下，才有可能成立。即便说，对色彩维度的真正发现最早发生于柏辽兹和瓦格纳的时代，

---

① 《斯蒂芬妮加沃特舞曲》在 20 世纪初非常流行，为 Alphons Czibulka(1842—1894)所作，这是一位匈牙利的乐团领班兼作曲家。《大英图书馆藏 1980 年以前印刷乐谱目录》(*The Catalogue of Printed Music in the British Library to 1980*, London: K. G. Saur, 1983)第 15 卷，第 91—92 页列出了该作品的多个编配版本，包括伴奏乐团、管弦乐队、双手和四手联弹钢琴，以及填上歌词的人声版等。该目录中最早的版本可上溯到 1876 年；在 19 世纪 80 年代出现最多；最晚的一首出现在 1934 年。感谢 Otto Kolleritsch 帮我查找关于这首(美国听众闻所未闻的)作品的上述资料。——英译者注

海顿或贝多芬的色彩主义简化还是遵循着建构优先的原则,其次才有旋律性的局部以鲜亮的色彩从动态的整体中跳出。正是基于这样的简化语境,贝多芬的《莱奥诺拉》序曲第三号乐章开头那个由巴松管奏出的三度音程,或者《第五交响曲》第一个动机再现部的那段双簧管奏出的华彩乐段,才变得非常有力,要是用色彩斑斓的音响去呈现,将会无可挽回地丧失这种力量。人们应当由此认识到,改编的初始动机应该是自成一格的。最重要的是,改编意在让那些总是具有公共的、非私人面向的伟大而遥远的声音变得容易消化。疲惫的商人就此可以拍打经过改编的经典作品的肩膀,抚弄那些缪斯的后裔。这是一种强制,类似于无线电热门曲潜入其听众的家庭,让这些像叔叔和婶婶似的角色们伪装出一种人性化的亲近感。极端的物化会造就自身具有直接性和亲密性的假象。相反,恰恰是因为缺乏亲密性,改编作品才会对此加以夸大和渲染。然而,亲密性最初是作为整体之中的一些时刻被加以定义的,从趋于解体的整体中涌出的那些感官快乐的瞬间过于虚弱,甚至连完成它们的功能任务所需的感官刺激都无法提供。经过装扮和膨胀的个体消除了抗议者的容貌,这副容貌是个体面对体制在自身的限制之内刻画出来的,正如作品规模从宏大缩减为私密时会发生那样,视野失去了整体性,同时不良的个体直接性在伟大的音乐中却总是被保持在限度以内。与此相反,出现了一种虚假的平衡,在其发展的每一步都因其素材的自相矛盾而显露出欺骗的痕迹。舒伯特的《小夜曲》①,就其弦乐与钢琴相结合催生的虚张之声势而言,就其模仿性的间奏小节那种愚蠢而泛滥的清晰程度而言,就像是女子学校教的歌曲那样了无生气。然而,要是让弦乐队独奏的话,《纽伦堡的名歌手》中的选曲(Prize Song,"早晨散发出玫瑰色的光彩")也并不会变得更严肃。就凭这种单调的形式,它在客观上丧失了保证它在瓦格纳的配乐中具有生命力的那种关联性。但与此同时,它对听众来说却变

---

① 舒伯特的几首声乐小夜曲拥有大量的器乐改编之作,包括竖琴、曼陀林、尤克里里和短号等版本。鉴于阿多诺提到了女子学校,他脑海中浮现的经过甜腻改编的小夜曲有可能是女低音独唱作品 D.920(1827),伴有女声合唱和钢琴伴奏,歌词系弗朗兹·格里尔帕策(Franz Grillparzer)所作(同时也有男声版)。阿多诺所谓的"虚张声势"(aufgeplusterten Klang)也就有可能指的是加入弦乐,或者更有可能是用弦乐队取代人声的编配方式——可以称之为无词歌(Lieder ohne Worte)。Larry Kramer 提醒我说也有可能是另一首歌,也就是曾经一度无比流行的《天鹅之歌》里的《小夜曲》,D.957(1828),他说得很恰当,这首歌"要是改编成弦乐和钢琴版本,一定足以让阿多诺恨得牙痒痒"(出自私下交流)。——英译者注

得相当生动,他们没有必要再从不同的色彩中去把歌曲的各个部分整合起来,而能够安然将自己交付给单一且不间断的高音部旋律。于此,人们将触及那些被视为经典的作品陷入其中的对于听众的敌意。但人们也会怀疑,改编最阴暗的秘密就在于绝不让任何东西保持原样的那种强制性,而是动手攫取一切可得之物,那些一息尚存的东西越是抗拒任其基本特征遭受玩弄,这种强制性就会越发强烈。整体社会控制通过给落入其运行机制的所有东西打上标记来确认自身的权力与掌控。但这种确认也同样具有毁灭性。当今的听众总是会毁灭他们用盲目的尊崇占据的东西,而他们那种虚假的能动性却总是被生产所预设和规定。

改编的做法来自沙龙音乐。这是一种精致的娱乐形式,它从文化产品的标准那里借来一些假象,但把它们变成了热门金曲那样的娱乐材料。这种娱乐原先是为了给人们的哼唱提供伴奏而保留下来的,如今却扩展到了整个音乐生活,它基本上不再会受到任何人的严肃对待,而且在所有关于文化的讨论中越来越后退为背景。人们或者忠实地遵从节目编排,哪怕只是在周六下午偷偷拧开喇叭,或者即刻顽固而执拗地认定这些都是为了满足大众或真或假的需求而提供的垃圾,除此别无选择。精致的娱乐对象,其不引人注目和肤浅的本性必然导致听者的心不在焉。要是向听众提供的是一流的产品,那还能保持一份良好的心愿。要是有人反对说,这些东西已经沦为市场上的毒品,一个现成的回应就是,这就是听众想要的东西。要是对听众的境况加以考察,这一回应最终将不攻自破,但前提是必须对将生产者和消费者纳入一个恶魔式和声的那个整体进程有所洞察。但就连表面上显得严肃的音乐实践都被恋物所操控,而正是该表象激发出了疏离于精致化娱乐的情绪。作品的呈现总像是在为某种纯粹的目的服务,而这实际上跟粗俗化和改编一样,对它们是有害的。作为托斯卡尼尼杰出成就的结果,官方对于表演的理想形式已经遍及大地,从而促成了爱德华·斯特伊尔曼①称之为"野人般追求完美"的那种情形。确实,名

---

① Eduard Steuermann(1892—1964),钢琴演奏家、作曲家,曾于1925年在维也纳担任阿多诺的钢琴教师。阿多诺写过一篇纪念他的文章,"Nach Steuermanns Tod", GS, vol. 17, pp. 311-17. 斯特伊尔曼是勋伯格音乐积极的支持者,经常演奏其作品。他是勋伯格1918年在维也纳组建的乐队,致力于新音乐的"私人音乐表演协会"的成员。他在1938年移民美国,从1952年开始在朱丽亚音乐学院任教,直到去世。——英译者注

作的名字已经不再构成恋物的对象,不过,闯进节目的那些不那么有名的作品已经几乎让极度有限的小曲库变得令人满意。诚然,在这里不会为了魅力的缘故而使乐段膨胀或是过度强调高潮部分。这是一条铁律;但也和铁一样僵硬。新式的恋物意味着无缝运行,闪耀金属光泽的装备,诸如此类,其中所有的齿轮都严密啮合,没有任何一处容得下整体的意义。近来那种完美无瑕的表演以最终的物化为代价保存了作品。它对作品的呈现仿佛后者从第一个音符开始就已经完成了似的。演奏听起来就像是其自身的留声机唱片。动态已被预先设定,完全不再存在任何张力。音乐素材的矛盾之处在音响中被无情消解,永远无法到达综合阶段,而正是这种意味着作品自我生成的综合,揭示出了每一首贝多芬交响曲的意义。在交响化的努力借以验证自身的素材都已经被碾碎的情况下,这种努力还有什么意义呢?作品保护性的固定化导致了作品的毁灭,因为作品的统一性恰恰是在那种为了固定化而牺牲掉的自发性中才得以实现的。这最新型的恋物控制了本体自身,并使之窒息;外观表现为了绝对适应于作品而调整自身,却否定了后者,使之不知不觉间消失在装置后面,这就像是通过劳动分工去给沼泽排水,这种分工并不是为了劳动者自身的利益,而是出于工作任务的考虑。无怪乎一位功成名就的指挥家的支配力会让人联想到极权主义元首的统治。和后者一样,他把"灵晕"和组织缩减成公分母。无论作为乐队领班还是在交响乐团,他都是艺术行家(virtuoso)真正的现代版本。他已经到了无须亲力亲为任何事的境地;有时甚至都无须读谱,而由充当音乐顾问的职员代劳。他一举两得地创立了规范和个性:规范被等同于他本人,而由他确立的个人技巧则被当成普遍法则来运用。指挥家的恋物特征既是最明显的,也是最隐蔽的。要是没有指挥,当今的演奏家们可能照样能胜任那些标准化的作品,在乐队的遮蔽之下,那些对指挥家发出欢呼的公众将不会发现音乐顾问已经取代了因感冒病倒的指挥的位置。

　　对恋物化的音乐而言,听者大众的意识也是恰如其分的。他们会按照程式去听,而事实上,如果抵抗随之而起,如果听众仍然还有能力去提出超越所供应之物界限的需求,贬值(debasement)本身就不可能发生。但要是有人想通过访谈和问卷去考察听众的反响,从而"验证"音乐的恋物特征,他有可能会遭遇意想不到的难题。同其他领域的情形一样,音乐的本质与表象之间存在着严重的不一致,以至于在未经中介的情况下，没有任何表象能够有效地验证本质。听众的无意识反应遭到严密的遮蔽，他们有意识的评价毫不例外地顺应于主导性的恋物类型学，以至于人们获得的任何答案都预先契合于音乐产业的外观，而这一产业正是他们打算加以"验证"的理论攻击的对象。一旦人们向听者提出像喜欢或不喜欢这样的简单问题，人们原以为通过还原到这样基本的问题就有可能变得透明并被消除的整个机制就开始了运作。可人们要是试图用其他关于听众对此机制实际依赖性的方式取代最基本的考察程序，这一考察程序的复杂化不仅使得研究结果更难予以解释，而且会触发受访者的抵触情绪，并驱使他们更加深入地沉浸于从众行为，他们认为借此可以避免暴露的危险。对热门歌曲的孤立"印象"及其在听者身上产生的心理效果之间，压根无法建立任何偶发的联结。如果今天的个人已经不再属于他们自身，那这也就意味着他们已经不再能够被"影响"。生产与消费这对立的双方在任何时候都紧密地相互协作着，但并非孤立者相互依赖的关系。它们之间的中介本身在任何情况下都不会逃离理论化的猜想。试想一下，如果一个人不再有太多思考，他将会省去多少烦恼；当一个人确定现实是正确的，他将多么好地"适应现实"；一个人毫无抱怨地将自身整合进机制，他将获得多么大能力去利用该机制，从而使得听者的意识和物化的音乐之间仍然保持可被理解的对应关系，尽管前者从不明确地将自身简化为后者。

与音乐的恋物化相对应的是听的退化。这并不意味着听者个体回归到他个人发展的早期阶段或是集体普遍水平的下滑，因为借助近日大众媒介首次接触到音乐的百万级人群无法跟过去的听众相提并论。毋宁说，发生退化的，是当今的听法，它被遏止在婴儿阶段。听的主体不仅丧失了选择的自由和责任，还有对音乐有意识的感知，这从一个无法追忆的时刻起就已经是仅限于一小群人的特权，而且他们还顽固地抗拒获得此种感知的可能。他们在全面遗忘和突如其来的指认之间摇摆。他们陷入原子式的聆听并割裂地对待听到的东西，但恰恰是在这种割裂当中，他们发展出一种能力，比之于传统的美学概念，这种能力更符合足球和汽车驾驶的概念。他们并不天真，就像那些先前并不熟悉音乐、初涉音乐生活样态的新型听众在接受一种新的音乐类型时那样。但他们很幼稚；他们的原始并不表现在不发达，而是被迫的停滞。一旦有机会，他们就会展现出痛苦的怨恨，这种怨恨属于那些能够感知到他者却排斥之以求心安的人,他们因此也极有可能会把这种恼人的可能性连根去除。退化实际上是从这种既存的可能性倒退,更具体地说,退避那种具有差异性和对抗性的音乐的可能。退化同样也是当下的大众音乐在其受害者的精神之家中所扮演的角色。他们不仅远离更加重要的音乐,而且以他们神经质的愚昧表明,他们完全不在乎自己的音乐潜能如何与更早社会阶段的特定音乐生活建立起联系。对那些热门歌曲和贬值了的文化商品的赞许分享着和电影中一样的心理症候,面对电影中的那些面孔,当他们不由自主地大张着嘴、露出牙齿、脸上浮现出贪婪的笑容,当他们疲倦的双眼尽显悲惨和迷茫,人们已经无从分辨,到底是电影使他们疏离于现实还是现实使他们疏离于电影。同体育及电影一起,大众音乐和新的聆听使得逃避整个幼稚的环境成为可能。这种病态具有保护功能。就连当今大众的聆听习惯,当然也绝不新鲜,人们或许不难承认,对战前热门歌曲《乖宝宝》(*Puppchen*)①的接受跟今天人们对合成器演奏的爵士儿歌的接受差别并不大。但是这样一首儿歌所处的语境,是对自身已失落之幸福的渴望施以受虐式的嘲弄,或者通过回归童年来中和幸福的欲望,因为童年的无法复归正好见证了快乐的不可企及——这种语境乃是新式的聆听的特定产物,触及耳膜的任何声音都无法幸免于这一同化系统。社会差异确乎存在,但新式的聆听流布甚广,以至于对受压迫方的愚弄反而影响到了压迫方自身,后者成了自我驱动的车轮之权柄的受害者,却相信行驶方向是由他们决定的。

  退化的听通过分配机制,特别是广告,而与生产紧密相连。一旦广告变成恐怖,一旦意识除了在广告推介的玩意面前屈服,并在字面上将那些强加的产品变成自己的东西,从而买到精神上的平静之外一无可为,就会出现退化的听。对退化的听而言,广告具有强制性的特征。有段时间,一家英国酿酒厂出于宣传目的建了一面广告牌,它和伦敦及北方工业城市贫民窟那些被洗得发白的砖墙有着误导性的相似。要是放在合适的地方,广告牌几乎跟真正的墙没法区分开。其上,用粉笔精心模仿出粗糙的笔迹,写的是:"我们想要的是维特尼

---

① 我能找到与此对应的唯一一首名为 *Puppchen* 的儿歌出现在 1929 年,Alfred Schonfeld 作词,Jean Gilbert 作曲。阿多诺撰写此文时二战还没有开始,而他说这是一首战前歌曲,因此指的应该是 1914 年之前。

(Watney)牌。"这一啤酒品牌被呈现得像是一句政治口号。这面广告牌不仅揭示了最新的宣传的本质,即在出售产品的同时也出售口号,就像此处产品伪装成了一句口号;按照广告牌所设置的那种关系,大众把推荐给他们的商品变成了自身自主行动的对象,这种关系作为一种模式也出现在对轻音乐的接受中。他们需要并渴求着那些甩给他们的东西。面对垄断性的生产,他们通过将自身认同于无法回避的产品来克服心头涌出的无能感。他们由此就消除了音乐品牌的陌生感,后者既远离他们,同时又构成近在咫尺的威胁,此外,他们还满意地觉得,自己加入了"无知先生"(Mr. Know-Nothing)的大企业,并无时不在其中。这就解释了关于个人偏好——或厌恶——的表达为什么会汇集在一个对象和主体都已使得这样的反应变得可疑的领域。音乐的恋物特征通过听众对恋物对象的认同制造出自己的伪装。这种认同最初赋予热门歌曲操控其受害者的权力。它在随后的遗忘与回忆中实现自身。每一则广告都由不显眼而熟悉的部分和不熟悉又陌生的部分组成;热门歌曲也同样如此,其隐约被熟知的部分遭到有益的遗忘,旋即又因回忆而变得清晰到令人痛苦,像是被聚光灯射中。人们几乎可以将这种回忆的时刻看作是热门歌曲的歌名或是第一句歌词里的字眼与受其害者相遇的时刻。或许他与之认同正是因为他识别出了这首歌并与他的这一所有物相融合。这种强制力很可能会驱使他不断地回想起这首热门歌的名字。但是使得认同成为可能的音符之下的文字,却只不过是热门歌曲的商标罢了。

  分心是为大众音乐的遗忘与突然识别铺平道路的知觉活动。如果标准化的产品,除了像热门唱段那样的显著片段之外,已无可救药地陷入彼此相似,那么它们也就必然会令专注的倾听对听者来说变得难以承受,同时听者也无论如何都不再有能力去专注地倾听。他们无法忍受专注倾听的那种紧张张力,而是顺从地屈服于降临到他们头上的东西,对此,他们只要别太仔细地去听,即可轻松对付。本雅明对于分神情况下电影之接受的论述同样适用于轻音乐。[①] 一般的商业化爵士之所以能承担其功能,仅仅是因为人们只有在谈话或是需要伴舞时才注意到它。人们一遍又一遍地听到"适合跳舞但听起来糟透了"这

---

  ① 参见瓦尔特·本雅明:《机械复制时代的艺术作品》,收于《启迪:本雅明文选》,汉娜·阿伦特编,张旭东、王斑译,三联书店2008年版,第254—255页。

样的评价。但如果说电影作为一个整体还能以一种分神的方式被理解的话，分心的听则使得对整体的感知成为可能。所有被意识到的只是被聚光灯投射到的东西——动人的旋律间奏，频繁的变调，有意或无意的错音，或是任何通过旋律与文字特殊的紧密融合将自身浓缩成一套公式的东西。在此，听者和产品同样相互匹配；甚至不会向他们提供他们没有能力追随的结构。如果原子化的听意味着较高级的音乐的逐渐解体，那么在较低级的音乐中已经没有什么可解体的了。热门歌曲的形式执行着如此严格的标准化，直到小节数和确切的时值，以至于任何具体的作品中都不会出现特定的形式。局部从其内聚力中被解放出来，也摆脱了所有那些超越于其直接呈现之外的时刻，从而导致音乐兴趣转变成特定的感官乐趣。举个典型的例子，听众们并不仅仅因其演奏技法而对特定的演出曲目表现出某种偏好，而是为了单个器乐的音色。这一偏好在美国流行音乐的实践中得到了促进，在那里，每次变奏，或者"合唱"，都由某种特殊的器乐音色加以强调，黑管、钢琴或者长号具有了准独奏乐器的地位。这一趋势如此突出，以至于听众对处理方式和"风格"的在意程度胜过原本无关紧要的素材，但前提是，处理方式只有当它能产生特定的诱人效果时才能获得自身的有效性。伴随着诸如此类对色彩的痴迷，同时当然也就出现了对配器的崇拜以及模仿并加入游戏的冲动；某些色彩明亮、很受孩子们欢迎的东西也一并出现，它们迫于当下音乐体验的压力而返身归来。

乐观地看的话，人们的兴趣从整体，或者说其实是从"旋律"转向色彩的魅力和单个的技巧，可以被解释成是规训功能发生了新的断裂。但这种解释可能是错的。要是被感受到的魅力以一种僵硬的格式立于不败之地，那么任何屈从于它们的人最终都将对其发起反叛。然而这样一来他们本身就将变得极为有限。他们都集中于一种在印象中软化了的调性。我们无法确定对于孤立的色彩或音响的兴趣会唤醒对于新的色彩和音响的趣味。毋宁说，原子式的听者会最先起来谴责这样的音响"知识分子气"或绝对不协和。他们所欣赏的那种魅力必须属于某种已获接受的类型。的确，不协和音会在爵士乐实践中出现，甚至有意识的"误奏"也有所发展。但是，一种无伤大雅的表象始终伴随着所有这些惯例；任何一种过分的音响都必须能让听者指认出是"正常"音响的替代物。正当他欢庆不协和取代并扭曲了协和之际，虚拟的协和同时也就保证他不致出格。在关于热门歌曲的调查中，有人曾问道，要是一段音乐既让他愉悦又让他不快，他该如何应对？人们有充分的理由怀疑，这里描述的体验同样也会出现在那些从不对此加以描述的人身上。孤立的魅力所激发的反应是矛盾的。一旦人们发现一种感官快感仍然只是服务于背叛消费者，那它立即会转变成厌恶之源。这里的背叛意味着总是提供同样的东西。即便最麻木不仁的热门歌曲爱好者也不可能永远逃脱一个喜欢吃甜食的孩子在糖果店里获得的那种感受。如果魅力渐渐消失并转变成其对立面——热门歌曲的短命与上述体验同属一个序列——那么遮蔽高等级音乐行业的文化意识形态就会促使人们带着负面的意识去感受低等级的音乐，从而宣告一切结束。没有人会毫无保留地相信规定好的快乐。就其赞同这一处境而言，尽管有着种种的不信任和矛盾，听却仍然保持了退化的态势。作为情感介入交换价值这一错位的结果，音乐中不再有任何需求是真正进步的。替代物一样能满足他们的目标，因为他们据以调整自身的需求本身已经被替代。但是，耳朵要是仍旧只能随行就市地听取所供给之物，并且只是记录抽象的魅力，而非对魅力性时刻予以综合，那它们就是不称职的耳朵。即便在"孤立"的现象里，关键性的面向仍然无法被它们捕获；也就是说那些超越其自身孤立境地的面向。实际上，在倾听当中也存在着一种神经性的愚蠢机制；傲慢无知地拒绝任何不熟悉事物就是其确切的标记。退化的听者，其行为就像儿童：一次又一次，带着顽固的怨恨，他们要求已经给他们上过的同一盘菜。

  有一种幼稚的音乐语言是专为他们准备的；与真实事物的区别在于，它的词汇表完全是且仅仅由音乐的艺术语言的碎片和扭曲物组成。在热门歌曲的钢琴谱里，会有奇怪的图表。它们涉及吉他、尤克里里和班卓琴，还有手风琴——跟钢琴相比都是些幼稚的乐器——而且是给不会读谱的人准备的。它们用图形描述拨弦乐器的和弦指法。可以通过理性认知的音符被视觉指令，某种程度可说是被音乐交通灯所取代。这些符号，当然仅仅局限于大三和弦，排除了一切富有意味的和声进程。经过规划的音乐交通正与它们匹配。它还不能跟街头交通相提并论。它们充满了有偏差的音高，三度、五度和八度音程错误的加倍，还有各种不合逻辑的人声处理，有时则是低音部的问题。人们或许会怪罪于业余人士，因为大多数热门歌曲就是他们的成果，尽管真正的音乐作品最先是由改编者完成的。但是鉴于出版者不会让任何一个错别字流通于世，在有专家给予充分指导的情况下，他们还会不经检查就出版业余人士的版本，简直是不可思议。这些错误或者明显出自专家之手，或者是为了代表听者的缘故而有意为之。人们可以认为这是出版商和专家们出于迎合听众的意愿，编排作品的时候若无其事、不拘小节，就像是一个门外汉听过一首热门歌曲就打着拍子哼出来。这种情形，即便是考虑到心理层面的差异，也和很多广告标语中的错误拼写相去不远。但就算有人因为它们乱七八糟而不愿接受，这些排字法上的错误也仍然能够被理解。一方面，幼稚的听需要的是在感官上既丰富又完满的音响，有时以大量的三度音程为代表，也恰恰是在这一需求当中，幼稚的音乐语言和儿歌产生了最为强烈的矛盾。另一方面，幼稚的听总是要求最舒服和最流畅的解决。"丰富"的音响效果，再辅之以正确的人声处理，其后果将与标准化的和声关系大异其趣，以至听者必将视之为"不自然"而予以拒绝。试图调解幼稚听众之敌意的那些大胆措施将会是错误的。退化的音乐语言在引用方面也不乏其特色。其使用范围既包括通过暧昧和半出于偶然的暗示对民歌、儿歌的有意识引用，也包括完全潜在的相似和联想。这种倾向在经典作品和歌剧曲目整段整段的改编中大行其道。引用的做法反映出幼稚听众意识中的矛盾。引用同时既是独裁式的，又是一种戏仿。就像孩子模仿他的老师。

　　滞钝的听者的内在矛盾在以下事实中获得了最极端的表现：尚未被完全物化的个人试图将自己从身陷其中的音乐物化的机制中解救出来，但他们对拜物教的反抗却只是令他们更深地卷入其中。每当他们试图逃离被强制消费的被动位置并"激活"自身，他们就屈从于虚假的主动性。从受损害的大众中涌现出一些人，他们通过虚假的主动性把自己跟其他人区别开来，却使得退化变得更加醒目。其中第一类人是那些给广播电台、管弦乐队和精心策划的爵士音乐节写信的音乐爱好者，他们把自己的热情变成给其所消费的物品做的广告。他们自称吉特巴（jitter bugs），仿佛他们想同时既确认又嘲弄自身个体性的丧失，就像是变成甲虫之后还带着迷恋嗡嗡起舞。他们唯一的借口在于，吉特巴这个字眼就像电影和爵士乐虚幻的大厦中所有那些字眼一样，是被企业主们硬灌输给他们的，目的就是为了让他们觉得自己是懂行的。他们的迷狂没有内容。顺其自然，反正音乐被听到了，这就取代了内容本身。迷狂通过其强制性特征占据了它的对象。它的风格就像野蛮人投入地敲响战鼓时的迷狂那样。它有些抽搐的方面让人想起舞蹈病(St. Vitus' dance)或是肢体受到损毁的动物的条件反射。激情自身似乎是由缺陷造成的。然而就在这模拟动物姿态的时刻，迷狂的仪式暴露出自身作为虚假主动性的本质。人们并非"出于肉欲"才跳舞或听音乐，肉欲当然也无法通过听而获得满足，却模仿了这种肉欲的姿态。电影中对一些特定情感的呈现可与之类比，例如对焦虑、渴望、色情化的表情，还有"保持微笑"(keep smiling)等相术式的分类；同样也适用于劣质音乐原子式的表现。以商品为范本的模仿式同化与民间传说中关于模仿的习俗相互交织。在爵士乐中，此类模仿与从事模仿的个体本人之间是一种松散的关系。其媒介是漫画式的。舞蹈和音乐复制性刺激的不同阶段只是为了取笑它们。就仿佛欲望的替代品转而反对欲望；受压迫者"现实中"的行为击败了他关于幸福的梦想而自身又被后者所整合。就好像是为了对每种狂喜形式的浅薄与背叛加以确证一般，脚步无法实现耳朵假装听到的那种东西。同样是这些"吉特巴"，他们举手投足像是被切分音通了电，却只会随着较好的节奏部分起舞。虚弱的肉体惩罚了灵魂一厢情愿的谎言；幼稚的听众装腔作势的迷狂面对狂喜的姿态哑了火。与之相对的，似乎是下班后在安静的卧室里用音乐"填满"自己的那一类人。他羞涩又压抑，或许无缘结识女孩，并且不惜一切代价维护自己独特的空间。他以无线电爱好者的身份获取这一空间。到了二十岁，他还处在童子军的阶段，玩弄一些复杂的绳结，只为取悦父母。这类人在无线电领域备受尊崇。他购买现成的重要部件耐心地组装设备，在空中搜寻其实并不存在的神秘短波。作为印第安故事和旅行手册的读者，他曾一度发现过未知的土地并在原始森林里开辟道路。作为无线电爱好者，他成了一名发现者，但他发现的正是那些等着被他发现的工业产品。要是不能送货上门，他就不会把任何东西带回家。虚假主动的探险者们已将自身大规模组织起来；无线电爱好者们把他们搜索到的短波电台寄给他们的验证卡打印出来，并举办竞赛，拿出这种卡最多的人就是赢家。所有这一切都是自上而下养成的。无线电爱好者或许是最彻头彻尾的恋物主义听众。对他来说，听什么甚至怎么听都是无关紧要的；唯一让他感兴趣的，是他在听并且成功地将自己嵌入其中这一事实，用他的私人设备介入公共的机制，却不对其产生丝毫的影响。无数收音机听众带着同样的态度玩弄反馈音或声音转盘，尽管他们本人并非无线电爱好者。还有一些人更像是专家,或者说更富有进取心。这些聪明家伙到处都是,几乎无所不能:喜欢标新立异,每次参加聚会都愿以机器般的精准演奏爵士乐用以伴舞或娱乐的学生;在加油的同时坦率地哼着切分音符的加油站服务生;能够听出任何一支乐队并像对待《圣经》一样沉浸于爵士史中的赏乐专家。他跟运动员最像:如果还不是足球运动员的话,至少也是在看台上夸夸其谈主宰一切的人。他靠灵机一动出风头,即便他得私下练几个小时的钢琴,以便对那难以驾驭的节奏有点把握。他把自己想象成一位冲整个世界吹着口哨的个人主义者。但他嘴里吹的是旋律,他的诀窍与其说是灵光闪现,不如说是通过勤学苦练而积累起来的经验。他的即兴演奏永远都是灵活地屈从于乐器对他的要求而形成的姿态。私人司机就是这类聪明的音乐欣赏者的模范。他对一切主宰者的认同是如此深入,以至于毫不抵抗,而总是自愿地恪尽职守言听计从。他骗自己相信,自己已经完全屈从于物化机制的管制。由此,业余爵士爱好者至高无上的准则就只不过是被动地遵从典范、避免迷失的能力。他才是爵士乐真正的主体:他的即兴演奏来自规范,而他操纵着规范,嘴里叼着香烟,冷漠的神情仿佛规范是他制定的似的。

在很多关键点上,退化的听众跟那些无处发泄其侵略性却又必须消磨时日的人以及打零工的人有共同之处。要想成为爵士乐专家或是整天泡在收音机旁,你就必须有很多的空余时间却很少有自由。应对切分节奏和基本节奏均绰有余裕的那种机敏正属于汽车技工,因为他既会修喇叭,又会修电灯。新型的听众类似于机械师,既懂得专业知识,又能将专业技能应用于行业领域之外未曾有预期的地方。但是这种去专业化只是在表面上有助于他们脱离体系的困境。他们越是能轻易地满足眼下的需求,他们就越是严格地屈从于该体系。研究表明,轻音乐的支持者自称他们是去政治化的,这绝非偶然。个体获得庇护与保护的可能性一如既往地成问题,但它却遮断了人们在寻求庇护时改变其所处环境的可能。表面经验与此相矛盾。所谓"年轻一代"——这个概念本身就只不过是一个意识形态化的一网打尽——似乎恰恰是通过新的聆听方式与年长者及其豪奢文化构成冲突。在美国,人们在流行轻音乐的倡导者中见到的净是所谓的自由派或者进步论者,其中大多数人都想把自己的行为划入民主之列。但如果退化的听是在对立于"个人主义"的意义上被视作进步,那么只有在辩证法的意义上,它才比后者更加契合于进步的残酷性。所有可能存在的霉菌都已从底座上被清除,对一种早已从个人身上被剥夺的个体性的美学残余加以批判则变得合理合法。但这一批评很少发自流行音乐领域,因为粗俗化且渐趋腐朽的浪漫派个人主义的残余,正是在这一领域内被变成了干尸。它的创新之处与这些残余物相伴出现,不可分割。

聆听中的受虐主义不仅意味着通过认同于权力而实现自我屈从并获得虚假的快感。更为根本的一点在于,认识到在当前的统治条件下,避难所提供的保护只是临时的,它只是一种暂缓,最终一切都将崩溃。即便接受自我屈从,人们也仍旧无法直视自身;在享受的同时人们会觉得自己既是在背叛可能性的存在,也在被既存的现实所背叛。退化的听总是容易堕入狂怒。要是一个人意识到他基本就是在原地踏步,那么这股怒气就主要会被指向那些否定"跟上潮流"及"入时"等现代性观念,并且对实际变化之微渺加以揭露的东西。通过照片和电影,人们了解到,产生于现代的效果已经变老,这一效果最初被超现实主义者们用来制造震惊,继而堕落成那些将其恋物情结集中于抽象的现在的人廉价的消遣。在退化的听者那里,这一效果被难以置信地加以缩短。他们情愿嘲笑和毁灭昨天曾经沉醉其中的东西,仿佛要在回望之际因狂喜名不副实这一事实而对自身施以报复。这一效果被赋予了自己的名字,并在媒体和广播中被不断加以宣传。然而我们不应该把前爵士时代那些节奏更简单的轻音乐及其遗存看成是老土玩意(corny),毋宁说,这个词适用于所有不与当今受认可的节奏程式相妥协的那些切分音作品。要是一位爵士乐行家听到一段节奏中的十六分音符后面接着一个附点八分音符,他一定会乐不可支,尽管这一节奏型要比后来反重音实践当中通过切分音实现的连接和终止更具挑战性,而且相比起来,在品质上也绝不土气。退化的听众事实上是毁灭性的。老辈人的攻击具有其反讽式的合理性;反讽之处在于,退化听众的毁灭性倾向实际上针对的是守旧之人所憎恨的同一对象,比如对于不服从,除非它被纳入过度的集体自发性而加以忍受。代际之间表面上的对立在狂怒之中表现得最清楚。给电台寄去带有可悲的施虐意味的信、抱怨神圣的东西被乱搞一气的老顽固们,他们和那些乱中取乐的年轻人是同一条心思。只需要一个合适的位置,就能把他们纳入一条联合阵线。

这就为退化的听众提供了一条罪名去批评"新的可能性"。有人或许会忍不住想要去拯救它，就好像在这里，艺术作品的"灵晕"特征，其虚无缥缈的元素，让位给了那些游戏元素。无论电影中的情形如何，当今大众音乐在祛魅方面并无此般进展。在这里，没有什么比幻象更生机勃勃，没有什么比它的现实更虚幻。这种孩子气的游戏与儿童们的生产能力所分享的，不过是一个共同的名字而已。另外，资产阶级的体育运动并不希望将自身严格区别于游戏。其残忍的严肃性在于，游戏被当成责任对待，这就把它纳入有用的目的，从而抹去其中自由的痕迹，而不是通过远离目的性以忠于自由之梦。当下的大众音乐尤是如此。它是一种游戏，却是重复着规定好的模范，它通过玩闹逃避责任，却并未缩短承担职责的时间，而不过是将责任推给模范，并把追随模范当作自己的职责。由此可见占主导地位的音乐运动（music sport）内在的虚伪。要想以一种腐朽的魔法为代价，去增加当今大众音乐的技术—理性时刻——或者提升退化的听众们与这些时刻相应的特定能力，这样的想法是不切实际的，而且这种魔法仍然会为自身最低限度的运行而设定规则。说它不切实际同样也因为，大众音乐的技术创新实际并不存在。这在和声和旋律构造方面不言而喻。现代舞蹈配乐在色彩方面的实际成就，也就是不同色彩相互之间如此靠近，以至于一件乐器毫不间歇地取代或者伪装成另一件，这一成就在瓦格纳和后瓦格纳管弦乐技巧中，正如同铜管乐器的弱音效果一样常见。就连切分音技法，在勃拉姆斯那里也已略具雏形，并在勋伯格和斯特拉文斯基手中被加以完善。当代流行音乐的实践对这些技巧所做出的发展还不如削足适履对其造成的钝化来得多。那些带着惊奇接触到这些技巧的内行听众绝不会从中获得技术性的教益，因为一旦这些技巧在特定的语境中被介绍给他们，就会产生特别的意味，而他们的反应则将会是抗拒和排斥。一种技法是否可以被视作进步和理性的，这取决于上述意味及其在社会整体和特定作品的组织方式中所处的位置。一旦这种技术上的进展把自己塑造成恋物对象，并以其完善将受到忽视的社会职责呈现为已完成之物，那么它也就会激发出同样粗陋的回应。这就是为什么所有以现存条件为基础对大众音乐和退化的听展开改造的尝试都遭遇挫折的原因。用于消费的艺术音乐必以牺牲其一致性为代价。它的缺陷不在于其"艺术性"；每一个错误的或过时的和弦都在表明那些要求其做出妥协的人的落后性。然而，那些在技术上和谐一致并去除掉所有恶劣的伪装元素的大众音乐将会转变成艺术音乐,而且立即丧失其大众基础。所有对此进行调和的尝试,无论是出自以市场为导向的艺术家还是以大众集体为导向的艺术教育人士,都是徒劳的。他们成功实现的,无非是一些手工艺品或者必须给出其使用手册和社会语境的那种产品,以便人们能对其更深的背景有一个恰当的了解。

新的大众音乐和退化的聆听方式那些备受称赞的积极面——活力和技术进步,广泛的集体性以及通向未知实践的关联性,其中还夹杂着知识分子们乞求式的自我指摘,他们借此就能最终结束其异化于大众的社会状况,以便在政治上与当下的大众意识相协调——这种积极面实际上是负面的,是社会发展的一个灾难性阶段闯入了音乐。积极面只会锁定在其否定性之中。物化的大众音乐威胁到了物化的文化产品。音乐的两个层面之间的张力是如此剑拔弩张,以至于官方层面的音乐很难站住脚。它对大众音乐的技术标准影响甚微,以至于人们要是将一位爵士乐专家的特殊知识和一位托斯卡尼尼崇拜者的知识相比较,前者将远远胜过后者。但是,退化的听却代表着一个日益壮大且无情的敌人,它不仅威胁到博物馆化的文化产品,而且危及音乐作为驯服冲动之场所的那种由来已久的神圣功能。于是,既作为惩罚,也作为束缚,音乐文化贬值的产品就屈从于粗野的游戏和施虐狂式的玩笑。

面对退化的听,作为整体的音乐开始呈现出滑稽的一面。人们只需在屋外听听合唱彩排那放纵不羁的音响就可得知。马克斯兄弟在一部影片里花很大力气捕捉到了这一经验,他们在片中拆毁了一部歌剧的布景,仿佛是要用隐喻的方式掩盖历史哲学关于歌剧这种形式衰亡的洞见,或者在一部最受推崇的精致的娱乐作品中,他们砸碎一架三角钢琴,取出里面的琴弦,建造一架真正属于未来的竖琴,并在上面弹奏一首序曲。① 音乐之所以在当前阶段变得滑稽,主要是因为,任何可见的严肃音乐迹象都与一种彻底无用的东西相伴生。通过疏离于一体化的人群,音乐揭示出人群之间的相互疏远,对于异化的认识则任由自身成为笑料。就音乐而言——对抒情诗也一样——判定它们滑稽的那个社会本身就很滑稽。但与这笑声混在一起的,是神圣的调

---

① 《歌剧院一夜》(A Night at the Opera, 1935),由 Sam Wood 担任导演,是马克斯兄弟在米高梅的第一部电影。编剧是 George S. Kaufman 和 Morrie Ryskind。

停精神的衰败。今天所有的音乐很容易变得和尼采耳中听到的《帕西法尔》一样。它令人想起那些难以理解的仪式和早先时期遗留下来的面具,变成了刺激性的废话。① 无线电广播既磨损音乐又使之过度曝光,对此应承担主要责任。或许即便是对那些聪明家伙,一个更好的时刻也会突然闪现:在那个时刻,他们的需求将不再是唾手可得的现成材料,而是要求可以随心所欲地予取予求,由此造就出只在稳固的真实世界的保护之下才得以兴盛的那种激进的开端。在以自由作为其内容的情况下,就连规则都有可能采取自由团结的表现形式。尽管退化的听不大可能成为自由意识取得进步的表征,它却有可能发生突然的转变,要是艺术在于社会产生联系的过程中离开永远同一的道路的话。

为这一可能性提供模型的,不是流行音乐而是艺术音乐。马勒变成全部资产阶级音乐美学的丑闻乃事出有因。他们称他缺乏创造力,因为他把他们关于创造的概念本身悬置起来。他专注其中的一切东西都是现成的。他在对象被剥夺的状态中接受它;他采用的都是被侵占的主题。然而,没有东西听起来还是原来的样子;一切都像碰到磁石一样发生转向。被耗得筋疲力尽的东西柔顺地屈从于随心所至的手;二手的部分作为变体获得了第二次生命。正如司机心知他老旧的二手车能够让他驾驶着,准确而不为人知地驶向目的地,一段被撕扯于高音部(E-flat)单簧管②和双簧管之间,已经筋疲力尽的旋律也能到达受认可的音乐语言从来不能安全抵达的地方。这样的音乐实在是整体状况的结晶,这个整体中吸纳了粗俗化的碎片,也注入了新的东西,但其材料则是来源于退化的听。事实上,人们几乎可以认为,这种体验像是地震学的记录一般,早在它弥漫于整个社会之前四十年就出

---

① 尼采对《帕西法尔》的反应遍布《瓦格纳事件》(1888)之中。下面几点在尼采对他曾经的朋友展开的尖刻批评中非常突出:(1)他把帕西法尔这个人物指为"神学学位候选人,却只受过中学程度的教育(后者对于纯粹的愚蠢来说是必不可少的)";(2)"张开你的耳朵:一切从生命贫瘠的土壤上生长起来的东西,一切关于超验和超越的伪造,都在瓦格纳的艺术中找到了它最崇高的倡导者……它采用的手段是感官性的劝诱以及随之而来的精神的萎靡与倦怠。音乐变成了喀耳刻女巫。他在这方面最新的作品是他最伟大的杰作。就诱惑的技巧而言,帕西法尔将永远保留自己的品阶——作为天才从事诱惑的尝试……从来没有出现过如此伟大的、晦暗而散发出僧侣气息的大师"。

② 马勒的交响曲中有七部的乐谱中包含高音单簧管,作品序号1—3,6—9,但阿多诺在此处想到的似乎是第七交响曲的最后一个乐章。

现在马勒的音乐里。但如果马勒横挡在音乐进步的概念之前，那么无论是新音乐还是其最高级的实践者似乎在以一种悖论的方式向他表示拥戴的激进音乐，都不再能够仅仅被纳入进步的概念。它提议自觉地抵制退化的听这种现象。在今日一如往昔，勋伯格和韦伯恩所散布的那种恐惧并非来自他们的难解性，而是在于他们获得了过于正确的理解这一事实。他们的音乐给那种焦虑，那种恐惧，那种对于灾难性境况的洞见赋予了形态，对此其他人只是借助退化加以规避而已。他们被称作个人主义者，然而他们的作品却正是独自一人与那些毁灭了个体性的权力展开的对话——覆盖在他们的音乐之上的，正是这些权力的"无形的阴影"。同样，在音乐中，集体性的权力也在清算过去积攒下来的那种个体性，但面对它们，只有个体才能够有意识地代表集体性的目标。

（作者单位：中国艺术研究院影视所）

学术编辑：刘　卓

——— 哲 学 美 学 ———

论图像的缄默[①]

[德]伽达默尔 著
张 灯 译

毋庸置疑,当今绘画创作中自然与艺术的关系是颇成问题的。艺术使得对图像的质朴期待落空了。图像的内容无法用语言表述,此外,艺术家的窘境无人不晓:本应以语词为自己的画作命名,最终却求助于最抽象不过的符号——数字。艺术与自然之间古老而经典的关系,即模仿,已经不复存在。

我如今念及的是哲学家的任务,如柏拉图所说的那样,"向同一目标汇聚着地观照",并从现象之杂多看出"理型"(Eidos)的共通点。所以,我想提出一个"理型",一个视角,建议在这一视角下展现并解读如今的绘画创作。我想说的是图像缄默的语言(verstummende Sprache)。缄默并不代表无话可讲。正相反:缄默是一种言说的方式。"哑"(stumm)[②]与另一个词"口吃"(stammeln)相关,而口吃所带来的那种令人心悸的困窘恐怕并不在于口吃者无话可说,而是因为他有很多话要说,甚至一次要说的话太多,由于需要表述的东西如此庞杂而找不到语言来表达。当我们说某人缄口不言的时候,并不仅指他言说行为的停顿。在缄默中,需要被言说的某物向着我们迫近,而我们正在寻找新的表达方式来言说它。我们忆及博物馆墙上那些来自古典时期的画作是如何以其色泽丰丽富于言辞的雄辩(Beredsamkeit)向我们喧嚣而来,回过头来再看我们当代的图像创作,确实会产生缄默的印象,并且会自然产生这样一个问题:现代绘画的缄默,这种以自己特有的、无声的雄辩向我们袭来的状态,究竟是怎么来的。

[①] 该文作于 1965 年,选自 Hans-Georg Gadmer, *Gesammelte Werke*, Band 8, *Aesthetik und Poetik*, 1, *Kunstals Aussage*, J. C. B. Mohr (Paul Siebeck), Tübingen, 1993.

[②] Verstummen(缄默)的词根是 stumm(静默、哑)。——译者

欧洲绘画的缄默大致始于静物画和起初与静物画几乎毫无二致的风景画。在此之前，有资格入画（bildwürdig）的是宗教题材或王室题材，是那些众所周知的形象和历史。图像一词的希腊文 Zoon 本义是"生物"，这就说明，纯粹的物件和缺乏人类印记的纯粹自然现象在过去是不能入画的。而今，当我们进入一个古典画廊，却正是静物画显得很有现代感。很显然，静物画并不要求像人类或诸神的形象与作为在绘画中出现之时向我们所要求的那种移置效果（Umsetzung）。但这并不是说，后者不曾是那种能够被直接领会而且也确实直接被如此领会的自明之物（Selbstaussage）。但如果一位当代艺术家未经过最为切己的疏离过程（Verfremdungen）就想采用这种言说方式，就会容易令人觉得是在滔滔不绝（Declamation）。艺术家需要给熟知的主题赋予新的形式，甚或像马克斯·贝克曼（Max Beckmann）那样创造整个的世界譬喻（Welt-Allegorie）。而对于我们当下的状况来说，没有什么比滔滔不绝更需要避免的了。什么叫作滔滔不绝？有一个构词上看似意蕴丰富的德文词，可以用来解释"滔滔不绝"。这个词就是：枚举（Aufsagen）。枚举并非言说（Sagen），因为，它并不为所意指的内容寻求语汇，而是使用记忆中曾经学会的语词，这语词是他者或是枚举者自己作为曾经的他者觅来用于表述他所言之物的。倘若如今的图像创作还使用古典的图像内容，就无异于一种枚举，无异于对过去所觅得的语词的重复。不过静物画，尤其是再现早期荷兰模式的市民时代的时期，却是另外一种情况。在彼处，感官世界——与我们周遭同样的感官世界——以无声的语言不言自明着。

当然，静物画只有排挤了"叙事"图像并取代它的时候才成其为一个独立的画种。正如随处可见的那样，当静物画作为室内装饰艺术的一部分出现并表达惯用主题的时候，它还不是真正的"静物画"，也就是说，还未成为图像的缄默。倘若未具有这一规定性，"静物画"就永远只是个可以挪动的图画，可以挂在此处或彼处：无论在哪，它都意欲向自身聚拢，就好像有着说不完的话一样。

它也确实有很多话要说。它绝不是从物性的现实世界中随便截出的某个片段。毋宁说，存在一种（尚未被写出的）静物画的图像学（Ikonographie）。与其他所有图像内容不同，排置（Arrangement）是静物画所独有的。当然，这并不是说，其他绘画种类的艺术家只是单纯摹写既成的现实。无论是风景画还是人像抑或宗教或历史题材的画作都不是这样。"构图"(Komposition)永远都是画家的工作。但静物画在对其题材的编排上有着自己独一无二的自由,这是由于构图的"对象"是就手的物件:水果、花卉、用具,大多时候还有摊开的狩猎袋或诸如此类的东西——完全随心所欲。构图的自由在此似乎已经牵涉到内容,因而可以说,静物画是现代派构图自由的前奏,而在现代派的构图中已经没有任何模仿的残余,而只剩下彻底的寂然。

不过,从自然和事物的静止状态成为有资格入画的对象这一开端,直到如今图像中缄默的寂然,本身就是一段漫漫长路。我们在此只想做一简短的回顾。在画廊中,荷兰式静物画那种难以置信的在场,简直可以说是向我们扑面而来,它所昭示的绝不仅是对事物形体之美感的发现。它渲染出一个背景,令其所表现的事物有充分的理由获得入画的资格。有人很早就注意到这一点并以例证说明,① 在这种荷兰式静物画中有多少虚无的象征(Symbole der Vanitas)。这儿是老鼠,这儿是飞蛾,苍蝇,燃断了的蜡烛,象征着尘世之物的易逝。或许,当那个时代清教徒式的肃穆在静物中惊叹并享受尘世的壮丽时,总是不断地听到这些象征所吐露的话语。为了令人确实能够领会这一点,画面中甚至会给你画出一个死人的颅骨,或者一段宗教修身的诗句,唱诵着一切物事的虚无本质。在慕尼黑的古代绘画陈列馆所收藏的德·希姆(de Heem)的一幅作品上可以看到这样的字句:"没有人能看见最美丽的花朵。"

不过,更重要的是,即使没有这些象征以及对其的确切理解,被表达者在其可感的丰盈中就已道出其自身的易逝。在此鸣响的是缄默最初的语言。在我看来,静物画真正的图像学,除去一切可以被象征地解读的东西,还应当包括自明的重要意蕴(Bedeutsamkeit der Selbstaussage),这意蕴在惊鸿一瞥中、在事物自身的彰显中自我阐明。作为一个常见的主题,我们在静物画的图像学中常常看到剥了一半、外皮向下垂挂着的柠檬。必定是多重原因的共同作用令这一水果成为绘画的恒久主题:其相对的稀有性,无法入口的果皮与气味香浓的果肉之间的辩证关系——正如外壳被磕开的坚果——诱人却又令人却步的刺鼻酸味。恰恰是在这一永远雷同的主题上,脆弱、短暂以

---

① 参见 Ewald M. Vetter, *Die Maus auf dem Gebetbuch*. In: Ruperto-Carola 36 (1964), S. 99 – 108

及易逝性被逐入画面。在何种程度上说"静物画"的根源更像是意大利而非荷兰,还是个尚待讨论的问题。倘若这一论断成立,或许就此在静物画与古典时期装饰绘画(以及马赛克艺术)之间建立图像学上的联系,后者的残存在古代建筑的残垣断壁上远比如今所见更为可观,如今最重要的文献资料就只剩新发掘出的庞贝古城了。① 应特别指出,有两个因素令这一图像学上的联系获得了新的强音。其一是,我们所熟知的与静物画类似的古典装饰画,常常被表现为错视效果(Trompe-l'oeil-Effekt)。这些图画由于嵌在墙壁上,给人的印象如壁龛一般。这种效果在静物画中是没有的——后者在排置上的人为性恰恰排斥了这种幻真效果。其二,如果说我们在古典时期的构图中除了花卉和果实,偶尔还会看到诸如蜗牛、蛇、螃蟹和鸟类的动物,并且很可能,就是这一点对早期近代的画家有所启发,那么,这些由植物和动物组成的构图,看上去也只是具有某种纯装饰的、固定不变的、几乎是纹章式的结构。相反,雅各布·达·乌迪内(Jacob da Udine)所绘的花卉布景角落里的蜥蜴,或者荷兰静物画上那些飞蛾和苍蝇、蜥蜴和幼鼠却有着完全不同的功能。那倏忽而过者、飞逝者和幻灭者将自身的寂静和易逝的生命赋予了它们作为静物所环绕着的主题。

　　或许还应指出,意大利静物画所偏好的水果不是柠檬,而是石榴。与柠檬类似,石榴象征着诱人的丰盈与不可亵玩之间的对立。诚然,静物画的宗教背景在接下来的时代中逐渐淡去,其中装饰的、丰盈满溢的和象征着享乐的因素以及诱人的摆件占了上风。不过最后,在这条少见执守于类型(柠檬皮直到19世纪后半叶为止几乎都是惯例)的漫长道路的终点,在一场奠定了现代绘画的革命中,静物画重新开始言说,并再次成为背景。想想塞尚的水果静物画,其中展现的不再是随手可取的物件被排置在一个仿佛可让人伸手探入的空间中——毋宁说,它们就像是被迫入了那个令其得以容身的平面之中。

　　从这里开始,事物、个别物体之间的和谐以及构图的和谐,都不再能被称为有资格入画的内容。梵高的向日葵如一幅现代的肖像画那样,采用平面构图法(Flächengliederung),向日葵的对象意义并未给图像的存在增添任何内容。就像看到剥到一半的柠檬就认出是荷兰

---

① 参见 Charles Sterling 富有启发的阐述:*La nature morte de l'Antiquité à nosjours*. Paris 1959.

静物画一样，根据一个偏爱的图像内容——或者该怎么来指称那不再是画面内容却又出现在画面中的某物呢——就能辨认出现代静物画，这难道不典型吗？我指的是在毕加索、布拉克、胡安·格里斯等人那里成为形式拆解的头一个牺牲品的吉他，这种形式拆解，我们称之为立体派。我不想研究艺术家自己构建的，或者是为了给自己绘画手法做辩解而说服自己相信的那些理论。但对这一器具的偏好——其棱角分明的形式七零八落，成了一些振动着的侧面——难道不应与它是个用于奏乐的器具这一事实有关吗？它本身并非为观看而作，淹没在声响的潮水中——这些声响从画中升起，有时如在花环上跳跃的音符一般出现在画面上——这在我看来为新式绘画召来了一个范本："绝对"音乐，这一艺术形式自数百年前起早已敢于放弃一切可以说出的内容，并且由此而摒弃了任何外在于音乐的和谐关系。或许还有其他因素，如现代的生活节奏，激发了对物体固有形式的拆解。马勒维奇的早期画作《大都市中的女人》表现的大概就是我们生活世界本身在图像中的变迁，这一生活世界排挤了静置的、停顿的物体。无论如何，当对图像内容之期待的一致性，在本世纪初开始分崩离析而发展成无法把握的多样性，当它开始碎裂的时候，发生了某种非同寻常的事情。残留下来的是形式和色彩之间的关系，不以任何对象为承负者，一种视觉的音乐，向我们奏响着现代绘画那缄默的语言。

　　因而我们追问：是什么构成了它们构图上的和谐？毫无疑问，不再是言辞丰富的图像内容的和谐，不再是来自形质意义上的物体的静默的和谐。两者似乎都已失效。那么，图像的和谐究竟是何种和谐呢？现代派绘画所缺失的定然不只是对象的和谐，以至于一切能够设想的所表现的主题的和谐，即图中所讲述的神话和寓言以及令图像成为摹像的那种可识别的物性之和谐，都已消失无踪。这与单点透视时期的那种视角上的和谐也不是同一意义上的，那种透视的效果是令图像展开了一个视角，如同瞥向一个室内空间。如此，在几百年来的图像学传统坍塌之后，一个单一的视角本身就能聚拢起偶然的片段和景色，这同样适用于 19 世纪与传统断裂之后的绘画。边框成为了令图像获得这一特殊意义的手段。它吸引着我们深入那些破界者之内，以便将其聚拢并框出界限。历史性生命的显著特征之一便是，新事物必须逐渐地、艰难地穿透旧事物那结了痂的外壳。即使是塞尚作品中内在的平面力量（Flächenkraft）也还不会挣脱腐朽堕落的巴洛克式金色边框。确定无疑的是,如今的图像不再通过边框被聚拢,而是从自身出发聚拢着边框——倘若有边框的话。这又是来自怎样的和谐,借助什么样的力量呢?

这同样不再是表达上的和谐。诚然,这曾是一个新的和谐原则,决定了由近代而始的图像造型,自从对固定的、规定好的图像内容的模仿和重复变成空洞的滔滔言辞以来。心灵之表达上的和谐、表达者的和谐而非被表达之物的和谐、画笔的笔迹——这是一切笔迹中最为感性的一种——及其表述力在一个注重内在性的时代似乎是一种恰如其分的自我表达,因为如此一来,对此在之神秘的无意识答复也迫入了图像之中。如今,身处工业时代的机器文明之中,体验及其随意自发的自明之和谐一致已经不能作为艺术创作的和谐原则而提供解释了。

事实上,传统博物馆中的那种图像概念已经过于狭窄。艺术家的创作挣脱了它的框架。用于构图的平面分割指向的是自身之外更广阔的联系。过去对画家的批评,说其某作品过于装饰,逐渐变得不再理所当然。就像在过去的时代中,建筑物、教堂和广场、楼梯、室内空间等的构造本身就对图像有所要求,需要画家予以满足,在如今,既成现状对图像的要求重新开始为人所意识到。当我们以这一视角看如今的艺术创作,这一点就能得到证实:受委托的艺术创作(Auftragkunst)重又获得了从前的尊严。这不仅是由于经济层面的原因。受委托的艺术创作并不首先意味着(即使不幸地经常有这样的附加意义),创作者不得不屈从委托者的意志——其真正的本质与尊严在于委托所具有的既成性,这并非来自任何人的意志。如今,现代建筑艺术无疑在目前的艺术创作形式中以某种方式居于领先地位,因为它设定了任务。通过对规模和空间的规划,建筑艺术将造型艺术也引入了其相关领域。当代的艺术创作不能全然拒斥这一要求:作品不仅应吸引人驻留在作品本身,还要同时指向一个它所从属并参与构建的生活情境(Lebenszusammenhang)。

我们要重新发问:这种图像的和谐是如何构成的?我们如何能在图像中遭遇我们在自己处身的生活境遇中所遭遇的东西?构成这一和谐的是如今我们周遭生活世界的巨大变迁。随处可见的是数字的法则。其表现形式首先是数量和系列,即计算出来的总数和依序排列出来的东西。不仅现代大型建筑如细胞和蜂房一样的特征,还有注重精确和准时准点的现代工作方式,以及交通和管理井然有序的运行都是以之为标识的。数量和系列的标志性特征是其部件的可互换性。因此整个看来,我们所身处的生活秩序的特征之一就是,其每一个部件都是可以取代、可以替换的。"如今,机器的零部件要求得到称颂":蓝图、规划、装配、制造、送货、出售,一直在其中运作的是广告,它尽可能地赶超所有生产完毕可供消费的产品并致力于用新产品取而代之。在这个一切都可交换的世界中,图像的独一无二性究竟何在呢?

或者应该说,恰恰在这个系列和数量的世界中,图像的和谐获得了其独有的、崭新的特色?由于不再被固定不变的、熟悉的物件的和谐所包围,由于工业社会中人的面孔和个体人格不断趋于消弭,图像的形式和色彩构成了一种充满张力的和谐,这一和谐像是从中心出发而构成的。它是以何种力量构成的呢?是什么令作品(Gebilde)得以持存?

艺术创作开始引入某种实验性的东西,就质量而言,这定然不同于自古以来令画家成为大师的无数次尝试。理性的构造,正如它统治着我们的生活那样,也要在造型艺术家的构造工作中占据一席之地,而恰恰这就是创作中实验性的部分。这类似于那种一系列的尝试:通过人工设定问题获得新数据,并由此寻找答案。这样一来,数量性和系列性的东西必定也渗透进了当代的艺术创作中——不仅从作品标题看来是如此。然而,可计划、可构造和可随意重复的东西——突然进入了从前那种独一无二的优秀作品的行列。创作者恐怕经常无法确定,他所做多次尝试中"有效"的部分是什么。他甚至会时不时怀疑他的作品何时才能完成。工作进程的中断总是带着些固有的任意性,而其终结则最为随意。即便如此,好像还是存在某种标准可以用来衡量已完成的作品。当结构的密度不再增加,而是减少的时候,就不存在继续加工的可能性了。作品脱出窠臼,获得释放,不依赖于任何他物而完全基于自身的权利存在,并违背其创作者的意志(更反对作者的自我阐释)。

终于,自然与艺术之间陈旧的关系获得了崭新的意义,这一关系通过模仿的概念决定过千年以来的艺术创作。毫无疑问,自然不再处于艺术所凝望并使之获得新生的视角中。自然不再是某种值得模仿的样板和蓝本,毋宁说,艺术作品以其自身独特的路径来持有自然。图像之中封闭于自身、从中心点生长起来的东西有着某种规律性和强迫性。我们可以想到水晶。它也无疑是自然之物,而在一大堆杂乱的无规则的碎成粉末的存在物中间,它以其几何构造的纯粹规律性出现,作为稀有、坚硬、光芒闪烁之物而鹤立鸡群。现代图像拥有的是相同意义上的自然之物。它并不表达内在性,不要求对艺术家的情绪状态产生同感。它的必要性在于其自身,它好像从来就已存在,如同水晶那样:是存在所抛出的皱褶、风蚀、萎缩,是神秘的记号(Runen),时间就在其间成为绵延。抽象否?具象否?有对象否?无对象否?一种秩序的凭据。如果要现代艺术家为他所示为何这个问题寻找答案时,他恐怕很难理解自己。艺术的自我阐释永远是个次要现象。我们应当遵从保罗·克利的教诲,当他抗拒任何"纯粹理论"(Theorie an sich),当他强调作品,"也就是强调已经诞生的东西,绝非即将到来的东西"(Tagebücher Nr. 961),他一定清楚地了解这一点。与其说现代艺术家是无人发现之物的创造者,不如说他们是其发现者,自然,他还是从未存在之物的缔造者,此物如同穿透他那样,进入存在的现实之中。不过奇特的是,他所依从的标准看起来与从古到今的艺术家所遵从的无甚差别。亚里士多德已经说出了这一标准——因为,哪样正确的标准不是亚里士多德已经说过的呢?好的作品应当纤秾适度,增一分太肥,减一分则太瘦。一个既简单又困难的标准。

(译者单位:德国柏林自由大学)

学术编辑:高砚平

尼采解"世间恶"与灵知主义神话

胡继华

内容提要 晚古时代未决的"世间恶"难题,灵知主义拟以二元宇宙论解决,其方法是将创世神与救赎神分开,要求造物神对世间恶负责,而把恩典归给救赎神。尼采在希腊艺术神话的视野下对基督教的伊甸园神话进行了灵知主义的解读,将教义神话还原为灵知主义的基本神话。在德国古典哲学穷尽了人类的现代性自我断言之后,也就是说,在终极神话之后,尼采直面世间恶的难题,在道德飞散、责任凋零的语境下,继续现代性的志业,以反现代的策略解决道德难题——不是以自我断言来克服灵知主义,而是以灵知主义来抑制现代主体。于是,"悲剧诞生论"与其被解读为"审美形而上学",不如说是"道德化灵知主义"。这一思想直接开启了陶伯斯—布鲁门伯格、沃格林—布鲁门伯格、洛维特—布鲁门伯格之争,灵知主义回归到了事关现代反思和争论的中心,甚至成为 20 世纪政治哲学历史的叙事主因。

关键词 尼采 艺术神话 基本神话 道德灵知主义

尼采自己承认,《善恶的彼岸》伸张了他自己的使命:以"否定的言说"和"否定的行动"执行"价值重估"。[①] 在他看来,执行"价值重估",乃是一场以"批判现代性"为具体策略的精神战争。尼采无奈地向未来寻求盟友,把"价值重估"托付给遥远的未来。

尼采的这些告白一目了然地写在《瞧,这个人!》里。他的这部"精神自传"的题名,戏仿了《新约》所载的彼拉多羞辱基督的词句,暗示他的整个"价值重估"的使命直接牵连着对基督宗教的批判,对作为希腊化基督教背景的柏拉图主义的批判,以及对作为现代政治典范的"民

---

① Friedrich Nietzsche, *Ecce Homo: How to Become What You Are?* trans. with an introduction and notes by Duncan Large, Oxford: Oxford University Press, 2007, p. 77.

主启蒙"的批判。换句话说,尼采的使命牵连着对整个欧洲文化的批判。综观《善恶的彼岸》,即可发现尼采的"现代性批判"采取了"灵魂学"(psychology)的形式。因为在他看来,东方的吠陀教义、欧洲的柏拉图主义、中世纪的基督教,都属于"教义"的独断论哲学,①其旨意在于"谋杀灵魂"。② 以残忍的风格救赎被谋杀的灵魂,是尼采表达在《善恶的彼岸》中的苦心与孤诣。将"价值重估"推向"超人"一极,尼采暗示了潜藏于显白现代性批判下面的"隐微之道"(esotericism)③——解决"世间恶"的难题,进而终结"世间恶",最终"超越善恶"。

尼采的"隐微之道"

让我们从《瞧,这个人!》的一个语文学细节开始理解尼采的"隐微之道"。在反思《善恶的彼岸》段落的结尾,尼采渲染他的现代性批判的"凌厉"与"残酷",断定"免除一切典雅言辞"有助于灵魂的复苏。尼采的"隐微之道"和"高贵谎言"采取了一则基本神话的形式,《创世纪》的伊甸园神话被"隐微大师""未来哲人"尼采切割成三个断断续续、含糊其词的文句:

> 正是上帝本人,在他工作时日的最后时刻,化身为蛇而隐身于知识树下:就这样他从上帝的身份之中复苏过来……他把一切造就得太完美了……在所有的第七个工作日,上帝都要做一回魔鬼,享受一段纯净轻松的闲暇时光……④

尼采用这三个奇怪的句子迂回、精神地呈现了他的隐微之道。作

---

① Friedrich Nietzsche, *Beyond Good and Evil*: *Prelude to A Philosophy of the Future*, ed. by Rolf-Peter Horstmann & Judith Norman, trans. by Judith Norman, Cambridge: Cambridge University Press, 2002, p. 4.

② C. f., Laurence Lampert, *Nietzsche's Task*: *An Intepretation of Beyond Good and Evil*, New Haven/London: Yale University Press, 2004, p. 3.

③ Ibid. p. 4.

④ Friedrich Nietzsche, *Ecce Homo*: *How to Become What You Are*? trans. with an introduction and notes by Duncan Large, p. 78.

为一个工于隐微写作技巧的作家,尼采心怀理想读者,意欲帮助他们以新的方式理解古老的隐微主义,①开示他们:在经过了千年百载的理智启蒙、道德涵养和科技荡涤之后,新时代必须有新型隐微术。尼采深信,新时代,或者说现代,可能就是一个非理智与后道德的时代。这个时代的基本隐喻乃是沙漠。尼采让查拉图斯特拉在沙漠女儿们中间绝望地放声歌唱:"沙漠生长了,苦了怀藏沙漠的人。"②沙漠这个基本喻象的喻指,就是作为西方命运的虚无主义。在虚无主义的笼罩下,大地上道德飞散。虚无主义臻于至境的征兆,乃是超感性世界的废黜。废黜超感性世界的极端状态,乃是"上帝之死"。工于隐微术的哲人,即有幸亲炙秘传教义之思者,尤善于从上观下,以大观小。从上观下,以大观小,便得"灵知"。所谓"灵知"(gnosis),是一种隐微而非显白的知识,一种灵根自植而非格物致知的学问,一种呵护、拯救灵魂而非规训、谋杀灵魂的技艺。"灵魂有其高度,由此从上观下,悲剧也不具悲情。"③

获取这份"灵知",是《善恶的彼岸》的隐微之道,更是尼采哲学的隐秘动机。"高尚、强力的灵魂",不可以让柏拉图主义和基督教任意揉塑,更不可以任敌视生命的一切教条哲学肆意虐杀。为此,尼采首先要抑制以"民主启蒙"为表征的现代性,然后要把对现代性的批判拓展为对整个西方传统,以及作为其根基的柏拉图主义的批判。现代性(生命、理性、物理、科学以及笛卡尔式的灵魂)废黜了柏拉图主义的全部尊严。

于是,现代人的处境,汉斯·约纳斯(Hans Jonas)断言,是"人自己的理性可以对它的内在逻各斯感到亲近的那个宇宙消逝了,人在其中占有一席之地的那个整体秩序消逝了。人的地位现在看起来只是一个纯粹的、无情的偶然"④。这种处境绝不只是被抛于世、无家可归、

---

① Friedrich Nietzsche, *Beyond Good and Evil*: *Prelude to A Philosophy of the Future*, ed. by Rolf-Peter Horstmann & Judith Norman, trans. by Judith Norman, pp. 29 – 30.

② 尼采的"沙漠女儿之歌",引自《苏鲁支语录》,徐梵澄译,商务印书馆1992年版,第313页。

③ Friedrich Nietzsche, *Beyond Good and Evil*: *Prelude to A Philosophy of the Future*, ed. by Rolf-Peter Horstmann & Judith Norman, trans. by Judith Norman, p. 30.

④ 约纳斯:《灵知主义,存在主义,虚无主义》,刘小枫选编:《灵知主义与现代性》,张新樟等译,华东师范大学出版社2005年版,第38页。

孤苦无告和茫然无措,而是直接牵扯到灵魂的漂泊状态,缺少自然目的论从上而下的支持,缺少价值本体论自下而上的养护。哥白尼革命以来,现代主体无止境的自我伸张最终放逐了"自在之至善"的永恒性。西方思想的尼采阶段,压倒性的灵魂处境,就是"人孤独地与自己同在"。在现代性的尼采阶段,人们不会不明白:在这个寂然冷酷的宇宙中,每一个人都是在恐惧的驱遣下和希望的诱惑中熬过卑微的一生。这几乎就是断言,飞溅的灵性火花滞留于这个宇宙,而这个宇宙乃是恶的象征体系。如何引导灵魂穿越这么一个粗糙而且凌厉的象征体系,寻回灵魂自身的真理?我们马上看到,灵知主义(Gnosticism)和未来宗教在尼采"善恶的彼岸"遭遇。古希腊神话审美主义象征体系中的诸神仍然手握权柄,颁布神圣的律令,喝令上帝乔装成魔鬼,激活某一类人记忆之中事关拯救的灵知。于是,尼采给《善恶的彼岸》规定的使命,乃是审判现代的合法性,以一套新神话象征体系承载一种"教义秘索斯"信息,将它铭刻在未来哲人的灵魂之中。那么,未来哲人乃是具有何种灵魂的新型族类呢?

"神学地言说"——神话的解构或解构的神话

尼采的说法充满了反讽意味。他处理的伊甸园故事对《圣经》堪称关键。《创世纪》叙说耶和华神在创造世界之后,向造物世界颁布一条律令:伊甸园的男人和女人什么都可以做,唯独禁止食用知识树上的智慧之果。魔鬼撒旦变身为蛇,在知识树下诱惑亚当和夏娃偷吃禁果,于是亚当和夏娃遭到神罚,被逐出了伊甸园。对基督教而言,伊甸园里的背叛神令,乃是人类原罪的象征。所以,伊甸园故事是基督教的基本神话。按照汉斯·约纳斯的提法,"基本神话"可以被看作是从多种多样的文化圈及其千姿百态的神话体系之中还原出的一种神话基质。① 这种神话基质决定了特定时代的精神构造。基本神话是"自生、统一和源初的神话",它不存在于文学历史而只存在于教义体系之中。面对伊甸园故事这则基本神话,只能通过推测来提取其中所蕴含的超验要

---

① Hans Jonas, *Gnosis und spätantiker Geist*, II, 1, "Von der Mythologie zur mystischen Philosophie", Göttingen: Verlag Vandenhoeck & Ruprecht, 1954, S. 1-5.

素。尼采对这个故事的解构,展示了那种"既不可能被超越也不可能靠纯粹的偶然而取得具体形式的再现方式,用以再现那个……'灵知时代'的自我运思"①。

对于伊甸园故事这则基本神话,尼采以戏仿的方式予以根本的颠覆和彻底的变形。在尼采的变形之后,世间恶便有了一个令人震惊的起源:创世之前,世间本无恶;魔鬼撒旦,乃是乔装打扮的创世之神。在此,尼采的策略,是以神话解构神学。而要以神话解构神学,首先必须穿越基督教谋杀了灵魂和生命之后的废墟,回到前基督教的古希腊和古希伯来去寻找基督教的先驱。在"神圣正义"之书《旧约·创世纪》中,他找到了"伊甸园故事"这则"基本神话",而在前柏拉图主义的"荷马宗教"之中,他找到了以艺术手法模仿宇宙人生的"艺术神话"。换言之,他在希腊多神论审美主义视野下以艺术神话对希伯来"一神教"信仰主义的基本神话展开一种灵知主义的解构。以灵知主义解构伊甸园神话,旨在为"无神论"和"虚无主义"主宰的现代世界确立一种宗教品格或宗教存在。"柏拉图以来,……唯有尼采试图构设堪称精心构想的理论但用作哲学工具的基本神话。但是,尼采更多地凭借着对神圣化的神话进行大胆变更而展开自己的工作。"②

恶如何进入世界? 尼采版《约翰密传》

尼采对伊甸园神话的解构以简约著称,然而内里却隐藏着一个神秘的隐文本。这个历史上源初的灵知主义经典文本,就是《约翰密传》。它封存于柏林博物馆收藏的一部草纸书,1955 年第一次出版,1962 年由考古学家和宗教史学者根据三个不同的文本重新编辑。这本密教经典是晚古教父著作中所能见证的最早的灵知主义经典文本之一。教会史学家梯利(W.C. Till)断言:

> 展开在《约翰密传》中的世界图景,意在回答两个重大问题:邪恶如何进入了世界? 人如何可能免于邪恶? 这些问题并未直

---

① 布鲁门伯格:《神话研究》(上),胡继华译,上海世纪出版集团 2012 年版,第 202 页。
② 同上,第 198 页。

接表述在文本中,但它构成了一个未曾明言的基础,世界图景的发展就依赖于这个基础。①

这是一个以希腊哲学的完美抽象来规定至高神性的灵知教义神话,以否定神学的语言传达神性的变形、上升和下降,并隐含着柏拉图主义的超验原则。这个文本叙述了基督升天之后使徒约翰所获得的灵幻体验。在这种体验之中,"圣光"与"灵源"两个绝对隐喻引导着关于源始创世的神圣性质,一种仅仅属于善与完美的禀性,一种来自神性的别有韵致的自我倾泻、自我漫溢、自我涌流。基督返天,而受到法利赛人羞辱的使徒约翰在绝望中遁迹荒野,忧心问天,追问所及,乃是救主的使命和人类的命运。至上之神在光亮之中现身,依次变身为少年、老人和老妇人,开示使徒,开启密教。这种秘传的教义重构了世界的本源、创世的过程、掌权者的统治、世间恶的出现,整个创世叙事表明智慧是堕落的源头,堕落是造物的本质。智慧名曰"索菲"(Sophia),她不经配偶允许,靠自己创生万物。堕落就在创世之初,因为首先被创造出来的乃是恶神雅达巴沃(Yaldabaoth),这位充满怨毒的神又造出掌权者来统治世界,根据神的样式造人。雅达巴沃所犯的最大过错,就是不慎将灵气吹入人里面,赋予人以生命。为了争夺人类灵魂里的神性,光明与黑暗以人类灵魂为猎场展开残酷的争夺。邪恶将人禁锢在肉体内,肉体成为灵魂的监狱,人类便不得自由。雅达巴沃还创造了女人和性欲,让人进一步肆心,大胆地散播光的种子。于是,人类堕落到黑暗的深渊。唯有基督下降到深渊,提醒罪人之属天与属灵,唤醒沉睡在他们记忆中的灵知,罪人才得以救赎,回归光明。②

尼采让造物之神在伊甸园里变身为魔鬼,让魔鬼成为邪恶的肇事者,与《约翰密传》把创世的失败归之于肆心的索菲及其所造的恶神,宗旨略同。尼采的解构《圣经》,撕裂了神话与教义的精神架构之关联。在追溯既往的意义上,他的艺术神话积极地回应了人类的基本问题系统,关涉着人类的起源和未来,人的本质与潜能、幸福与灾难,以及人在此生此世和来生来世的命运。唯其如此,尼采才是一位名副其

---

① 转引自布鲁门伯格:《神话研究》(上),胡继华译,第 226 页注释[1]。
② 参见罗宾逊、史密夫主编:《灵知派经书》(卷上),杨克勤译,汉语基督教文化研究所 1993 年版,第 126—145 页。

实的"爱命运"的哲人。尼采之"爱命运",有着历史上哲人们少有的优势:人类的终极拯救,不是通过特殊行动或特殊仪式,而是通过一种特殊的"知识形式"即"灵知"来完成的。尼采没有许诺,每一个人都能发现真理,每一个人都会变得高贵,从罪人转变为圣徒,但他相信,每一个人都有对灵知的记忆,只要去追忆一段被遗忘的故事,就能得到启示,获得一种以异样的光亮照彻黑暗世界的知识。这种知识不是得之于外,而是蕴含于内,不是格物致知,而是灵根自植,有如克莱门特改造过的瓦伦廷灵知主义者追问的命运问题:"让我们自由的是知识,即知道:我们是谁,我们将成为什么,我们在哪里,我们被抛向哪里,我们去往哪里,我们何以得到拯救,以及什么是出生,什么是再生。"① 尼采的哲学致力于用"锤子"敲敲打打来觉醒的,乃是为这一切启示答案的灵知。以灵知主义为视角来回应邪恶进入世界的问题,集中体现了尼采哲学对"灵魂及其限度"的关注。尼采必须正视的,不是一个神,而是两个——创世之神和拯救之神。

创世之神与救赎之神,及其统一的可能性

尼采为叙述宗教史提供了一个具有涵容力的架构:前基督教的希腊、希伯来、吠陀时代,柏拉图主义的基督教时代,无神论与虚无主义主导的现代,以及未来宗教时代。前基督教时代、基督教时代、反基督或后基督教时代,是这个历史架构的减缩版。

在追溯基督教的希腊先驱时,尼采首先处理了"宗教官能症"和"宗教幼稚病"。② "宗教官能症"是指人类盲目沉湎于"罪人"皈依宗教而变身为"圣徒"的神迹。尼采将这种皈依与转身称为"神迹的外观"。在他看来,以超自然神秘力量来解释这种转换,乃是一种既没有"语文学"依据,又没有道德基础的解释游戏。与基督教征服罗马古典世界这一历史神迹相比,个体皈依基督教的神迹也无需超自然的解释。"宗教幼稚病"是指基督教信仰到后基督教非信仰的转化中人的心灵

---

① 布鲁门伯格:《神话研究》(上),胡继华译,第 210 页。
② Friedrich Nietzsche, *Beyond Good and Evil: Prelude to A Philosophy of the Future*, ed. by Rolf-Peter Horstmann & Judith Norman, trans. by Judith Norman, p. 48.

的幼稚状态,"法兰西自由精神"堪称其现代典范形式。现代信仰形式与宗教幼稚病之间存在着观念的同构性:一个相信仅靠善的引领即可最大限度地接近真理,一个相信最靠近宗教的时刻最靠近真理。这两种信念构成了伊甸园神话灵知主义解释的隐秘前提:上帝从虚空之中创世,混沌的宇宙成为完美的造物;上帝厌倦过分的完美,而变身魔鬼,通过智慧之果来诱惑人类堕落。

尼采深知,一个从孩提时代就对伊甸园神话耳熟能详的后基督教时代的欧洲人,对《圣经》有什么样的领悟和期待。一个后基督教时代的欧洲人,或许就是一个宗教官能症患者,会对创世的奇迹感到着迷,同时也会对过于完美的造物世界感到厌倦。在尼采看来,伊甸园神话强化了这份忧心,而克服这份忧心却有待超越善恶,将真理与自由托付给超人。

超人的行动,在尼采的灵知主义解构中就是上帝的变身与变形。忧心的主体,不复是人类,而是上帝与超人。上帝是造物之神,他忧心的缘由在于:认识到自己神圣出身的人必将自命神圣,以神圣为事实的存在样态。人追求神圣,不仅刻意像神,而且志在成神。造物之神畏惧人的像神与成神,而这也许就是所谓神圣正义的本源,或者说神圣智慧的开端。不是"对神的畏惧是智慧的开端",而是"智慧开始于神的畏惧",因而一切价值都被颠倒于灵知主义的解构中。于是,《旧约》向《新约》的转换,正义之书变为恩典之书,上帝也随之从一个造物之神变成了一个拯救之神,从一个怨毒的上帝变成了一个恩慈的上帝。正义的造物之神慷慨大度,而恩慈的拯救之神气量狭小。造物之神允许一切,只禁一端——不允许触碰智慧之果,以保护人神之间的秩序。拯救之神禁止一切,只许一样——唯有顺服上帝,以彰显神的荣耀。怨毒至极的立法者,暴戾的造物之神,和那个布施恩典、满有慈悲的拯救之神,怎么可能是同一位上帝?尼采以喜剧的手法将伊甸园神话演示为一场闹剧,从而超过了《圣经》解释学历史上一切寓意解释,更清楚地重构了一则艺术化的基本神话,暗示一种权力世界的崇高秩序。

慧黠的尼采不露声色地重演了灵知主义的基本神话。公元 2 世纪活跃在小亚细亚和罗马的神学家马克安(Marcion),以保罗的《圣经》为基础建立了一套二元论异乡神的神学。异乡神对立于《创世纪》中那个正义的上帝、律法的上帝。马克安的体系,像前述《约翰密传》

一样,也近似于教义秘索斯。其中的基本神话,也是将古代世界流射的宇宙转化为当今苦难者的黑暗容器,一个任凭邪恶纵横驰骋的黑暗地狱。然而,这个邪恶的世界,只是创世之神的失败作品。公元144年,马克安被罗马教会革出教门,但他的二元论神学影响深远。他粉碎创世之神、律法之神同慈爱之神、拯救之神之间的同一性,从而揭露了基督教遭到二元论瓦解的必然。① 晚古时代,灵知主义普遍将自己的灵魂演示为一场两个神玩弄世界的权力戏剧。《旧约》创世之神和《新约》拯救之神,一个分配正义,一个布施恩典,权力分明,各负其责。一方面,创世之神,不仅阴沉粗暴、怨毒慧黠,且故意制定律法而让人必须违背律法。另一方面,拯救之神,便是那个不在此岸而在异乡的恩典之承载者,他认定人人有罪而必须因信称义,世间有恶而必须涤罪归神,他许诺恶可征服而罪可挽回,宣称上帝的本质和信仰的要义就是爱。所谓拯救,本质上乃是借着对神的真知和对灵魂的真知,也就是说,借着内在灵知,一眼看穿宇宙的奥秘和启蒙的欺诈。②

那么,如何将这两个互相对立的神权统一起来呢?尼采的办法是,将创世和救世的谋划推向善恶的彼岸,托付给超人。在尼采看来,前柏拉图主义或者荷马的希腊人的宗教精神最令人震惊之处,便在于"无限感恩的满溢",那就是"高贵的人"以感恩的方式面对自然与人生。③ 古代希腊人或者说典型的宗教人,乃是荷马的后裔,而荷马乃是整个希腊人的教化者,就像智慧本身,洞悉全部生命的秘密。荷马教导人们,面对自然与生命而存在,祈向文明的最高境界。而这就是未来宗教的灵魂——肯定生命,呵护灵魂,敬畏神圣。尼采以灵知主义解读伊甸园神话,构想出人类艺术和理性的最高功业,④以此肯

---

① 参见哈纳克:《论马克安:陌生上帝的福音》,朱雁冰译,三联书店2007年版,第136页。拯救之神的异乡性(陌生性)处在真正存在的这种神性之间,同样也处在这种宗教同一切任性的存在和作为之间,他与善性相联系。正是在"异乡性"里蕴含着马克安宗教观和世界观的独特性。

② Hans Blumenberg, *Die Legitimatät der Neuzeit*, Frankfurt am Maine: Suhrkamp, 1979, S. 141.

③ Friedrich Nietzsche, *Beyond Good and Evil: Prelude to A Philosophy of the Future*, ed. by Rolf-Peter Horstmann & Judith Norman, trans. by Judith Norman, 2002, p. 49.

④ 对比德国早期浪漫主义和观念论的纲领,相传其中关于"人类的伟业丰功"的命题就是出自尼采。参见胡继华:《浪漫的灵知》,北京大学出版社2016年版,第151—153页。

定生命、灵魂和神圣,对抗现代无神论和虚无主义对上帝、对灵魂的谋杀。

更重要的是,尼采对伊甸园神话的灵知主义变更,暗示了"上帝之死"的神学寓意。在善恶的彼岸,上帝不是最后的审判者,而必须与人一起,成为忧心的存在物:

> 一个曾经非常阴险、疑心重重但又因此成为合法的必然观念,正象征着这么一个难题:为了自我保护,上帝是否真的无法免除某种义务?一切理性的义务,一切自我保护的义务,在此就是上帝的自我保护的责任。职是之故,这位上帝同样也"忧心"。同时,他也没有自我保护的不证自明性。成为一位上帝,甚至同样是一场冒险。①

于是,尼采让上帝变身魔鬼,就是为一种必然的责任而冒险。按照灵知主义的模式,创世之后享受闲暇的上帝,是一个专事诱惑的邪恶之神,一个呈现为邪恶之化身的"创世之神"。伊甸园里蛇的诱惑,乃是上帝的计谋,他要给他的造物世界以历史性,许诺历史以一个未来,以邪恶来驱动世界前进,以慧黠的诡计将人类历史推向超人境界。上帝的闲暇之日,即上帝的缺席之日、隐藏之日,他通过禁忌与承诺驱动人类进入苦难的世界历史进程之中。诗人西奥兰深得尼采灵知主义解构《圣经》的隐微动机,断言造物主渴望堕落、希望沉沦,甚至还会自我毁灭。② 于是,尼采打算深度反思"悲观主义"的历史,为未来宗教的出场清理自由精神的空间。

---

① Hans Blumenberg, *Matthäuspassion*, Frankfurt am Main: SuhrkampVerlag, 1990, S. 92.

② Emil Cioran, *Die verfelte Schöpfung*, Frankfurt am Main: Suhrkamp, 1979, S. 8. "完全超出想象,处在谋划之中的创世不可能是封闭的,并且完全无功而返;同样也完全超出想象,这种创世之谋划是一个失误。人类犯下了众所周知的错误,所以也显然在以隐微的方式去理解一种严重的犯罪。"西奥兰继续写道(S. 16):"我们可以想象,造物主永不满足,且总是为自己的造物感到羞愧,因而他确信自己希望总有一朝会沉沦,甚至还做好了防范准备,为的是与自己的造物一起烟消云散。我们还可以猜想,造物主一直渴望毁灭自己,而生成却不过是这个自我毁灭的漫长过程中的一种偶然。一个悠闲的过程,一个匆忙的过程——不论是悠闲还是匆忙,这一过程都关系到自我回归,关系到一种深刻的自我反思。这个创世谋划的肇始者通过抛弃创世,就是这种自我反思的出路。"

恶性循环上帝

尼采对伊甸园神话的灵知主义解读,为构思欧洲精神史提供了一个辩证的戏剧架构。在后基督教时代,尼采怀想前柏拉图主义或荷马宗教的多神论审美主义精神,展开一种灵知主义的宗教构想,而将生命谋划的前景托付给未来。他托言查拉图斯特拉,批判整个无神论甚嚣尘上、虚无主义长驱直入的现代。"无限是不可追问的期待物"①,灵魂的不朽也就只能坐落在有限的生命与自然之中。"这是怎样一个时代?"尼采追问,"这个时代,人们明智地放弃了一切世界进程的建构,甚至放弃了人类历史。"②至于尼采所叩问的后基督时代基督教的命运,欧维贝克看得非常准确:"基督教使某种因素在人类身上发生错位","普遍的鄙视必将再次压倒一切","只要一种宗教开始进入我们的文化,那么它作为宗教就已经被杀死了,杀死它的恰恰是把文化赏赐给它的那种生活"。③德国19世纪以来的精神氛围,以及整个欧洲现代思想传统,都存在着一种基本的神学张力场。

在这个基本的神学张力场中,尼采讨论了"宗教的残酷":

> 宗教的残酷犹如一架天梯,它有许多档次,其中至为重要者有三。从前的活人祭,而且可能被牺牲的,就是自己的至亲至爱者。这包括一切史前宗教的长子献祭,以及卡普里岛上秘特拉斯洞穴的提比略皇帝的活人祭,那是古罗马人犯下的诸多时代罪孽中最骇人听闻的那种。自此以往,在人类的道德时期,人们献祭给神的,乃是他们自己所拥有的最强大的本能,是自己的"天性"。这种节庆的欢乐在苦行僧和狂热的"反自然者"残忍的目光中闪亮。最后,还剩下什么可以牺牲呢?人们是不是必须献祭一切慰藉,一切神圣的出死入生的东西?一切希望,一切对隐秘和谐和

---

① Hans Blumenberg, *Matthäuspassion*, S. 133.
② Friedrich Nietzsche, *Untimely Meditations*, trans. by Anthony Ludovici, Cambridge: Cambridge University Press, 2002, p. 378.
③ 参见 Rudolf Wehrli, *Alter und Tod des Christentum Bei Franz Overbeck*, Zürich: Theologischer-Verlag, 1977, S. 144–145.

对未来幸福和正义的信仰？是不是必须将上帝本身也作为祭品，并鉴于对自己的残酷，在顽石、愚笨、艰难、宿命和虚无面前顶礼膜拜？为虚无而献祭上帝——这最后的残忍，悖论的宗教秘仪，是留给正准备登场的那代人吧。①

现代人将上帝献祭给虚无，对灵魂痛下杀手，拒绝给生命留下任何一种慰藉。不论是信、望、爱，还是和谐、幸福与正义，都被无神论扫入冷宫。于是，虚无主义成为欧洲的命运，这不仅是"神与灵魂"概念的末日，还是现代历史的"紧迫状态"。越过虚无主义，对于尼采便是未来哲学及建立于其上的"未来宗教"的前提。

让我们再次回到尼采对伊甸园神话的灵知主义解构。像欧维贝克所建议的那样，尼采以"想象的方式阅读《圣经》"，运用艺术神话对基督教的基本神话进行戏仿式的重构。重构之后的《圣经》场景成为一幕又一幕的闹剧、荒诞剧。"上帝已经被驳倒，魔鬼却没事"，而且"'哪里有智慧树，哪里即是天堂'——最古老的蛇和最晚近的蛇均如是说"。② 上帝似乎必须羡慕魔鬼，因为上帝虽是美与光，但他终归缥缈、脆弱，魔鬼虽是罪与孽，但他总是代表着自由的精灵。甚至歌德也在他的《浮士德》剧中，让梅菲斯特以沾沾自喜的口气反讽地介绍众位天使说："他们也是魔鬼，只不过是乔装打扮的魔鬼而已。"将一切神圣魔鬼化，又将一切魔鬼神圣化，岂不是现代人所犯下的最大罪孽？正是这桩罪孽，将虚无主义推到至境。浮士德的高峰体验，就是梅菲斯特心怀恶意的缩影，那就是万物之中可怕的空虚。面临深渊而生的眩晕，曾经击垮了巴斯卡尔，而今浮士德却浑然不觉。隐士与深渊，在此便是现代虚无主义的隐喻。现代，面对一个致命的问题无所作为，束手无策。③ 尼采对这种普遍的人类的紧迫状况之体验，可谓忧心如焚。他警告说："与怪物搏杀的人必须警觉，谨防自己因此也变成怪物。你越是注视着深渊，深渊也一定在注视着你。"④尼采穷

---

① Friedrich Nietzsche, *Beyond Good and Evil: Prelude to A Philosophy of the Future*, ed. by Rolf-Peter Horstmann & Judith Norman, trans. by Judith Norman, p.55.
② Ibid., p.37, p.152.
③ 参见布鲁门伯格：《神话研究》（上），胡继华译，第325页。
④ Friedrich Nietzsche, *Beyond Good and Evil: Prelude to A Philosophy of the Future*, ed. by Rolf-Peter Horstmann & Judith Norman, trans. by Judith Norman, p.146.

尽了作为基本神话的伊甸园故事,把魔鬼与上帝互相引诱的神话带向了终结:

> 魔鬼对上帝具有最宽广的注目。因此,魔鬼与上帝之间,横亘着非常遥远的距离——魔鬼就是智慧的最古老的朋友。①

按照尼采的解构逻辑,上帝厌倦造物之完美,变身为魔鬼,而魔鬼自我伸张,不断在世间制造恶,从而驱动世界,演出"世界历史"的宏大戏剧。上帝造物的失败,上帝之死,都是这出宏大戏剧的戏景。于是,尼采对基督教的基本神话进行了最大限度的变形,穷尽了伊甸园神话的可能性,而把神话带向了终结。

布鲁门伯格的"终极神话",是指在历史流传与主体接受过程中经过极端的变形而被穷尽了形式并认不出本源的神话。笛卡尔的"邪恶精灵",康德的"主体哲学",在尼采看来都代表了近代哲学的基本行为——"打着批评述谓概念的旗号,谋杀古老的灵魂概念"。② 然后是堪称绝唱的德意志观念论"终极神话",而这个"终极神话"乃是"终极怀疑"的后果:

> 笛卡尔引入了"邪恶的精灵"的思想实验,完全不是无缘无故,也非缺乏历史压力,而是依然相信他自己能够仰赖"最完美的存在"这一观念来制服"邪恶的精灵",来保证可以证明的存在权威。……康德亦证明,上帝存在的一切证明都是不可能的,因而让怀疑的赤裸锋芒直接去延续其颠覆的存在。这里有一种唯一的手段可以将这最后的怪物从这个世界上清除出去,即让认识主体自我塑造为权威,对它所认识的对象负责。因此,唯心主义的"终极神话"是一条同恐惧对象拉开距离的途径——这种恐惧现在仅仅是心灵的恐惧,现在还深深地扎进了理论的主体之内。③

---

① Friedrich Nietzsche, *Beyond Good and Evil: Prelude to A Philosophy of the Future*, ed. by Rolf-Peter Horstmann & Judith Norman, trans. by Judith Norman, p.129.
② Friedrich Nietzsche, *Beyond Good and Evil: Prelude to A Philosophy of the Future*, ed. by Rolf-Peter Horstmann & Judith Norman, trans. by Judith Norman, p.54.
③ 布鲁门伯格:《神话研究》(上),胡继华译,第 301—302 页。

不论布鲁门伯格与尼采在对待灵知主义的立场上有多么对立,他们对近代哲学进程的叙述都建立在一个基本的情节之上。这个情节,就是攻击古老的灵魂观念,从而实现价值的重估。尼采的激进立场表明,价值重估就是价值的颠转。价值颠转的最高境界,就是叔本华"至高无上的神话":"主体自我自为责任的唯我独尊、排斥他者的状态。"①叔本华将康德的"三大公设"——上帝存在,灵魂不朽,道德自律——保留在神话之中,并借着神话来加强,赋予神话以最高价值。"灵魂的历史在其实际运用中仍然是一则神话",于是,整个近代欧洲哲学对自我伸张和灵魂命运的思考以叔本华"至高无上的神话"为终局,而这十分类似于古代印度的吠陀哲学。吠陀哲学与叔本华的伦理学,成了"世上一种惊人的权力"②。然而,这种惊人的权力驱动着尼采超越亚洲的视野,挣脱欧洲的偏见,对现代虚无主义进行深度思考,拨开"悲观主义"的愁云惨雾,去窥见"永恒轮回"的真理。

尼采以"永恒轮回"的化身自命。他带着谜一般的渴望,致力于深度思考"悲观主义",将它从半基督教和半德意志的偏狭、幼稚之中,从叔本华哲学之中解脱出来。同时,他还要以亚洲和超越亚洲的眼光,摆脱道德的魔力和幻想,置身于善恶的彼岸,洞察所有可能的思维方式之中否定世界的最高类型。"从头再来"征服了"永远不再"。③ 灵知人一头扎进永恒,去倾听灵知之歌,倾听上帝死亡之后的灵魂之歌。"从头再来!"对宇宙人生、天理人情物象,对自己,对整个世界历史的戏剧,灵知人如此命令。于是,整个世界便成为一场游戏,一场"永恒轮回"的游戏。而尼采,就是"永恒轮回"教义神话的伟大继承者。将这一教义如法炮制地用于"上帝",就有了"上帝恶性循环"。

"永恒之路是曲形的"④,不仅如此,"永恒轮回"之基本象征物,还是由无数条曲形的路构成的迷宫。灵魂能力生长于这座迷宫中,且伴随着时间的绵延与空间的拓展。"他的世界变得更为深远,不时有新

---

① 布鲁门伯格:《神话研究》(上),胡继华译,第 330 页。
② Friedrich Nietzsche, *Beyond Good and Evil: Prelude to A Philosophy of the Future*, ed. by Rolf-Peter Horstmann & Judith Norman, trans. by Judith Norman, p. 54.
③ Friedrich Nietzsche, *Beyond Good and Evil: Prelude to A Philosophy of the Future*, ed. by Rolf-Peter Horstmann & Judith Norman, trans. by Judith Norman, p. 56.
④ Friedrich Nietzsche, *Thus Spoke Zarathustra*, in: *The Portable Nietzsche*, ed. and tran. by Walter Kaufmann, p. 271.

星球、新谜团和新图像进入他的视野。"①生命体验的时空拓展,丰富了"永恒轮回"的内涵,这一教义由此获得了历史哲学的意味。人类历史,灵魂历史,皆为人类走向成熟的过程,同时也是上帝出生入死、出死入生的轮回过程。尼采用三个危险的"也许"虚拟永恒轮回教义的历史后果。永恒轮回隐喻着世界游戏。第一,"也许",一切理智操练所获得的敏锐和严肃,都是给孩子们准备的,一旦理智足够成熟,这些都会成为多余之物、过时之物。第二,"也许","上帝"和"罪",都是孩子们借以锻炼理智的道具,而围绕这两个庄严肃穆的概念,发生过最残酷的战争和苦难。第三,"也许",孩子的痛苦被超越,孩子的玩具被废弃,老人有老人的痛苦,老人需要新玩具的慰藉。从永恒轮回视角看,即便是老人,也永远是个孩子,永远是需要玩具来慰藉的孩子。这三个危险的"也许",将尼采关于整个人类精神史的拷问带向了巅峰。

站在人类精神史的巅峰眺望,尼采获取了关于灵魂的真知,关于拯救的灵知。这份灵知,与人类精神史的道德阶段之终结相连,与人类道德的良善、良知相连。从这个意义上说,尼采的未来宗教,指向了道德灵知主义。这种思想的要义在于,以灵知激活爱欲,以爱欲拯救哲学,以哲学改造宗教,以理性规范信仰。以灵知主义抑制现代的自我伸张,以自我伸张来规范灵知主义的肆心放纵,这就显示了尼采式灵知主义的独特优势。虽然人类的苦难戏剧永无止境,人类对苦难戏剧的观看也永无尽头,但在人类道德自然史的巅峰,灵魂将收获一份成熟,获得一个新的起点,进入永恒的儿童状态,变成新的谜、新的影像、新的星球和新的人类。永恒轮回,狮子、骆驼、婴儿,三度变形永恒轮回,永无止境。② 尼采对伊甸园神话的解构,将一种染色"良知"的灵气赋予一个戏仿、歪曲和恶作剧的神话摹本,同象征永恒轮回的三度变形构成了一种隐秘呼应关系。

"恶性循环上帝"(circulus viciosus deus),决定了生命永远必须从活跃的当下开始,而对普遍的悲剧毫无畏惧。尼采的悲剧诞生于两境相入,两个意象互动与轮转,融构出一种生命哲学和悲剧形而上学。所以,"悲剧再生论"与其被解读为"审美形而上学",不如说是"道德化

---

① Friedrich Nietzsche, *Beyond Good and Evil: Prelude to A Philosophy of the Future*, ed. by Rolf-Peter Horstmann & Judith Norman, trans. by Judith Norman, p. 57.

② Friedrich Nietzsche, *Thus Spoke Zarathustra*, in: *The Portable Nietzsche*, ed. and tran. by Walter Kaufmann, p. 38.

灵知主义"。

这种"道德化灵知主义"表达了一种千禧年主义和乌托邦主义的诉求。尼采对伊甸园神话的解构,重心落在创世之神的三度变形——从神变形为诱惑者,最后还必须变形为携带圣灵的拯救之神。创世之神造物更作恶,拯救之神将征服世间恶,将宇宙带向新天新地,带向灵知复活、圣灵涌流、永恒轮回的未来。《善恶的彼岸》之中叙述精神史的三段论架构,《查拉图斯特拉如是说》卷首的"三种变形",以及虚拟"永恒轮回教义"的三个危险的"也许",都暗示着尼采将克服世间恶的使命托付给了未来时代——超越神圣正义时代,超越神圣恩典时代,祈向神圣灵知的时代。中世纪晚期意大利隐修士约阿西莫(Joachim of Fiore)的三位一体精神史叙述模式,在尼采的伊甸园神话和永恒轮回教义之中激荡、回响,涌动着一种道德化的灵知主义。约阿西莫将精神史称之为"圣史",并依据"圣父""圣子""圣灵"三位一体的秩序变动,将"圣史"分为三个阶段:

> 第一个是律法之下的阶段,那时主的百姓仿佛孩童,暂时伏在此世的诸元素之下。他们还不能得着圣灵的自由。……第二个是福音之下的阶段,一直持续到现在,此时【主的百姓】拥有相比过去阶段而言的自由,但尚未得着相比于将来阶段而言的自由。……第三阶段,就我们世代的数目上所能理解的而言,始于圣本笃的世代。终末临近时,我们必须看到第三阶段的超卓:以利亚将在此时现身……圣灵仿佛在《圣经》里亲声疾呼:"圣父、圣子已做工直到如今,现在是我做工了。"①

圣灵世代,乃是约阿西莫隐修荒野所得的"异象",它以灵幻呈现了"上帝的新民"和"属灵"的平等。那是一种千禧年主义的乌托邦光景:第三阶段上帝新民的安排,仿照耶路撒冷模式,按照《启示录》的程序,让圣堂之中住着经过试炼证明的完美之人,"他们内心燃烧着过默观生活的属灵渴望"。第三阶段是属灵者眺望彼岸而构想的世界历史戏剧的终末景观,凸显灵知乃是塑造新灵魂、新世界、新纪元的超人

---

① 约阿西莫:《三位一体的历史含义》,刘小枫编:《西方古代的天下观》,华夏出版社2018年版,第294—295页。

力量。尼采将灵知主义道德化,将基于《圣经》的三段论历史模式改造为永恒轮回,以哲学主导宗教,以理性涵容信仰,将动荡不安的灵魂托付给"未来哲学"及其笼罩下的"未来宗教"。受到灵知滋润的"自由的精神",就是尼采的艺术神话的灵魂。没有未来宗教的呵护,"自由的精神"永远是酿造世间恶的"邪恶精灵"。没有宗教,没有神话,没有道德,没有灵知,人类就没有愿景,没有未来,没有拯救的可能,而只能沉沦在"虚无主义"的永恒黑暗之中。在道德灵知主义的烛照下,尼采重构经书,以艺术的神话告诫世人:人类的诱惑与苦难的序幕乃是灵气光照的必然景象之一,是超然的光照对造物世界的一种否定性的启示,有朝一日人类将在生存意志的激荡下觉醒灵知,获得权力、理智、信仰上相对于创世之神的超越性。

结语:新神话,抑或政治哲学的灵知转向

尼采批判现代性,将欧洲精神史推向了"敌基督"的巅峰。尼采敌基督,却非敌宗教。尼采宣告上帝已死和灵魂被谋杀,却志在全面颠转"神"与"灵魂"概念,以灵知主义的方式重估人类价值。一种以未来为取向,且受哲学主导的新宗教,在尼采的"准神学"言说之中显山露水。所以,欧维贝克断言,尼采代表了欧洲精神史上的一场"神学转向",即"让神学不再神秘"(demystification of theology),一如马克斯·韦伯断言,现代"让世界不再迷人"(disenchantment)。从尼采的基督教批判出发,欧维贝克将基督教的隐修生活与禁欲主义解读为文化的基要成分。"禁欲的世界观与隐修行动,"欧维贝克认定,"显然都是早期基督教对基督回归的期盼之变形。"①在这份期盼里面,蕴含着对生命实在的肯定,并以极端拒绝世界的方式呈现一种耀眼的人道。

与欧维贝克相反,陶伯斯断定,尼采对基督教的批判没有缓和现代危机,反而恶化了现代危机。自哥白尼革命颠转观念中的宇宙秩序以来,人类尚未在宇宙之中找到自己的位置。尼采通过亚洲袄教宗师

---

① See Jacob Taubes, *From Cult to Culture: Fragments Toward a Critique of Historical Reason*, ed. by Charlotte Elisheva Fonrobert & Amir Engel, Stanford/California: Stanford University Press, 2010, pp. 151 – 152.

苏鲁支之口宣告的"上帝之死"开启了"新神话"兴起之道。尼采"用锤子证道",敲响"永恒轮回"的晨钟,敲响"历史末日"的暮鼓。在狄奥尼索斯的悲剧地平线上,"存在的永恒沙漏不断旋转,还有你,这大千微尘的微粒也随之旋转"。可是,在末日论的地平线上,历史不再旋转,而是寿终正寝了。尼采以"敌基督者"和"狄奥尼索斯的最后一名信徒"自命,在末日学和悲剧观之间做出了终极的分辨。基督与狄奥尼索斯,二者都是苦难之神。所不同者,在于他们对于苦难的意识——末日意识或者悲剧意识不同。在基督身上,苦难是通往神圣存在之路;在狄奥尼索斯身上,存在本身就被认为具有充分的神圣,足以证成巨大的苦难。但是,如果末日希望是虚幻的,未来终归是一种幻觉。尼采的新神话——永恒轮回的神话,却诱惑人类强作欢颜,为西方进入了一个后基督的时代而感到安慰。①

　　布鲁门伯格基于神话研究的视野对尼采的伊甸园神话进行了思想史论述。在他看来,尼采将人类的失乐园神话变成了一幕丑剧,以艺术神话的方式体现了尼采的全面怀疑。笛卡尔"邪恶的精灵"或许是最后的权威。这种对主体的威胁出现于现代的开端,但它始终难以清除出去,唯有同最高真理展开最后的决裂,才能克服这种危险。按照《圣经》的上帝形象,他从来就没有对人类心怀善意。因而,这个变形为蛇的上帝让人类确信,只有通过上帝的对手实施诱惑,人类才会永远被驱逐在天堂之外。但上帝永远不会承认,引恶入世,乃是出于对完美的厌倦,以及驱动历史进程的要求。"这是一个犬儒主义的整体神话。它显示了唯有冷漠独对善/恶、真/假的人才能回避的形而上暴政——一种要求超人出场的暴政,因为只有超人才能回避这种暴政。"②尼采的灵知式解构,将世间恶视为创世之神的杰作,从而凸显了文化与苦难、罪恶与救赎之间的本质关联。布鲁门伯格对尼采的解读,将灵知与超人置于一个艺术神话的架构之内,将政治的虚无主义解读为人与上帝的世界戏剧的一段惊人的插曲。世界不再神秘,但万劫轮回许诺了再度神化的可能。"再度神化完成了和谐合拍,这就让人类能够随着上帝的失落而赢取——首先是失落,但失落是为了利用

---

　　① See Jacob Taubes, *From Cult to Culture: Fragments Toward a Critique of Historical Reason*, ed. by Charlotte Elisheva Fonrobert & Amir Engel, pp. 339-340.
　　② 布鲁门伯格:《神话研究》(上),胡继华译,第 200 页。

人类并联合人类而赢取。世界和人构成了上帝同他自己作交易的绝对境遇。"①

思想史家沃格林直接将尼采的"上帝之死"描述为谋杀上帝,而这种谋杀又显示了"临在论灵知主义"之普遍特征:谋杀上帝乃是为了成为上帝。上帝或者诸种神祇,乃是人类美好愿望向超自然世界的投射。"存在的权力取代了上帝的权力,存在的来临取代了基督的来临"②,于是,灵知主义成为现代社会运动和政治实践的动机、象征和思想范式。一言以蔽之,现代性,就是灵知的复活和灵知主义的迅猛散播。存在秩序,在近东、远东、亚洲文明中被置于宇宙神灵聚居的象征系统,在犹太—基督教传统中被理解为一个超越于世界的神性象征系统,在浪漫主义和观念论哲学中被营造为一套新神话系统。为了控制这种存在秩序,就必须把所有象征系统置于人的控制之下。为了控制所有的象征系统,首先必须取消存在的超验根源。于是,尼采就成了"临在论灵知主义"的候选人,他废黜超验秩序,对存在进行斩首攻击——终于谋杀了上帝。按照沃格林的解释,尼采的"灵的根本意志"就是生存意志和权力意志之根,它作为一种"对不可能之物"的激情,驱使着灵知主义者沿着现代性这条忧伤之路,去实现灵知的终极关怀——摧毁现实。于是,在尼采之后,政治哲学发生了灵知主义转向,这一残酷的转向,已经成为世界政治的虚无主义之滥觞。

沃格林提出的公式简洁明了:"现代性是灵知主义的过度生长。"③ 这种"没有约束的现代性"观念甫一出口,布鲁门伯格就针锋相对地提出:"现代乃是对灵知的第二次克服。"布鲁门伯格的理由是,晚古灵知主义为解决世间恶难题而构想的二元论,导致了古典秩序的迷乱;奥古斯丁第一次援引上帝的"自由意志"来放逐灵知派二元论,解释世间恶的起源问题,却无法堵死灵知主义再次侵入古典秩序的漏洞。奥古斯丁认定,神圣正义不是要证明的结果,而是不证自明的前提,而对正义之上帝的信仰开拓了对人自由的认识和对世间恶根源的形而上视野。可是,奥古斯丁驱逐灵知主义归于失败,因为他没有克服自我伸

---

① 布鲁门伯格:《神话研究》(上册),胡继华译,第 243 页。
② 沃格林:《没有约束的现代性》,张新樟等译,华东师范大学出版社 2007 年版,第 46 页。
③ Eric Voegelin, *The New Science of Politics: An Introduction*, Chicago & London: The University of Chicago Press, 1952, p. 126.

张的虚无,而要求人面对邪恶断念,以及无所作为。克服灵知主义,人类思想任重道远。现代不是任由灵知散播、生长,而是要以主体的自我伸张来狙击灵知主义。作为第二度克服灵知主义的努力,现代性就具有一个非基督教的渊源。现代之志业,不是基督教末日学观念的世俗化,现代国家观念绝不是中世纪神学观念的模拟。克服灵知主义,赋予了现代以无可辩驳的正当性。①

布鲁门伯格与沃格林关于"灵知"回归之争,触及现代性和政治哲学的核心问题。这些争论与尼采对未来哲学和未来宗教的构想密切相关。卡尔·施密特与布鲁门伯格还在神话、灵知、政治、命运的关联语境中,对歌德的"奇谈怪论"——"唯有神自己才能反抗神"作出了灵知主义的阐释:神反对神,因此神性是二元的。不难想象,尼采的伊甸园神话乃是这句奇谈怪论的翻版。布鲁门伯格以现代人的自我伸张为基础,将歌德的格言解释为"人类借以化解焦虑的源始模式","建立在一种人生体验的基本计划之上的形而上学",而非上帝自我反对或者异教的灵知式的诸神之争。② 经过脱胎换骨,歌德的诗学被伪装为政治神学。这是歌德的命运。不妨说,这也是尼采的命运。尼采的艺术神话启蒙了灵知人,灵知人瞩望善恶之彼岸的新神话境界和新道德境界。或许,在20世纪关于灵知的争论之中,道德化的灵知主义也被脱胎换骨地伪装为"政治神学"。

(作者单位:北京第二外国语学院跨文化研究院)

学术编辑:何兰芳

---

① Hans Blumenberg, *Die Legitimatät der Neuzeit*, S. 139 – 149.
② 布鲁门伯格:《神话研究》(下),胡继华译,第279—283页。

论罗杰·斯科鲁顿的艺术哲学①

章 辉

内容提要 基于分析哲学的思维方式,当代英美美学界不再致力于美的本质的探究,而是具体研究各门艺术的基本问题。斯科鲁顿认为,绘画是意图性的再现;摄影的客观性干扰了电影的艺术性;建筑是表现了公共情感的抽象艺术;美学术语的合法性在于表达了共同的审美经验。斯科鲁顿的艺术哲学有较高的创造性,对中国当代的美学和艺术学建设具有参考意义和价值。

关键词 再现 功能 想象 幻想

基于分析美学对传统美学命题和思维方式的拒绝,当代英语学界的美学不是如西方古典美学,特别是黑格尔美学那样由美的本质推演出一套美学体系,而是致力于具体的艺术哲学问题的研究。罗杰·斯科鲁顿(Roger Scruton 1944—)是当代英国最重要的美学家之一,他著述甚丰,论域广泛,涉及美学、文化哲学、心灵哲学、形而上学、政治哲学等领域。限于篇幅和主题,本文仅呈现斯科鲁顿艺术哲学的几个方面。

艺术与再现

斯科鲁顿的观点是,摄影不是再现(representation)。这一观点看似奇怪,因为绘画再现世界,而摄影的主题与绘画类同,它们应具有共同的特质,人们甚至认为作为视觉再现的模式,摄影代替了绘画。为

---

① 本文为 2011 年度国家社会科学基金项目"英国当代美学发展史研究"(项目批号:11CZX074)的成果。

什么说摄影不是再现性的艺术呢？这就要把绘画与摄影区别开。斯科鲁顿认为，摄影有主题，图片是关于某物的图片。但不像绘画，摄影的主题与拍摄的关系是因果性的(causal)，主题对于摄影家来说，是非意图性的。① 也就是说，如果摄影是关于某个人的，那个人必定是实际存在着的，也必定是如摄影中的外表那样存在着的。因此，"摄影是一个实际存在物的外表的记录"②。但绘画不是这样。当我欣赏一幅再现性的绘画的时候，我不仅无必要相信它所再现的东西是实际存在着的，而且，如果它确实存在，我也不必相信它具有绘画中的物体所具有的外表，即是说，绘画可以神似而非形似。比如一幅画，其主题的原型是美国科罗拉多州的大峡谷，但我可以把它看作中国太行山大峡谷而非美国大峡谷。

在寻找绘画的线索时，画家的意图决定了我们的绘画经验。斯科鲁顿指出，在再现性艺术中，对意图的理解牵涉到我们对媒介维度和惯例(dimensions and conventions)的理解，理解绘画就是理解绘画所传达的思想，这种思想存在于画家的意图之下，同时告知了我们看绘画的方式。媒介不仅影响了绘画中我们所看到的东西，而且影响了看的方式。媒介给予我们一种视域，我们与画家分享了这种视域，借此我们感知到画家的思想。就是因为关于某个主题的思想能够传播，我们就有了再现的概念，文学和绘画也就是再现性的艺术了。③

语法是语言的必要组成部分，就是因为有语法，语言与真理才具有关联。在当代逻辑学家看来，语法具有生产功能，它能够从有限的字母构造复杂的句子。恰当的语法能够解释某个语言的言说者是如何在有限数量的词汇的基础上，去理解无限数量的句子的，以及某个句子的真理或错误是如何依赖其意指的。借助意指，我们能够推导句子的真值(truth)条件，意指和真值之间的"生产性的关联"对于所有说这种语言的人而言是共同的。斯科鲁顿认为，绘画与语言在这里有重要差别，绘画有惯例，但缺乏语言中的那种语法。比如，我们通过理解某幅画的部分而理解它的再现性意义，但是它的部分自身是以相同的

---

① 斯科鲁顿的观点是，摄影是透明的，摄影家的意图不能决定图片的内容和细节，而绘画则相反，每一笔每一部分都决定于画界的意图。他的这种观点在西方学界引起了巨大的争议和反响。限于篇幅和主题，本文对此不展开讨论。

② Roger Scruton, *The Aesthetic Understanding*, London, Methuen, 1983, p. 103。

③ Ibid, p. 105。

方式被理解的,即是,它们也具有部分,每一部分潜在地可分为有意义的组成部分,如此以至无穷。但是,我们无法把绘画分割为语法上有意义的部分,不可能提供句法去分割绘画的各个部分使之具有独特的符号功能,这样句法的或符号的规则就不能应用其上。这就意味着,对绘画的理解不能被规则或惯例所保证,而是相反,是为眼睛的自然功能所保证。语言则相反,我们构造一个句子的意义是借助其各个部分的意指,并且这些意指是符合惯例的。因此不能借助语言学的意指概念来理解绘画的再现。① 即是说,人们常常说的,"绘画语言""绘画是一种语言"这些说法是不严谨的。

在现实主义绘画中,视觉客体与所描绘的人物是一致的,比如弗朗西斯科·戈雅(Francisco Goya,1746—1828,西班牙画家)的关于威灵顿公爵的绘画是现实主义的,因为人物形象类似威灵顿公爵本人。虽然在绘画中有对错之分,但审美欣赏对其客体的真实性,即所描绘的人物是否类似现实并不关心,大多数描绘的客体是想象性的。斯科鲁顿认为,再现这一美学概念包含审美价值,只有存在着审美价值,才有再现性艺术的存在。结果就是,一幅画的再现性特质的审美价值关系到绘画本身的价值,而非仅仅是其再现之物的价值。某人对绘画感兴趣,可能只是对绘画中描绘的对象感兴趣,但这种兴趣是派生性的,它关系到这一事实,即绘画揭示了其主题的特质。人们也可能只是对绘画本身的特质感兴趣,诸如颜色、轮廓、线条等,而无关其主题,在这种情况下,绘画的价值只是作为抽象的结构。第三种情况是对绘画内部(in the picture)有兴趣,即对绘画表达事物的方式有兴趣。比如欣赏者指向画中某个人物的特殊的姿态,某种特殊的描绘方式。这里,再现就不是因为其主题,而是因为其自身,这一兴趣是视觉艺术的审美经验的核心,它不仅解释了经验的价值而且解释了艺术品的本质和价值。②

总结斯科鲁顿的绘画美学思想,一是,相比摄影,绘画是意图性的,因此是再现性的艺术。二是,相比语言,绘画无语法,其意义的理解依赖于眼睛的自然功能。三是,绘画的审美价值在于其主题的特质、形式结构和表达方式三个方面。

---

① Roger Scruton, *The Aesthetic Understanding*, London, pp. 107 - 108.
② Ibid, p. 110.

电影的历史已有百年,但电影是否是一门艺术,电影艺术与其他艺术的关系仍然是艺术理论界讨论的问题。早期电影理论家如鲁道夫·阿恩海姆(Rudolf Arnheim,1904—1994,德国美学家)、贝拉·巴拉兹(Bela Balazs,1884—1949,匈牙利电影理论家)、谢尔盖·爱森斯坦(Sergei Eisenstein,1898—1948,苏联导演和电影理论家)等人以传统的审美标准考察电影,为的是呈现电影的美学成就。但斯科鲁顿否定了电影作为艺术的维度、成就和潜力,认为流行的虚构电影是在想象性的戏剧的面具下的大众市场的煽情。斯科鲁顿认为,摄影不是再现,当用在电影中的时候它也不是再现,这就导致电影对事件的记录不是对其的再现,或者说,摄影图片干扰了电影作为艺术的再现,因为再现必须是表达思想和情感,对音乐会的录音并非对其声音的再现。斯科鲁顿的意思是,摄影是客观的,其中有诸多细节与电影导演的思想和情感表达不相关,但是导演又不能说服我们去忽视那些不相干的细节,这一点不同于剧院里的戏剧表演。在剧院里,舞台限制和表演惯例是良好的再现性媒介,通过这一媒介,戏剧行为被过滤被精选。人们只要具备剧院相关的惯例的知识就立即明白舞台表演中什么东西是相关的,什么东西是不相干的。因此,象征主义在剧院里是清晰的,但在屏幕上太过模糊。即是说,电影导演要选择细节去表现思想和情感,但是,图片的客观性导致产生很多不相干的细节,这就干扰了情感和思想的表达。比如一个头盔的摄影图片,其材质、尺寸、轮廓等,都可能无助于思想的表达。而且在具体化细节的时候,摄影无助于想象的展开,这就有可能遮蔽关键性细节的意义。就是因为这个原因,爱森斯坦发展了对比和构图的技术以吸引观众的注意力。

电影的艺术性来自其戏剧性而非摄影,即是来自演员的表演和人物性格的塑造。即便对于爱森斯坦,其对电影的评论也主要集中在其戏剧而非影像层面。在斯科鲁顿看来,摄影虽不是再现,但仍然可能构造幻觉,构造类似生活的事物。这种艺术,就如蜡像艺术那样,可以满足幻想(fantasy)。而戏剧性的艺术,在某种层面上,应该是现实主义的,应该关系到现实的思想和表现。艺术不能回避意义问题,不能是超离现实的幻想。通过创造一种非现实的再现性的东西,艺术说服我们思考现实的某些方面。[①] 斯科鲁顿认为,电影是一种戏剧性的再

---

① Roger Scruton, *The Aesthetic Understanding*, p.126.

现,但它的惯例不是剧场式的,它的再现性力量不是来自摄影的形象。纪录片不是再现,一部纪录片只是对事物自身的替代。是梦露再现了女性萨克斯管演奏者,她就如在舞台上那样,扮演了某个角色。控制戏剧再现的是"现实原则(reality principle)",而控制摄影机的是"现实化原则(realization principle)",前者是再现性的艺术所要求的,后者只是现实的替代品。比如,你看到一个演员扮演了著名的侦探,他正走在伦敦街道上。但是伦敦的街道不是再现,它们就在那里,"现实化"在你眼前。①

斯科鲁顿对于电影的看法是,摄影不是再现,这就影响到电影作为再现性的艺术的本质;电影中的再现来自戏剧,但它缺乏剧场的惯例。

艺术与功能

相比其他艺术,建筑的独特性在于,它具有效用或功能。斯科鲁顿重点论述了建筑艺术的功能。建筑是人们生活、工作和祈祷的地方,一定形式的设计是为满足某种需要。一部音乐或文学作品可能具有功能,比如华尔兹舞曲、行军乐等,但这些功能不是从诗歌或文学艺术的本质中生发出来的,诗歌自身只是偶然地具有某种用途。人们似乎也可能从纯粹雕塑的观点看建筑,但这就把建筑视为形式,其美学本质只是偶然地结合着一定的功能。如果真的把建筑视为雕塑,其美必定依赖于平衡、表现等形式特征,那么建筑的成功就不是建筑性的,其结构适于居住这一事实将变成不相干的特征。因此,功能是建筑的独特本质。功能主义是当代主要的建筑艺术理论之一,其中的审美功能主义(aesthetic functionalism)是现代主义的一支,代表人物是魏勒特·杜克(Viollet Le Duc,1814—1879,法国建筑家),认为建筑的功能决定其形式,其审美形式是适合于建筑的使用的。另一种是朴素功能主义(austere functionalism),这一派完全不考虑审美,认为审美是偶然之物,甚至是一种虚假意识。它强调的是房屋(building)而非建筑(architecture),它把建筑放置在经济、政治和社会科学之中,理论上

---

① Roger Scruton, *The Aesthetic Understanding*, 1983, p.134.

的代表人物是佛拉普顿(Kenneth Frampton,1930—,美国建筑理论家)。斯科鲁顿持审美功能主义观点,他说:"在其最有影响的形式,功能主义不否认建筑中的审美价值的优先性。审美经验,依据这种理论的某种版本,只不过是对功能的经验——不是功能本身,而是功能所显示的外表。"①

斯科鲁顿认为,就如我们对一物的美的感受常常依赖于那个物的概念,我们对人和马的美感依赖于一个男人和一匹马应该是什么的概念那样,我们对建筑美的感受不能离开我们的建筑概念和它们所实现的功能。② 斯科鲁顿具体分析了建筑的显著特征。首先是其位置。文学、音乐和视觉艺术可以在无限多的地方表达自身,或者通过表演,或者通过运动,或者通过再生产。壁画和纪念性的雕塑具有位置性,但地点的改变不会改变这些艺术品的审美特征。但建筑就不是这样。建筑的周围环境很重要,其再生产会导致灾难性的结果。建筑也为周围环境的改变所影响,比如某些教堂,或如凡尔赛宫那样拥抱了整个环境,形成了宏伟感。建筑要标明某个神圣之点,要表明对某个地方的占有或主导,这种冲动在所有的严肃建筑中都体现出来。位置感和建筑的不可移动性,在许多方面影响了建筑师。建筑是整体效果的艺术,很难分离于城市规划、花园、装饰和家具。

建筑的另一个特征是技术性。建筑很大程度上取决于科技的发展,建筑中的变化独立于艺术家的意识的变化。在这些变化中,风格的自然演化被放置在一边,被没有美学起源或美学目的的发明所打断,比如强化水泥和电梯的发明对建筑技术的影响。技术推进的美学效果是巨大的,没有人能够事先预测到。在音乐、文学和绘画中,美学演化伴随着对艺术的态度的变化,即是艺术创造的变化着的精神影响到艺术的演变。当然在音乐中,技术的发明也影响到美学变化,比如钢琴的发明就改变了其审美形式和审美价值。但相比建筑,其他艺术的演变对技术的依赖性要低得多。

建筑的更为明显的特征是其公共性。对于公众来说,他无法选择,要么观察它要么忽视它,这一点不像文学、音乐和绘画,后者是自

---

① Roger Scruton, *The Aesthetics of Architecture*, Princeton: Princeton University Press, 1979, p.38.
② Ibid, p.10.

由的批评性选择的客体。建筑师可能改变公众趣味,但他只能把自己展示给整个公众,而不是仅仅给受过教育的群体。公共性导致了建筑的突出的政治性,即是说,建筑强加了某种观点,不顾任何个人是否赞同。当然,所有艺术都具有政治性,但只有文学爱好者才会面对莎士比亚的观点;但任何人,无论他的趣味和态度如何,都被强迫去面对围绕着他的建筑,从中吸收了它们包含的政治意义。① 建筑的公共性也影响到建筑表现的独特性。音乐和文学可以说是表现了个人情感,建筑的表现性特征则不是如此,其中的风格和模式是以非个人的和非特殊的意义,以公众的声音言说给我们。也就是说,"建筑表现的情感是非个人性的。建筑所关系到的某种心理状态是一般性的、非个人的,诸如时代精神之类"② 某栋建筑可能看起来是女性化的,或平静的,具有亲切的特质,但这种表现是非个人的;建筑几乎不能表现嫉妒。在某些时候,建筑也能够表现个人性的东西,比如在建筑内部,在贝尔尼尼的孔塞蒂(Concetti,贝尔尼尼为教宗乌尔班八世所作的陵墓雕刻),以及在表现主义建筑中,但斯科鲁顿认为,当建筑带上了个人的情感,它实际上变成了雕塑。另一方面,斯科鲁顿说,个人性的建筑是不合适的(inappropriate),虽然不是不可能的,但建筑本质上是公共性的,它是被看,被居住,被穿过的,因此它是客观性的。表现了个人性的建筑就如强迫某个人去喜欢一个令人讨厌的人,这在视觉上是不可忍受的。③ 同时,建筑的公共性、客观性,即可观察性、不可回避性(unavoidable),影响了建筑在道德意义上的普遍性。④

建筑的最后一个特征,是其与装饰艺术的连续性(continuity),以及其目的的多元性。建筑是地方性的艺术(vernacular art),是每个人都会经常遇到的,因此它不同于其他的艺术形式,需要它自己的理论,去说明其对于"日常生活的美学"的特殊贡献。建筑有安排和设计的过程,其中,每个人可参与其中,去装饰或设计他的房间。建筑的地方性可随时表现出来,比如一根多力克式的石柱支撑着一张葡萄酒桌子。地方性这一特征把建筑与其他艺术区别开,使之相对地缺乏自律性,建筑师要把他的作品安排进预先存在的形式之中。建筑美学在这

---

① Roger Scruton, p. 15.
② Ibid, p. 14.
③ Ibid, p. 195.
④ Ibid, p. 15.

个意义上是日常生活的美学,它带领人们从高雅艺术的王国走向普通的实践智慧之中。对于建筑设计来说,美可能是建筑师的行为的结果,但不是他的目标的一部分。

建筑是抽象艺术,我们从建筑获得的愉悦可能牵涉对其他事物的思考,但这些思想没有叙述出来,它们更多的是示意(ostension)而非说明(statement),包括意指到其他不能被描述的事物。纪念碑可能表达悲痛、永恒、消逝等,要把这些意指置入文字则是很困难的,人们可能感受到梅地奇小教堂中的米开朗基罗的坟墓在诉说着什么,但不能说出到底是什么。这里就不是再现,而是表现了,"表现的特征是意指(reference)出场了但没有断言(predication):悲哀为雕塑所表达,但关于悲哀什么也没有说;永恒在米开朗基罗的沉思形象中出场了但没有被叙说"①。建筑的形式具有表现性的特质,但它表现的不是建筑师的任何个人的情感或心理状态,纪念碑把个人生命和个体的失去视为某种民族的或宗教情感的象征。

斯科鲁顿认为,建筑的表现性特征在外部和内部是有区别的。进入一栋建筑内部,就是从外部进入一个环绕物(surround),从公共领域进入私人领地,除非这栋建筑本身是公共性的,这样,对于参观者来说,把内部视为独特的,甚至是半雕塑性的也是可能的。对于一栋葬礼小教堂的内部来说,欣赏它更为接近雕塑而非建筑。建筑的表现性使之与雕塑具有直接的联系。在经验建筑时,观察者的积极参与是非常必要的。建筑经验的最重要部分是想象,它关系到建筑的视觉形式。但建筑经验不仅如此,我们不会把建筑视为静止的外表,我们也倾听建筑,听其回声,听其呢喃,欣赏其静逸,所有这些加强了我们对建筑的印象。粗笨的混凝土的外表是不友好的,因为我们接触它的时候会被刮伤,但日本房屋的木料和纸张是友好的,我们感到温暖而不会受到伤害。

建筑常常被视为"高级艺术(high art)"。高级艺术对立于实用或商业艺术,后者本质上是工艺,比如房屋(building)。希尔德·海宁(Hilde Heynen,比利时建筑理论家)说:"对于一个建筑家,在其设计的过程中,常常有一个自律的时刻,其功能性的或构造性的需要

---

① Roger Scruton, *The Aesthetics of Architecture*, p.187.

被超越。"①艺术自律是现代艺术的核心概念。自律性的艺术,按照现代主义的叙述,超越了实用性的艺术或商业艺术,诸如家具、陶瓷,或社会功能性的艺术,如宗教的、宫廷的和军事的艺术。艺术自律的思想兴起于19世纪晚期,在"艺术作为艺术的目的"这一教义中表现出来,这种观点试图把艺术品定位在社会经济之外。建筑似乎是实用的和他律性的,因为如果雕塑是公共性的,关系到建筑环境,那么,既然本身就是建筑环境(built environment),建筑如何能够是自律性的呢?斯科鲁顿认为,建筑并非自律性的。基于其功能性、公共性和地方性,斯科鲁顿拒绝建筑是高级艺术。他的观点是,把建筑视为高级的或自律性的艺术暗示了一种难以置信的表现主义,把它视为如绘画和雕塑那样的表现性行为就给予它的装饰性方面一个无法保证的自律性(unwarranted autonomy),后者就是建筑美学中的"雕塑主义"(sculpturalism)和"通道性的雕塑(walk-through sculpture)"的观点。

　　汉密尔顿仔细分析了斯科鲁顿的功能性、公共性和地方性三个核心概念。与斯科鲁顿相反,汉密尔顿认为,虽然"装饰了的小屋(decorated shed)""通道性的雕塑"和"旅游景点"等不是建筑的核心例子,但维特根斯坦的家族相似概念能够把它们聚合在一起,它们都可被视为某种类型的建筑,雕塑主义至少可被视为建筑实践的有限范畴(limiting category)。而且,有时建筑风格被斯科鲁顿错误地描述为雕刻性的,他对高迪(Gaudi)的界定就是如此。②汉密尔顿认为,斯科鲁顿最有问题的是建筑的公共性的观点。在汉密尔顿看来,对于公共艺术来说,自我表现是可能的。艺术家能够表现他们自己甚至当服务于主顾或公共角色的时候,比如西敏寺宫的钟楼,即人们所知的大本钟,是公共性的,但它也表达了设计者皮金(Pugin)的艺术观念。在建筑中,人们的解释常常对立于艺术家的观点,即艺术家的意图性意义常常被公众所挪用。但在大本钟的案例中,皮金的安格鲁哥特式美学概念同时变成了民族国家的基督新教精神的象征。③

　　"地方性"这一术语最初意指的是语言,来自拉丁语"vernaculus",指的是本地语言,对立于通用语,比如拉丁语,后者是有教养的人使用

---

① Hilde Heynen, Architecture between Morality and Dwelling: Reflections on Adorno's *Aesthetic Theory*, *Asswmblage* 17, 1992, p. 85.
② Andy Hamilton & Nick Zangwill, *Scruton's Aesthetics*, pp. 187 – 188.
③ Andy Hamilton & Nick Zangwill, *Scruton's Aesthetics*, pp. 192 – 193.

的。在建筑领域,这一术语常常指的是,建筑是非自律性的非高雅艺术,对立于学院式的(academic)、高级风格的(high-style)或优雅的建筑传统。汉密尔顿指出,这一术语的"普通的""日常的"含义使得建筑这个术语是矛盾性的,因为"建筑"意指的是高雅艺术。高雅艺术起源于日常行为(vernacular activities)和实践,即是工艺(craft)。比如岩洞绘画、传统打击乐器的演奏、部落仪式上的击鼓等,都是"日常性"的实践。斯科鲁顿的地方性的观点不能解释建筑的相当晚近才形成的专业化。在文艺复兴之前,建筑在艺术中并非独特的。文艺复兴时期,阿尔伯蒂(Alberti)和其他人文主义者,试图把绘画、雕塑和建筑抬高为自由艺术(liberal arts),艺术家和工匠才区别开来。汉密尔顿分析,斯科鲁顿并没有完全拒绝建筑天才的角色,因此是持一种地方化观点(vernacularity claim)的弱化版本。斯科鲁顿说,建筑是普通的人类行为的自然延伸,但又说,一座城市不是天才的作品。汉密尔顿认为,不能说完全是如此。在最有规划的案例如爱丁堡的新城或豪斯曼(Georges-Eugene Haussmann,1809—1891,法国建筑家)的巴黎和最随意、最无规划的案例之间具有连续性。弱化版本的地方化观点面临的困境是:或者它被解释为不能区分建筑与其他高级艺术,或者它必须否定建筑中的艺术天才的历史角色。[①] 即是说,汉密尔顿质疑斯科鲁顿的建筑概念,他认为,功能性和公共性都不能暗示建筑是缺乏艺术性的概念。

 胡安·帕布洛·波塔(Juan Pablo Bonta)对斯科鲁顿的《建筑美学》提出了系统的批评。斯科鲁顿反对建筑中的现代主义运动,他认为现代主义运动在智力上是空虚的,在道德上是错误的。他感兴趣的是哥特式、文艺复兴和巴洛克建筑。建筑对于斯科鲁顿,仅仅是视觉经验。波塔指出,斯科鲁顿把几个世纪的建筑史仅仅视为视觉趣味的流变史,这就忽视了风格的变迁和建筑试图去解决的历史中变化的问题。而且,他对视觉概念的处理是简单化的。比如他想要我们相信,沙特尔(Chartres 法国城市)建筑中的雕塑是遵循建筑框架的要求,但英国考文垂大教堂里面的圣米歇尔雕像是分离于墙壁的,这是一个自律性的艺术品,它是物理性地独立的,这就误用了艺术自律这一概念。遵循传统,斯科鲁顿区别了建筑的实际结构和虚拟结构,也区别了实

---

① Andy Hamilton & Nick Zangwill, *Scruton's Aesthetics*, pp. 198-199.

际功能和虚拟功能,认为虚拟结构是某种或对或错的东西;他没有认识到这两种类型的结构是有机地相互依赖的:今天正确的虚拟结构是基于昨天正确的实际结构之上。斯科鲁顿虽然注意到建筑与功能的关系,但他认为:"整个建筑的功能是某种非决定性的东西。"①"功能主义理论是无意义的。"②波塔认为,他的功能概念是粗糙的、模糊的。斯科鲁顿说:"在米开朗基罗的梅地奇小教堂,没有公共使用的可能,没有功能性的、仪式性的或家用性的目的的可能。"③波塔指出,这就把功能等同于行为(activity),这种观点没有功能主义者能够接受。这个问题在读到第72页的时候变得更为混乱,斯科鲁顿说:"某个人必须知道建筑的用途,如果他要对之做正确的审美欣赏的话。"那么,某个建筑的"用途"(审美欣赏的必要的组成部分)和其"功能"(一个无意义的和非决定性的概念)之间的差异是什么?④

艺术与想象

斯科鲁顿说,实际的感知是基于信念,想象性的感知牵涉到去看某个人知道不是在那里的东西,客体可能是非存在或不真实的,这样它就是创造性的、自由的。我们不会认为建筑是非存在的或不真实的,我们把它们经验为易碎的或诚实的,但我们知道,这些特质并非建筑真正具有的。斯科鲁顿的解释是:"它是一种设想特质的方式。"⑤"建筑是想象性经验的客体。"⑥

在考察建筑经验和其他艺术时,斯科鲁顿特别强调想象的重要性。斯科鲁顿认为,想象是以艺术性的间接的方式,去领会现实的本质,而幻想则是构成了来自现实的奇思妙想,把艺术作为幻想的客体,是改变了其正当的目的。对电影的兴趣主要是幻想性的。幻想关系

---

① Roger Scruton, *The Aesthetics of Architecture*, p. 40.
② Ibid, p. 41.
③ Ibid, p. 192.
④ Juan Pablo Bonta, The Aesthetics of Architecture by Roger Scruton, *The Journal of Aesthetics and Art Criticism*, Vol. 39, No. 3(Spring, 1981), pp. 328 – 330.
⑤ Roger Scruton, *The Aesthetics of Architecture*, p. 78.
⑥ Roger Scruton, *The Aesthetic of Understanding*, p. 84.

到欲望,其客体是某个替代品。在这种条件下,欲望产生了幻想,即"1. 它思想中的客体不是它对之表达的客体,或它追求的客体。2. 被追求的客体是作为思想中的客体的替代品。3. 对替代品的追求被解释为个人的禁令(personal prohibition)。指的是,个人审慎地自我强加自我接受的东西。"①产生幻想的特殊环境也决定了这一替代品的特征。幻想要满足自身,不是以暗示的形式,而是以粗俗的赤裸的形式。因此幻想中的欲望要寻找的,不是高度的程式化的或文学的描述,也不是绘画的肖像,而是合适的影像(simulacrum),诸如蜡像或图片。它避开风格和惯例,因为这些阻止了替代品的构造,这样,它也就没有给想象留下余地。这就是斯科鲁顿否认摄影是艺术的原因:它提供的是幻想而非想象,是现实的替代品而非对现实的再现。

现实主义艺术试图以世界如是的方式去再现世界,但再现某个客体不是给它提供一个替代品。在一个替代品中"现实化(realization)"某个客体,实际上不是去理解它,在某种意义上,它是再现的对立面。最典型的替代品是教育过程中使用的模型、图片等,在此,人们的欲望、情感和兴趣仍然指向现实,不是指向替代品。在可控的和无害的幻想中,存在其中的欲望是真实的,比如在性的欲望中。因此,幻想的定义是:"一个真实的欲望,通过禁令,寻找一个非真实的,但可现实化的客体。"②斯科鲁顿认为,幻想没有改变世界,相反,幻想者被欲望入侵并沉迷其中。想象则不同,比如戏剧舞台上的一桩谋杀,观众知道这不是真实发生的。这种想象性的情感是对某个既定的情景的反应,它试图去理解那种表演,这就不同于幻想的情感。真实欲望的背后是信念,比如逃避的欲望的背后是对某物真实存在的恐惧,但是在戏院里的情感则缺乏这种背景。从想象性的情感中产生的欲望不是真实的欲望,我不是真的想苔丝狄蒙娜不被人谋害,即便在想象的世界中,谋杀也是恐怖性的。要说我对谋杀感受到了悲痛,这也是错误的。宁可说,我是想象了悲痛,是感觉像(feel like)悲痛。但在幻想中存在着真实的感觉,它强迫非真实的客体去满足其欲望。

想象性的情感是反应性的,它不能独立于那些引起它们的想象性的情景而独立存在。在想象的过程中,一定的惯例以及风格化的限制

---

① Roger Scruton, *The Aesthetic of Understanding*, p.129.
② Ibid, p.130.

具有重要的影响,它们规范了想象性的思想,过滤掉不相关的东西,从而获得某种凝聚(condensation)效果。没有这些,艺术性的再现就不可能。相反,幻想为惯例所不容,因为惯例阻止了幻想客体的生动的现实化。幻想控制其客体,它追求的不是去理解世界而是遮蔽世界。这样,相比真实的客体来说,想象性的客体(represented,即被再现的)具有情感性和精神性,而幻想性的客体(realized,即被现实化的)则缺乏这些特征。一个幻想的剧烈的痛苦具有所有痛苦的精神方面的特征,它是恐怖的、令人厌恶的。但是绘画中的这一情景,则是把痛苦放置在某个语境之中,它被呈现为平静舒缓的。①

因此,在斯科鲁顿的理论中,摄影机的现实化原则的结果是幻想的产生。如果幻想打破了想象的面纱,那么戏剧性的思想就消散了,想象性的情感也消失了,戏剧再现的价值也就被摧毁了。即是说,摄影机的现实化原则抑制了艺术所需要的想象,现实化原则膨胀的时候想象则萎缩,伴随之的理解也萎缩了。这就是很多人不想重复观看他们喜欢的电影的原因,因为其中缺乏想象的努力,也就没有了想象的馈赠。

斯科鲁顿区分了幻想和想象,想象是对艺术所做的反应,而幻想是对呈现(representation)做出的反应,其观点是,想象性地投入艺术是直接地指向对现实的理解,常常是合适的(appropriate),但是幻想者对呈现的使用(无论是艺术还是其他的)导向的不是现实,常常是不合适的。凯瑟琳·斯托克(Kathleen Stock)认为,对于艺术品,存在着两种意义上的"合适的"反应,其一是作品所邀约的反应(即是作者所意图的反应),其二是"道德上"(morally)合适的反应。斯科鲁顿似乎不认为幻想在前一种意义上是合适的,明确地否认后一种意义上的。斯托克认为,这两点都不对。她认为,这两点要么关系到道德上过分的(transgressive)(道德上禁止的,即是自我强加的责难)幻想,或者是关系到外在的禁止(external prohibition)的幻想(基于外在的障碍,比如不能把尸体直接地呈现在艺术中)。前者包括色情和其他意图激发读者的作品;达米安·赫斯特(Damien Hirst,1965—,英国当代艺术家)的镶嵌了钻石的头盖骨,标题为"为了上帝的爱"的艺术品是后者的典型例子。赫斯特用钻石而非廉价水晶是为了激发

---

① Roger Scruton, *The Aesthetic Understanding*, p.133.

观众占有它们的幻想,随后以不可避免的死亡,传达占有它们是无意义的观念。因此,幻想在这里是合适的。斯科鲁顿把幻想和想象区别开,但斯托克的观点是,幻想关系到想象,想象的经验也可能作为某种情形的替代品。① 即是说,幻想和想象是交织在一起的,甚至是可替换的。

艺术与情感

康德说,审美活动把对象孤立于任何实践性的兴趣、认识论和感官享受,审美判断不需要概念,不需要伦理评价,而是专注于对象的形式本身。康德的这种观点影响到当代西方的审美态度理论。在叔本华的美学理论中,我们可以对任何事物持审美态度,只要把对象独立于我们的意志,即不考虑把它置于某种用途之中。借助审美态度与科学态度和伦理态度的比照,克罗齐和科林伍德把直觉对立于概念。在审美活动中,面对各种艺术品和自然景象,我们都说是美的、精彩的,审美评价的这种一致性的行为可能预示的是,存在着共同的审美态度。审美态度又决定了艺术的自律性,即人们只关注艺术中的审美的方面。艺术自律性指的是,我们欣赏艺术不是作为实现某种目的的手段,而是其自身就是目的。即便有些艺术作品,诸如建筑、军乐等具有其功能,但作为艺术品,我们不是简单地把它们视为实现这些功能的手段。在这个意义上,斯科鲁顿说,色情不是艺术品,因为其功能与艺术的目的不相容,其本质是激发情感的手段,而艺术什么也不激发。比如,把戏剧视为激发同情和恐惧的情感的工具就是审美判断的误置。如果戏剧的目的是为了激发情感,那么戏剧可能被其他的某种能够激发类似情感的东西所取代。这样一来,对自律性的维护就导致了对艺术中的情感的责难,这就产生了这样一种理论,即审美欣赏是完全的无利害的沉思,其中,除了观照客体的形式特征,什么东西都没有。②

许多哲学家认为,不能以应用于物质客体的术语去描述艺术品。

---

① Andy Hamilton & Nick Zangwill, *Scruton's Aesthetics*, p.151.
② Roger Scruton, *Art and Imagination*, London: Methuen, 1974, p.19.

当说艺术是表现性的时候,我们指的是艺术品自身的独特的特质,仅仅是属于那个艺术品的特质。比如,克罗齐认为,真诚(sincerity)这一术语就是歧义性的,一方面指的是道德特质,比如不欺骗邻居,另一方面指的是审美特质,指的是表现的完满性和真实性。说某个人是悲哀的,这有某些标准,即那个人的姿势、表情、语调显示了他是悲哀的。但说某个艺术品是悲哀的,这是什么意思呢?当应用于艺术品的时候,并无这些标准,不需要有这些特征。悲哀这一术语的美学用法表达的是客体中的哪些特质,这一点是不确定的。这就是说,这一术语在审美和非审美之间的用法是模糊的。在每一用法中,其描述的对象是不相同的。在某个案例中,它描述的是某个感知性特质,但在另外的案例中,它描述的是另一特质。但是,这种用法中指向某种情感状态是主要的,任何人如果不理解这种用法,即悲哀的情感是什么,当谈到某个艺术品的时候意指悲哀,他就无法理解了。这样,审美描述(aesthetic description)就面临问题,即我们承认存在着美学术语的用法,但又拒绝给予其日常意义的解释。也就是说,美学术语的意义不同于其日常生活中的普通用法,这就要说明其逻辑关系。斯科鲁顿认为,歧义性常常只是程度性的。很难说,某个术语的新的用法是独立于旧的用法,很可能只是旧的用法的延伸。[①] 一种延伸意义的方法是通过类比(analogy),或分享共同特征(shared features)。比如,我说一个姿势是悲哀的,因为它是悲哀的征兆,我说某个音乐作品是悲哀的,是因为它类似这个姿势(类比)。因此苏珊·朗格说艺术品与人类情感共享了一定的形式结构,这样人们就以它所模仿的情感去命名之。

但问题是,一片风景如何与人类的情感共享形式特征呢?类比能解释很多问题,但也有很多是不能解释的。当我说某曲音乐是悲哀的时候,对它的反应很少是悲哀的,只有在特殊的场合某人面对艺术品才感到悲哀。艺术,如黑格尔说的,本质上是欢乐的。也就是说,艺术所引起的悲哀不是真正的悲哀。悲哀只是形式性的,本质上是愉悦的。在这个意义上,很多哲学家认为,审美描述在认识论的意义上缺乏真值性(truth conditions),因为我们能够理解它们,但不知道如何证实它们。某些审美描述是非描述性的,它们没有表达信念而是表达

[①] Roger Scruton, *Art and Imagination*, London: Methuen, 1974, p.46.

了审美经验。某人具有特定的审美经验,他才能理解这个审美描述。斯科鲁顿因此提出一种审美描述的情感理论,认为审美描述的接受条件不是某种信念而是某种心理状态,这样,审美描述不需要真值条件,其合法性在于,它们表达的是一种经验而不是一种信念。他的结论是,当用于审美描述的时候,美学术语并没有特殊的意义,在其美学应用中,术语的含义必须回溯到其普通的用法。但这并非意味着,除了理解其普通用法,它的美学用法中并没有增加什么东西。在美学用法和非美学用法之间,术语的含义存在差异,要理解审美描述必须熟悉美学术语所描述的审美经验,审美判断的接受条件是其心理状态,即经验。①

也就是说,当我们说这个花瓶是优美的,这个奏鸣曲是悲哀的,这是表达了心灵的非认知性的状态。我们赞同这些论断,不是我们认为它们是正确的,而是我们分享了其所表达的心灵状态。当我发现某个作品是悲哀的,或者视之为悲哀的,我对它的反应方式类似于我对某个人的悲哀的反应方式。因为我对两者的反应是类似的,我才对它们用同样的术语,即是说,悲哀获得了延伸性的意义。斯科鲁顿的这一思想其实源远流长,18世纪英国经验主义美学的同情论早有论述,当代英国美学家科林伍德也有这种观点。但《艺术与想象》这本书中,影响斯科鲁顿最大者,是维特根斯坦和康德。在著名的鸭兔图的感知中,维特根斯坦提出了"看为(seeing-as)"理论,即这幅图可看作鸭子,也可以看作兔子,但不能同时被看作两者,每一种感知只能是其中的某个方面。斯科鲁顿由此认为,对某个客体的美学特质的感知只是对其某个方面的特质的感知,这种特质取决于感知者的经验。不熟悉那种经验就不能理解美学描述。"看为"关系到思想和感觉,在某种意义上,它指示一种想象的行为,是某种类似罗素说的"熟悉的知识(knowledge by acquaintance)"。那些熟悉经验的人会接受或拒绝某个描述。借助康德,斯科鲁顿强调艺术品的个体性,必须为其自身的目的而被欣赏。他还强调审美判断的共通性,它与伦理判断共享这一信念,即每个人应该同意你,如果他的趣味是充分地教化的。

艺术是表现了情感还是激发了情感?如果说艺术是激发了我们的情感,那么我们欣赏艺术是作为激发这些情感的手段。但这有悖于

---

① Roger Scruton, *Art and Imagination*, p. 71.

这种直觉,即一般说来,我们不是把艺术欣赏视为手段。这就是从康德到今天的很多哲学家都否认在我们对艺术的反应中存在着情感的缘由,艺术激发情感被视为术语的误用。在情感激发论看来,我们对艺术感兴趣仅仅是因为我们的情感,而非在作为审美客体的艺术自身,这样,艺术欣赏被化约为陶醉,艺术价值被等同于麻醉品,艺术评价变成了工具性的程序,建立在其之于特定情感的因果关系的考察之上,其结果就是,相比色情作品和新闻宣传,艺术作品并没有更多地关系到人类心灵。

情感往往伴随着信念,比如某个人害怕,那是因为他相信有某种东西可能威胁到他,他想要回避那个东西。情感是复杂的信念和欲望的综合体,按照因果关系统一着。但审美情感不是建立在信念之上,而是在对缺乏断言(propositions unasserted)的观点的愉悦之上。在一头被激怒的狮子面前我感到害怕,我害怕是因为意识到存在着一个危险物。但在鲁本斯所画的狮子面前我不会害怕,因为,斯科鲁顿指出,我关于面前的危险之物的观点是非断言性的,即非真确性的判断。这里,因为害怕缺乏信念伴随之,我就没有要逃避我所看到的东西的欲望。相反的是,我想看绘画并沉醉在其恐怖的方面。①

斯科鲁顿认为,即便它表明了言说者对某物的欣赏是指向某种特殊的特质,也无必要假设术语"优雅的"具有描述性的意义。术语"优雅的"的运用并没有告知我们哪些特征是在场的,它仅仅指明了被欣赏的特质能够被发现的区域(area)。那么,为什么存在着这么多美学评价性的术语呢?斯科鲁顿认为,审美欣赏既然牵涉到对客体的"自由"思想,它将依据不同的客体而具有不同的特征。我对悲剧的欣赏不同于我对喜剧的欣赏。每一欣赏的客体在思想中联系于真实经验的特殊领域,这将决定我们对之的反应。如果要指明我们欣赏客体的方式,就需要审美评价的灵活的词汇。如瑞恰兹(Richards)所说,美学术语的复杂词汇反映了我们情感的组织。审美欣赏的特征完全为其客体所指明(dictated):因为欣赏是心灵的反思状态(reflective state),其中信念和行动很大程度上是被悬置的。在试图去厘定我们指向艺术的情感的时候,我们需要美学术语,同时,这些术语也把审美

---

① Roger Scruton, *Art and Imagination*, p.129.

经验的客体分为不同的种类。①

　　这就涉及形式特质(formal features)的问题。事实是,用于审美描述的许多术语的用法是松散的、不严格的,但斯科鲁顿认为,这也是很必要的。因为,在给出一个美学描述的时候,我们是试图指出某个物体该如何被欣赏。为此,我们需要大量的部分是比喻性的词汇。我们试图描述吸引了我们的兴趣的某物是什么样的,诸如术语平衡的、和谐的、统一的、整体性的等就是这样的形式术语。这些是比喻性的还是实际性的描述是难以确定的,它们的功能只是指明,即如何可能在客体中找到作为审美享受所特有的那种满足。它们是我们无法明确表达的细节性描述的代替品。在许多案例中,特别是在抽象音乐或建筑中,细节性的技术性的描述是需要说明的最有趣的东西,我们用这些形式性的术语把人们的注意力指向美学客体中的令人满意的特征。② 即是说,美学术语的模糊性在于,它们只是大体指明了客体的形式特征,表达了我们的审美感受,而这些术语的意义基于其在日常生活中的用法。

　　基于分析美学的问学方式,当代英语学界的美学不再讨论美的本质、一般性的美感心理和艺术本质等问题,不再构造思辨性的美学体系,而是具体研究各门艺术的基本问题。寻求各门艺术的独特特征,在当代西方艺术实践的发展中对西方美学史上的相关命题予以拨乱反正,并以语言分析的方法解释美学术语的用法和意义,罗杰·斯科鲁顿给当代西方的艺术哲学提供了新的观点和视野,这是一份值得中国美学和艺术学界思考和借鉴的理论资源。

(作者单位:三峡大学文学与传媒学院)
学术编辑:赵彦芳

---

① Roger Scruton, *Art and Imagination*, p. 153.
② Ibid, p. 153.

从纯粹美学与政治"偶遇"
——形式分析与杰姆逊的批评手艺

石 磊

内容提要 批评家之中对批评手艺的思考与墨迹多于杰姆逊者鲜矣。自 1970 年代以来,杰姆逊持续地从元评论、辩证批评、马克思主义阐释学、形式-内容辩证法等不同层面,对批评方法或曰手艺展开了深入细致的思考和实践。这种思考和实践既处于一种不断丰富和完善的过程,又内含着高度的同一性。对于这种同一性,一言以蔽之,即对于形式分析方法的忠诚与信赖,并且最终意愿在普遍去政治化的时代重新发现甚至发明政治。对于杰姆逊的批评手艺,本文试图强调其中所蕴含的某种对于偶然性的创造性理解,并因此之故,将此一手艺概括为一种纯粹美学与政治"偶遇"的文本实践。

关键词 辩证批评 形式分析 美学 政治 "偶遇"

弗里德里克·杰姆逊[①]是继法兰克福学派之后欧美世界最具影响力的马克思主义批评家之一。他的工作面向文化批评、社会批评、文学批评、电影批评等诸多领域,诸种跨界实践面对不同的对象文本,但所依托的方法或手艺却有某种内在的同一性。本文试图关注这种内在同一性,叙述其递进之发展过程,进而论其机制性元素中的某些独到特征。同一性对于杰姆逊而言,并不意味着教条或规则,他的批评思想的原则之处恰恰在于强调万物皆动态,批评亦因时、因地、因事不同而动态性地与之相符合;同时,这种同一性也并不意味着扁平单面,如杰姆逊自己所言,批评自身要无处不在自我批评之中,批评处于一个自我祛魅化的过程,同样也处于一个自我完善化的过程。而具体讨

---

① Fredric Jameson,其在不同中译材料中有不同的译名,如杰姆逊、詹姆逊、詹明信等,本文论述中统一使用杰姆逊这一中文译法,但注释中仍旧保留文献的译名。

论杰姆逊的批评手艺,即那种辩证批评或有关社会形式的诗学,从他的阐释学构想开始是必要的。后者是前者的一个思想基础或理论前提,质言之,阐释观的建立,廓清了批评的功能和价值上的障碍物,也回答了批评的策略和目的问题,在此基础上,谈批评的方法或曰手艺才有进一步的可能。

论阐释:背景与依据

杰姆逊关注阐释学问题,有其时代背景和理论缘由。

从当代阐释问题的外部历史条件来看,正如杰姆逊在1971年的论文《元评论》中开宗明义:"在我们这个时代,诠释、解释、评论已经声名狼藉。"①杰姆逊指出苏珊·桑塔格《反对阐释》一书症候性地宣告了阐释之终结的标志性意义,并强调到那时为止,20世纪西方文学理论中形式主义相对于社会历史阐释的胜利。在美国,新批评则是这一趋势的代表,其盛况为杰姆逊的学生时代所亲历。新批评强调细读,排斥文本之外如社会性和政治性等因素进入文学阐释的空间,通过"意图谬误"和"感受谬误"之说彻底将文本封闭起来,将文本变成一只"精致的瓮"。在杰姆逊看来,这种自我封闭的倾向之根由并不单单在于美学中心主义的自恋式独断,更在于人们普遍缺乏自我反省的意识形态遏制,而这种意识形态,杰姆逊将之归结为英美哲学中的政治自由主义、经验主义和逻辑实证主义。杰姆逊认为这个英美世界里所谓"自己的传统"乃具有一种反对思辨的偏见,正是这种偏见导致了阐释过程中美学的封闭以及政治的封闭:

> 它对个别事实或事件的强调,是以牺牲该事件可能寓于其内的诸关系的网络为代价的,它继续鼓励对现存秩序的屈从,阻挠其追随者在政治上进行联想,特别阻挠他们得出本来是不可避免

---

① 詹姆逊:《元评论》,见《快感:文化与政治》,王逢振等译,中国社会科学出版社1998年版,第1页。

的结论。①

对此现实的认识及其反对促使杰姆逊做了一件几乎前无古人的工作,即首先在美国引入德法的辩证法文献。1971年出版的《马克思主义与形式》一书即是基于这样的诉求之下他当时的代表性工作。这部书可以称作一部德法辩证理论的字典或说明书,辩证思维及基于此的辩证批评的提倡由此在美洲大陆上找到了一个雄辩而多产的阐释者。而事实上,批判理论的这一脉络后来打着"后现代主义与文化理论"的旗号不期然地进入中国,②当年,人们更多地在其中看到了"后现代主义",却只能在很久之后才意识到它是"辩证批评"的某种文本实践。

阐释危机与争论并不单单发生在美国,同样也发生在欧洲,杰姆逊论阐释的集大成之作《政治无意识》便是马克思主义与后结构主义十年论战的结果。从杰姆逊在《政治无意识》中开列出来的法国后结构主义不同程度上"敌视"阐释的书目③的情况就可以相当明了地看出,阐释问题在1970年代的西方学术界和思想界内部面临着另一个层面的分歧,这个分歧不再是对辩证法或历史诉求的认同与否,而在于对意义的信任危机。在后结构主义者那里,这种信任危机导致了某种程度上"错置"的发生。杰姆逊以德勒兹和伽塔里的《反俄狄浦斯》为例指出,后者批判弗洛伊德的"家庭叙事"阐释范式被"错置",纳入了对一般阐释学或曰"旧的阐释系统"的拒斥,阅读文本的新方法过于急迫地"整个废除一切阐释活动"④。后结构主义者在阐释思想上对意义的放逐和过于精巧的怀疑主义是杰姆逊所并不苟同之处,《政治无意识》一书所尝试构建的宏伟的马克思主义政治阐释学计划,正是对此的一种扬弃式回应。在这本书中,杰姆逊将马克思主义看作某种批评的"终极视域",由此通过理论的"翻译机制",将批评变成一种具备

---

① 詹姆逊:《语言的牢笼/马克思主义与形式》(下),钱佼汝、李自修译,百花洲文艺出版社2010年版,序言,第2页。
② 众所周知,杰姆逊1985年客座北大,其课程被整理翻译为《后现代主义与文化理论》一书,该书第一版为陕西师范大学出版社1986年出版,对中国文学、美学和理论的研究版图影响深远。
③ 詹姆逊:《政治无意识》,王逢振、陈永国译,中国社会科学出版社1999年版,第11页。
④ 同上,第13页。

高度复杂机动能力的复数存在。这是我们理解杰姆逊批评手艺的另一个重要契机。

如果说英美哲学传统与杰姆逊的马克思主义阐释学构成一种类似"敌我矛盾"的关系，那么后结构主义传统对于杰姆逊而言构成的则是类似于"一种人民内部矛盾"的关系。处理不同的矛盾采取不同的方法，但做出理论的和批评的回应这件事情本身，都是迫切的。这种迫切性最终归因于某种事业性因素，而不是专业性因素或职业性因素。它绝非厚此薄彼式的山头主义之争，抑或某些具体性专业/业务问题的是非对错之辩，而是指向着某些美学问题背后更加基础性和前提性的问题，我想将之总结为形而上和形而下的双重根源：形而下的根源是"文化领导权"的争夺问题，而形而上的根源则在于一种"缺场的原因"的真理观或历史观的本体论假定。二者的一个凝聚的焦点恰在阐释。

具体来看，杰姆逊认为，阐释对于理解文本的重要意义不仅在于一种阐释方法在技术上的精密性和时间上的流行性，更在于阐释方法本身的意识形态倾向性，即它意味着阐释方法将对阅读构成一种有力的引导力量，这种引导力量具有先在性，从而超越于对它的价值判断，杰姆逊说：

> 文本总是作为已经读过的东西摆在我们面前；我们通过前此阐释积淀下来的不同层次或者——如果是崭新的文本的话——通过由继承的阐释传统积淀下来的阅读习惯和范畴来理解它们。①

文本处于阐释的笼罩之下，任何阅读，必然是一种"重读"。也就是说，文本的敞开状态无可抵消，无论是积极意义还是消极意义上的"前理解"。这一"前理解"在杰姆逊这里就是"阐释"或"阐释传统"的先在性，它是我们阅读之时将先于阅读这个动作而首先遇到的不可见之实存物：

> 我们的研究客体与其说是文本本身，毋宁说是阐释，我们就

---

① 詹姆逊：《政治无意识》，第1页。

是试图借助这些阐释来面对和利用文本的。①

这里杰姆逊十分清楚地展示了这样一个事实,即阅读到头来不是在阅读文本,而是文本在按照一种阐释方法的引导进入读者的阅读,即"读法"决定了你将"读到的东西"。阅读顺序的经验主义时间关系就被这样完成了一个因果颠倒——阅读的结果发生在阅读之前,阐释的作用发生在阐释之前。如此这般,阐释及其思维定式而非文本自身必将首先成为意识形态或文化领导权争夺的政治性战场,正如杰姆逊所说:"阐释并不是一种孤立的行为,而是发生在荷马的战场上,那里无数阐释选择或公开或隐蔽地相互冲突。"②这里就仿佛生成了一幅恐怖景象,尤其是对于那些弱阐释能力的群体而言,他们的正当性的实质无法在符号层面得到说明,甚至无法在这一群体内部得到自我说明,于是其部分成员将极容易产生"反认他乡作故乡"的场景,这时,这一群体的内部必然是分裂的或者离心的,并且将为强阐释能力群体的统治形式所隔空压制。这是阐释之争夺和斗争,也即文化领导权的争夺和斗争的一则非常实际的例子,在具体和特定的社会历史环境之中,这种争夺和斗争将更加残酷,并且不亚于荷马之战场上的残酷性。

文化领导权之争,体现于阐释,而必然超越于阐释。阐释背后,必然需要更高的价值论或本体论做支持,以超越世俗化意义上的价值或有用性标准。无疑,这也将是论证或建立阐释之地位的一项基础工程,在这里,阐释作为一项事业,成为接近"历史"和"真实"的一种能力。"历史"或"真实",在杰姆逊那里至少可以归为经验主义的和本体论的这两种理解方式。就其形而上或者本体论的理解而言,杰姆逊的"历史"观深刻地受到后结构主义影响,其来源有二。其一,阿尔都塞基于"结构的因果律"认为:历史乃是"缺场的原因"。这个概念来自斯宾诺莎,而阿尔都塞借此说明生产方式的结构乃具有不在场的决定性。杰姆逊认同这一反驳经济决定论的历史理解。其二,拉康区所分出的"三界"理论,其中"绝对拒绝象征化"的"真实界"被拉康描述为一个否定性概念,不能为语言所捕获,它自身抵制任何符号化,而总固守

---

① 詹姆逊:《政治无意识》,第1—2页。
② 同上,第5页。

在自己的位置上,然而它却是"想象界"和"象征界"的存在和运作的基础,它是一种大写的"真实"。杰姆逊认为那就是"历史"的确切含义:"说出在拉康那里实在之物究竟意味着什么并不是比登天还难的事情,它就是历史本身。"①如果在一个本体论的意义上认为历史本身是"缺场的原因",是"真实界",那么在认识论的意义上,杰姆逊则试图说明"历史"乃是作为理解现存事物的一种终极的前提和视域。它们虽然不可终极被占有,却可以不断地被接近,杰姆逊说:

> 历史不是文本,不是叙事,无论是宏大叙事与否,而作为缺场的原因,它只能以文本的形式接近我们,我们对历史和现实本身的接触必然要通过它的事先文本化,即它在政治无意识中的叙事化。②

在本体论的意义上,"历史"乃是不可触及之物;而在认识论的意义上,"历史"最终提供了敞开自己的路径,而无论是它的文本化还是它的叙事化,都要经历阐释之淬炼,才可回到自身,即所谓的"永远历史化"③,而这,正是阐释或批评实践的一个终极视域,通过阐释或批评实践,一种历史将找到与另一种"历史"重叠的可能,尽管,前者采用的是表象或稍纵即逝的方式。

辩证思维与辩证批评

杰姆逊将自己的批评手艺归位在德法辩证批评传统之内,而这种批评传统又可以相对称为"黑格尔式的马克思主义批评"④传统,其基础则在于辩证法或曰辩证思维。毋庸讳言,杰姆逊高举辩证思维究其本质是一项具有高度政治性的行动,其直接的政治动机或批评诉求即反对英美经验主义的实在论的政治后果,杰姆逊一针见血地指出后者

---

① 詹明信:《拉康的想象界与实在界——主体的位置与精神分析批评的问题》,见《晚期资本主义文化逻辑》,张旭东编、陈清侨、严锋等译,三联书店2013年版,第201页。
② 詹姆逊:《政治无意识》,第26页。
③ 同上,第1页。
④ 詹姆逊:《语言的牢笼/马克思主义与形式》(下),序言,第1页。

的政治性乃在于对社会意识的钳制：

> 允许给予经济问题以法律的和伦理的解释，用政治平等的语言来代替经济不平等的语言，用对自由的思考来代替对资本主义本身的怀疑这种思维的方法，就其种种形式和外观而言，在于将现实分离成一些封闭的空间，小心翼翼地把政治同经济，法律同政治，社会学同历史学等因素区别开来，结果是，任何特定的问题的内涵永远不可能全部看见；而且，还在于将一切陈述都局限在不相联系的以及直接可以证实的事物范围之内，以便排除任何思辨的总体化思想——这种思想有可能引发整体社会生活的某种幻象。①

杰姆逊认为，在西方，这种英美经验主义的实在论乃是一种占支配地位的意识形态，它打着科学和自由幌子的孤立主义和封闭主义倾向内在地反对任何对现有社会秩序的真正理解和变革可能：一方面，任何关于现实的认识只是一种幻觉的产物，生活世界成为一个幻象空间，无事实对象的反对与有明确对象的盲从，却构成这个空间的行动指南；另一方面，任何关于未来的想象只是历史已有逻辑的延续或再生产，于是时间被永恒化，或者历史被宣告终结，此刻即未来，乌托邦及其冲动在这一秩序中遭到无以复加的污名化。

在这个意义上，辩证思维在这一意识形态空间中的引入就意味着某种威胁，意味着意识形态的祛魅和社会意识的解放之可能。这一目的之所以可能达到，杰姆逊认为首先赖以辩证思维的客体性：

> 在真正的辩证思维中，整个过程都蕴含于任何特定的客体。相反，具体的思维在这里已经分裂，成了两个全然分离的运作：一方面不是真正的思维而是某种方法的表达，另一方面不是对一个真正客体的附丽，而只是一系列客体例证。然而，辩证思维的本质却在于思想对内容或对客体本身的不可分离性。②

---

① 詹姆逊：《语言的牢笼/马克思主义与形式》（下），第330—331页。
② 同上，第305页。

杰姆逊对辩证思维的这一理解出自黑格尔。正如黑格尔在《精神现象学》序言中否认除了通过哲学本身的真实实践以外能够用任何其他方式真正讨论哲学,杰姆逊认为除了蕴含于特定的客体,辩证思维无法思考客体。客体无论是具体的社会环境,还是文本或影像及其他,它们自身的逻辑而非思维主体预设的逻辑才是一种辩证思维的真正起点,而同样,这也是辩证批评的真正起点,而这一起点也必然决定了辩证批评的"客观性"和"多样性":

> 实际上,对于真正的辩证批评来说,不可能有任何事先确定的分析范畴:就每一部作品都是它自身的内容的一种内在逻辑或发展的最终结果而言,作品演化出它自己的范畴,并规定对它自身释义的特殊用语。因此,辩证批评就在另一个极端摆脱了所有单一或单一价值的美学理论。①

辩证思维和辩证批评的范畴并非来自思辨,而只能来自客体,客体的客观性和多样性要求辩证思维和辩证批评本身与之动态符合。故而,对于辩证思维而言,杰姆逊强调要坚持具体环境的非恒常化、社会历史的去神秘化和当下现实的矛盾在场化的对客体的思考原则;②而对于辩证批评而言,基于马克思主义"终极视域"与诸理论之间的"翻译机制",则构成方法多样性的一个保证,这种方法多样性与作品自身所演化之范畴的自在性和多样性又是内在一致的。

在《政治无意识》一书中,杰姆逊将马克思主义视为"不可逾越的地平线"——"它容纳这些显然敌对或互不相容的批评操作,在它们自身内部为它们规定了部分令人可信的区域合法性,因此既消解它们同时又保存它们。"③所谓"可信的区域合法性"即基于客体所形成的各种个别的"批评的范畴",如心理分析、符号学、神话批评、形式主义批评、结构主义与后结构主义批评等,这些"批评的范畴"最终回到客体的方式即辩证批评的运作方式。需要指出的是,这里的所谓"回到"并非单纯的"归位",而是要经由马克思主义"翻译机制"。在杰姆逊看来,"在

---

① 詹姆逊:《语言的牢笼/马克思主义与形式》(下),第 300 页。
② 张旭东:《马克思主义与理论的历史性——詹明信就本文集出版接受采访录(代序)》,见詹姆逊《晚期资本主义的文化逻辑》,第 29 页。
③ 詹姆逊:《政治无意识》,第 2 页。

其微妙与灵活方面马克思主义是一种远胜于其他系统的在不同语言间翻译斡旋的模式"①。所谓"翻译斡旋",一方面在于不同理论语言间做跨界沟通的努力,另一方面恰在于"既消解它们又保存它们",换而言之,即充分地对其历史化和语境化,保持对其意识形态之"隐蔽的预设"的充分警惕和消除,而这一点保证了这些"批评的范畴"的"可信性"和"合法性"所在。

由此,便引出了辩证思维或辩证批评的另一个重要的内涵,即其自反性或曰自我意识:

> 辩证思维在其结构上是自我意识的,可以被描述为在一个层面上思考一个特定客体,而在这样的思考的同时又观察我们自己的思维过程,或者,用一个更科学的词语来说,又把观察者的地位计算入实验本身的那种尝试。②

辩证思维注定是"思维的平方"③,是一种关于思维的思维,是一种思维关于思维的自我意识。而就辩证批评而言,批评的对象也就不仅仅在于客体,还在于批评自身的自我批评(即元评论④),辩证批评究其实质而言乃是一种批评与自我批评的有机联合。原因即在于批评本身的历史局限性不足以保证它天然地就可以作为洞察客体真理内容之工具。辩证批评本身必然是一个过程,这个过程伴随着与"历史"或"真实"的接近—远离—再接近—再远离的无休止的运动关系,而在这个运动关系内部,批评的客体和批评本身也处于一种动态的适配过程之中。伴随着批评本身的祛魅与赋魅的循环往复的过程,客体也在显现与遮蔽的循环往复的过程中无休止运转。而这一过程在杰姆逊看来并没有终点也不可能有终点:

---

① 张旭东:《马克思主义与理论的历史性——詹明信就本文集出版接受采访录(代序)》,见詹姆逊《晚期资本主义的文化逻辑》第17页。
② 詹姆逊:《语言的牢笼/马克思主义与形式》(下),第306页。
③ 同上,第277页。
④ 杰姆逊在《元评论》一文中说:"每一个单独的解释必须包括对它自身存在的某种解释,必须表明它自己的证据并证明自己合乎道理:每一个评论必须同时也是一种评论之评论。"见《快感:文化与政治》,第4页。

它永远达不到系统真理的某种终极地点,从此它可以在那里停息,因为它似乎辩证地与非真理、与神秘化相联系,它是对神秘化的决定性否定,针对着那种神秘化,它永远被迫去矫正对于现实的一次次的领悟,而它自身反过来又永远处于同真实失去接触的危险之中。①

辩证思维或辩证批评恰恰是一个从来没有实现过的东西,永未完成性即它的第三个重要特征。某种意义上可以说辩证思维或辩证批评乃是一种不可知论的可知论,可知论的不可知论。我们熟悉马克思的名言:不是我占有真理,而是真理占有我。这句话正可以作为辩证思维或辩证批评的这一特征的注脚,真理并不是辩证思维或辩证批评的私有财产获取对象,它只是一种真理对于辩证思维或者辩证批评的片刻/瞬间的始料未及的宠幸。正如杰姆逊所言:"成功的辩证思维所带有的标记是震惊,是讶异,是固有观念的颠覆。你可以在一瞬间洞察真理,但你自己的意识形态会卷土重来,把你湮没在有关世界的种种假象以及你自己的主观愿望之中。于是你又被逐出了真理。"②

纯粹美学与政治的"偶遇"

形式的概念和内容的概念以及形式与内容的辩证法是杰姆逊批评手艺的一组重要范畴。就一般文艺理论而言,文本的美学方面(如叙事结构、风格特征等)被认为属于形式范畴,而文本的社会历史或政治方面(如时代背景、思想倾向等)则被认为属于内容范畴,这种理解根源于亚里士多德的形式与质料的二分法及其后西方源远流长的二元对立思维传统。杰姆逊对此并不赞同,辩证思维并不允许这样赤裸而简化的形式/内容二元论的流行,而这种二元关系论述本身同样会让我们对形式和内容各自都产生误解,更加无从进行一种有力有效的批评活动。为了建立起形式与内容之间的同一性关系的真正连接点,

---

① 詹姆逊:《语言的牢笼/马克思主义与形式》(下),第 334—335 页。
② 张旭东:《马克思主义与理论的历史性——詹明信就本文集出版接受采访(代序)》,第 32 页。

杰姆逊首先通过辩证思维将亚里士多德所开创的"以形式为主宰,源于技艺模式"的形式/质料逻辑关系做了一次"颠倒":

> 形式不是作为最初的模式或铸模,作为我们的出发点,而是作为我们的终点,作为只是内容本身深层逻辑最后的明晰表述。①

杰姆逊的此一颠倒的完成某种意义上即黑格尔对于亚里士多德的颠倒,辩证法对于形而上学的颠倒,而前者强调的重心在于内容。黑格尔在《美学》中通过形式与内容的关系界定美,即是基于形式只是内容的一种深层逻辑这样一种看法,譬如他认为在中国、印度、埃及各民族的艺术仍然是没有形式的,或者具有的只是劣等形式,不能把握真实的美,其原因即在于这些民族的神话体系、艺术作品的思想和内容本身就是不确定的,或者是十分浅薄的确定的。在这个意义上,艺术作品的完美与否首先在于它的思想和内容的深刻或内在真实与否。② 我们不难发现,杰姆逊这里对于形式与内容关系的论述,呈现出浓郁的黑格尔色彩,在亚里士多德那里作为"模式或铸模"的形式,在杰姆逊的阐释中,彻底祛除了它的理念性,而仅作为一种"表述","内容"却以更加深刻的呈现方式沉淀于其中。

就黑格尔而言,所谓的内容的逻辑乃是绝对理念的一种自我实现之轨迹,杰姆逊认为应将它"理解成一个总体生活形式,社会生活本身的具体形态"③。这是出于马克思主义的对黑格尔哲学或美学的一种改造,因为内容与形式的相互符合,"只有在这种符合以这种或那种方式在社会生活自身之中得到具体实现的场合,才能作为一个想象的可能性存在,因而那种形式的实现,以及形式的缺陷,便被当成了某种深层的、相应的社会和历史结构的标记",而在这样的理解前提之下,"探索这种结构就是批评的任务"。④ 当然,除了黑格尔之外,以上批评任务的提出,对于杰姆逊而言另一个更加直接的影响来自卢卡奇,而卢卡奇对此的教益方面主要在于形式的"场合"论。杰姆逊明确说:"卢卡奇教给我们很多东西,其中最有价值的观念之一就是艺术作品(包

---

① 詹姆逊:《语言的牢笼/马克思主义与形式》(下),第 296 页。
② 同上,第 296—297 页。
③ 同上,第 297—298 页。
④ 同上,第 296—298 页。

括大众文化产品)的形式本身是我们观察和思考社会条件和社会形势的一个场合。有时在这个场合人们能比在日常生活和历史的偶发事件中更贴切地考察具体的社会语境。我想我会抵制把美学和历史语境分别对待,然后再捏合在一起的做法。"①

就形式和内容的辩证法这个层面,如果说黑格尔教会了杰姆逊批评的重心在"内容",那么卢卡奇则教会了杰姆逊批评中"形式"作为"场合"在整合社会条件和形势之必然性内含中的优先地位。毫无疑问,作为马克思主义者,杰姆逊必然相信"一切事物都是社会的和历史的,事实上,一切事物'说到底'都是政治的"②。然而他同样明确的是,这并不应该是批评的起点,而应该是批评的过程的伴生物伴随始终。单纯的目的论或手段论(将"美学"理解为"历史语境"的附庸,仅作为某种装饰性的美丽外观,以"美学"为手段,以"历史语境"为目的)都绝非批评的坦途,而恰恰是批评的陷阱,批评将在这样的看似追求确定性的过程中迷失自我,而实际上一步步地远离确定性。于是,关乎"内容"与"形式"之关系与批评之"操作"流程,杰姆逊做出如下明确申明:

  最终人们必须做出政治上的判断,我认为这至关重要;但问题应该首先从其内在的观念性上予以分析和讨论。对艺术作品亦是如此。我历来主张从政治社会、历史的角度阅读艺术作品,但我绝不认为这是着手点。相反,人们应该从审美开始,关注纯粹美学的、形式的问题,然后在这些分析的终点与政治相遇。③

杰姆逊强调"应该从审美开始",对于文学作品或者其他艺术作品而言,则正在于关注到所批评对象的"内在的观念性",这也正是辩证批评的客体性原则所在,即批评从对象出发,而非从主观出发;而另外一个值得强调的问题是"与政治相遇",这种"相遇"首先需强调的是,它依旧发生在形式分析之中,而非形式分析之外,"相遇"发生在同一

---

① 张旭东:《马克思主义与理论的历史性——詹明信就本文集出版接受采访录(代序)》,第11页。
② 詹姆逊:《政治无意识》,第11页。
③ 张旭东:《马克思主义与理论的历史性——詹明信就本文集出版接受采访录(代序)》,第6页。

的过程之中,而非经历了某种转折或断裂;另外需强调的则是,这里的"相遇"显然不可能是一次性完成的,而是重复多次发生的。而与此相应的,这种"相遇"必然不会是有目的的约会,而应该是一种"偶遇",一种"撞见",或者一种"狭路相逢",它应具有一种自然而然的意味,并且仿佛是不期然而然地发生着的。杰姆逊说:"真正的题材不是在它的目的当中而是在处理题材的过程当中被穷尽的,所取得的结果也不仅是具体的整体本身,而是与达到具体整体的过程俱来的结果。目的自身是一种无生命的一般概念,正如一般的趋势是沿着某种方向进行的单纯活动一样,这种活动仍然没有它的具体实现;而赤裸裸的结果则是把自己的制约倾向弃之脑后的一种体系的僵尸。"① 这段论述里的"题材"与"结果"的逻辑对应物正是"美学"与"政治",二者内在于文本的同一个自身运动过程,在这个过程中的"偶遇"正是一种试图突破意识形态围剿的一种间谍般的"狡黠"时刻,拒绝给任何"目的"留出空间。

具体到批评的运作过程而言,形式分析便成为面对一个文本首要的任务,而在这个分析的过程中,社会、历史和政治不断地被"偶遇",这种"偶遇"后来被杰姆逊放置在另一种更复杂的形式-内容框架下被讨论,这就是他在《论现代主义文学》一书中提出的所谓形式-内容的"四元位集"论主张。这一提法的针对性正是出自对于二元对立思维方式的一种复杂态度,试图将一种被后结构主义者们抛弃了的思维方式进行复杂化和合理化的有效性辩护。杰姆逊借赫捷姆斯列夫(Hjelmslev)的语言学模式为一种古老的二元论提供了新的可能:

	形式	内容
内容	内容的形式	内容的内容
形式	形式的形式	形式的内容②

相比于通常的形式与内容二元对立的未经反省的状态,将它带入到一种三维空间的尝试,我们得以在一个更加复杂的模式中去重新发

---

① 詹姆逊:《语言的牢笼/马克思主义与形式》(下),第305页。
② 詹姆逊:《论现代主义文学》,苏仲乐、陈广兴、王逢振译,中国社会科学出版社2010年版,第7页。

现这组古老的二元论隐微于其中的复杂性,而思维图式的变化直接决定了我们对于外部世界的复杂性的理解程度的变化。凭此,美学与政治的"偶遇"也将运行在一种更加具有操作性的框架之下。这个框架具体说来,即"内容的内容"是"一种指涉活动"①,具有杂乱和无序特征;"内容的形式"包括"人们称为意识形态的一切东西"②,具有组织和框定特征;"形式的形式""这种抽象的过程不可能真正完成"③,绝对的形式无法真正保持自己的纯净,它的纯净只是一种幻想;而"形式的内容"方才是对形式和内容之二元对立的"唯一有效的协调",它可以同时保持二者之间的张力,并且很大程度上弥合了主观意识层面所赋予客观对象内部的某种离心的冲动。因此,杰姆逊说:"形式的内容这一概念可以作为对最初二元对立的一种哲学和辩证的解决办法,作为对康德的问题观的一种理论超越。"④

杰姆逊对形式-内容之间的这四种关系的细致区分,为辩证批评过程中纯粹美学与政治的"偶遇"提供了四种程度不同的美学的或者形式的地点。其中在"内容的内容"和"形式的形式"中,这种"偶遇"是勉强的甚至是困难重重的,前者几乎无"美学"可言,而后者几乎无"政治"可言;而在"内容的形式"中,这种"偶遇"首先来自一种潜在性或者"前世姻缘",因为在形式分析尚未开始的时候,意识形态就已经先行地与"文学素材或潜在内容"走到了一处,正如杰姆逊所说,"文学素材或潜在内容的本质特征恰恰在于,它从来不真正地在原初就是无形式的,从来不是在原初就是偶然的,而是一开始就已经具有了意义,既不多于又不少于我们具体社会生活本身的那些成分"⑤。而在"形式的内容"中,纯粹美学与政治在这个地点的"偶遇"才既是一见钟情的,同时又显示出某种命中注定的倾向。"形式的内容"自身所携带的丰富的历史性和政治性抑或意识形态性,在形式分析展开的时刻已然便是"偶遇"开始的时刻,而或许,这乃是一个理想的时刻,或者地点。毋庸讳言的是,对于辩证批评的起点形式分析而言,这同样是一个可遇而

---

① 詹姆逊:《论现代主义文学》,苏仲乐、陈广兴、王逢振译,中国社会科学出版社 2010 年版,第 8 页。
② 同上,第 10 页。
③ 同上,第 11 页。
④ 同上,第 12 页。
⑤ 詹姆逊:《语言的牢笼/马克思主义与形式》(下),第 362 页。

不可求的时刻，或者地点。因此，辩证批评常常更多的时候是琐细、精巧和微妙的，因为纯粹美学与政治大多数"偶遇"的地点，总是偶然的、散碎的，同时也是不可预测的。

（作者单位:北京大学中文系）

学术编辑:刘　卓

东欧马克思主义美学研究

主持人语

傅其林

东欧因其地理位置上的东西文化交汇之便当,既催生了东欧各民族的沧桑的历史命运与文化记忆,又形成了理论与思想的开放性、深刻性与复杂性。东欧马克思主义美学也具有这些特征,在美学上的成就有着鲜明的特征与不可替代的意义。

本专栏的四篇文章从不同角度展示了东欧马克思主义美学的创造性探索,属于国家社科基金重大项目"东欧马克思主义美学文献整理与研究"(编号:15ZDB022)的阶段性成果。傅其林的文章《论奥索夫斯基的马克思主义符号美学》讨论被中国美学界遗忘的波兰美学家奥索夫斯基的符号美学。该文是从波兰的语义符号学思想审视审美价值之基础即审美经验的语义分析出发,再挖掘其背后深厚的马克思主义理论根基,彰显出马克思主义符号美学的独特意义。张成华的文章《论马克思主义和现代主义在南斯拉夫的交融与抵牾》探讨了马克思主义与现代主义碰撞而形成的较为复杂的文艺景观。马克思主义与现代主义彼此交融以创造出标示民族独立和现代化诉求的文艺形式,同时,作为文艺创作方法和观念的现代主义,又总是与作为主导意识形态的马克思主义相冲突。郭芳丽的文章《社会主义文艺建设的困境与突围》集中对东欧20世纪50年代"保卫社会主义现实主义"等论争进行思考,认为这场激烈的论争不仅使与社会主义现实主义本身相关的问题得到凸显,而且暴露了社会主义文艺建设中的矛盾和困境。因此,告别现实主义的陈规,在形式层面甚至是技术层面有所突破,真正创造出与其人民性、功能性相适应的文学是社会主义文艺应该解决的问题。邓建华、廖恒的文章《〈希望的原理〉:一个哲学文本的文学解读》从哲学层面解读布洛赫的杰作《希望的原理》的语言模式,探究布洛赫的哲学写作及其与现代意义上的表现主义之间的关联,挖掘核心概念与学术传统之间的深刻契合,颇有新意。不难看出,这些文章在一定程度上彰显出东欧马克思主义美学的原创性与深刻性,不论是对审美价值和审美经验的语义逻辑分析,抑或对日常生活的美学思考,还是对现代主义或现实主义的创造性阐释,皆有着欧洲文化传统的继承与革新,也有着马克思主义与当代思想的碰撞,不乏洞见,可资借鉴。

论奥索夫斯基的马克思主义符号美学[①]

傅其林

内容提要 奥索夫斯基的符号学思想注重从符号的三种功能来区别范畴类型,形成图像符号的再现功能、象征符号的指称功能和言语符号的意谓功能。其立足于语义符号学的逻辑分析模式,对审美经验类型进行了复杂多元的辨析,奠定了塔塔凯威兹等波兰美学家的概念、范畴研究的方法论基础。这种美学挑战形而上学的神秘性,反对纯粹的形式主义,批判美学中的主观主义,注重对美学基本概念的社会学分析,强调社会现实的重要性,重视环境对审美经验的影响,揭橥了马克思主义符号美学的可能性。

关键词 奥索夫斯基 符号学 审美价值 马克思主义

波兰著名美学家、社会学家奥索夫斯基(Stanisław Ossowski,1897—1963)的美学思想在中国没有得到较多的关注。1986年由中国社会科学院哲学所美学室编、于传勤翻译出版的《美学基础》可谓奥索夫斯基的代表作。虽然此著作入选李泽厚筹划的《美学译文丛书》,但是除了译者对此书的审美价值观点作简单介绍之外,中国美学界几乎没有展开深入研究,更谈不上将其融入中国本土的知识视野之中。该译本从1978年的英文版中翻译,但是删掉了介绍奥索夫斯基整个社会学与美学思想的重要文章《斯坦尼斯拉夫·奥索夫斯基的社会科学概念》(Stanisław Ossowski's Conception of Social Sciences),这使得中国学者没有打开其思想的大门。事实上,从1924年完成博士论文《关于符号概念的分析》到1963年去世,奥索夫斯基始终关注美学问题,1933年出版《美学基础》,并在1949年、1958年进行修订,此书被翻译成英语、

[①] 本文受国家社科基金重大项目"东欧马克思主义美学文献整理与研究"(15ZDB022)资助。

德语、日语等多种语言，最近几年此书仍然在波兰再版。除《美学基础》之外，他还发表了《论美学上的主观主义》（*O subjektywizmie westetyce*，1934）等与美学相关的著述。里塞（Max Rieser）1962 年的文章《当代波兰美学》重点介绍的三位美学家是英伽登、奥索夫斯基和塔塔凯威兹①，可见其影响颇大。本文试图从马克思主义符号学角度审视奥索夫斯基的美学思想，认为他把语义符号学作为美学分析的起点，对审美价值的基础即审美经验展开语义学分析，同时把审美置于社会学的现实历史视野中，提出了马克思主义分析美学的路径。

一、语义符号学的基础

奥索夫斯基美学的起点在于符号学，更具体地说，在于波兰语义学深厚的思想传统的土壤之中。20 世纪 20 年代初期，他追随波兰著名的哲学流派罗兹-华沙逻辑学派（Lwów-Warsaw logical school）的代表人物之一科塔宾斯基（Tadeusz Kotarbiński）研究语义哲学，在其指导下完成博士论文《关于符号概念的分析》（*Analiza Pojęcia Znaku*），该文 1926 年发表在波兰的《哲学评论》杂志上。理清这种语义逻辑分析模式，是进入奥索夫斯基美学思想的重要路径。

奥索夫斯基的文章《关于符号概念的分析》主要从逻辑角度分析了符号的定义与类型。这篇文章一开始就引述了莎士比亚《罗密欧与朱丽叶》中关于玫瑰之名与指称性的思考，朱丽叶对罗密欧说："姓名本来是没有意义的；我们叫作玫瑰花的这一种花，要是换了个名字，它的香味还是同样的芬芳；罗密欧要是换了别的名字，他的可爱的完美也绝不会有丝毫改变。罗密欧，抛弃了你的名字吧，我愿意把我整个的心灵，赔偿你这个身外的空名。"这事实上是一个文学符号学问题，按照奥索夫斯基 50 年代的解释："在《罗密欧与朱丽叶》中，年轻的朱丽叶充分地意识到名称具有约定俗成的特征。"②在他看来，符号是一

---

① Max Rieser,"Contemporary Aesthetics in Poland", in: *The Journal of Aesthetics and Art Criticism*, Vol. 20, No. 4 (Summer, 1962), pp. 421－428.

② Stanisław Ossowski, *Class Structure in the Social Consciousness*, trans. by Sheila Patterson, London: Routledge and Kegan Paul Ltd., 1963, p. 159.

个语义实体。如何理解语义实体？他认为,"我把'语义实体'的意思理解为具有语义功能的物质对象：指称、再现或者意谓。只有涉及某人的意图,这些功能才可以成为对象的属性。如果一个对象是一个语义实体,那么它总是对某人而言的。"①这个定义与美国符号学家皮尔斯的符号定义有类似之处,但是更触及胡塞尔的现象学命题,可以说是符号现象学的界定,因为符号总是一个意向性的客观对象,这种观点先于英伽登1931年在《文学的艺术作品》中提出的类似观点。一个对象只有涉及人的意向性态度,才能成为符号,成为一个语义实体。不过,奥索夫斯基确立了符号功能的重要性,把符号功能、人的意图与符号物质性融汇起来理解符号的内涵。

确定了符号的概念之后,奥索夫斯基对作为语义实体的符号的类型范畴进行逻辑分类,从而提出了不同类型的符号范畴。就语义实体与指称物的关系来说,存在图像符号(icon)和象征符号(symbol)两个范畴。图像符号是一种物质性对象,这个对象在语义方面由它所再现的对象即指称物决定。在图像符号与再现对象之间具有一种客观的基础。这种再现关系可以被解释为两种关系的产物。一种是由于有意识的意图的结果导致再现的非对称性关系。另一种是图像与指称物的客观的对称性关系,这是一种类似性关系,如地图和地图的某些区域之间的关系,如用一根棍子敲打桌子的时间过程来模仿音乐的音调。图像符号的特性在于它不用其他对象来取代,否则就会发生变化,而且如果我们懂得图像符号,也就懂得它的指称物。但是这不存在必然的因果关系。为此,奥索夫斯基区分了图像符号的再现关系与复制-模型关系。复制与模型的关系也是类似性的对称关系和某种因素的非对称关系,但是这不是一种指称性关系,而是一种发生学意义的关系,因为复制品是根据模型制作的物质对象。相反,图像的再现关系不依赖于原作。两者有交叉之处,图像符号通常是复制品,复制品通常成为一个图像符号。但并非完全如此,如在工业领域,到处是复制品,但不是图像符号。象征符号作为语义实体则具有不同的特征。在奥索夫斯基看来,象征符号的语义实体只是由于某人的意图归属于指称物,不存在相似性关系。这种符号的物理特

---

① Stanisław Ossowski, "An Analysis of the Concept of Sign", in: Jerzy Pelc (ed.), *Semiotics in Poland*, Warszawa: Polish Scientific Publishers, 1971, p.164.

征根本不重要，因为指称归属行为没有一种客观的条件，象征符号与指称物之间的关系是一种直指行为(denoting)，显然是一种非对称性关系。与图像符号不同，象征符号是一种可以替代的对象，这是因为象征符号和指称物之间的关系建立在纯粹武断的惯例基础上，譬如从波兰语转向德语、法语，同样说"人"这个词语，则是从波兰语"człowiek"，转向德语"Mensch"、法语"homme"。奥索夫斯基对图像符号与象征符号的分类解释针对西方语言系统来说有合理性，但是就汉语而言则有错位，因为汉语的图像性特征包含了语言符号与指称物的类似性。

  如果说图像符号主要体现符号的再现功能，那么象征符号主要体现符号的指称功能。奥索夫斯基认为，在这两种范畴之外还具有第三个范畴，就是体现符号的意谓功能的范畴。一些象征符号体现了这种功能，但是并不是所有的象征符号都体现出这种意谓功能。这种功能范畴就是言语符号(speech sign)。奥索夫斯基认为，虽然言语符号与象征符号有包含关系或者两者都可以成为惯例性或者约定俗成的符号，但是它们之间仍然存在差异性。显然，他的范畴分类存在逻辑混乱。进一步，奥索夫斯基详细分析了言语符号的类型及其意义功能。这里主要关注意义功能。他指出："如果一个表达能够作为真实的或者虚假的表达的一部分，并且这个表达的所有语义成分完成了已有语言中的正常语义功能，那么这个表达就是有意义的。"[①]这种有意义的表达可以分为三种类型：一是独立表达意义的句子；二是具有指称功能的命名表达；三是要依赖句子及其具体的语境才具有意义的依赖性表达。就句子的意义功能而言，奥索夫斯基分析了言语符号的一度语义实体和二度语义实体。一度语义实体只是依赖于语言惯例，而二度语义实体则不同，"当涉及二度实体的时候，没有这样的惯例被采取。因而理解一种复杂的表达包括两个阶段：首先，我们必须知道它的组成部分的功能；第二，我们必须知道如何根据既定的语言规律从前面的功能中推论出一种新的二度功能。这种新功能是通过把简单语言实体连接起来的复合体而获得的，即复杂表达的意义。这种新功能决定一串词语是命名的表达，是一个句子，还是纯粹是一个句子的依赖

---

  ① Stanisław Ossowski, "An Analysis of the Concept of Sign", in: Jerzy Pelc (ed.), *Semiotics in Poland*, Warszawa: Polish Scientific Publishers, 1971, p. 170.

性部分。意义的概念就形成了与之相应的术语意思"①。因此,意义的表达是二度的语义实体。

可以看出,奥索夫斯基的语义符号学思想注重从符号的三种功能来区别范畴类型,形成图像符号的再现功能、象征符号的指称功能和言语符号的意谓功能。这种符号学思想也包括了一些美学问题,尤其是关于图像符号与象征符号的区分,成为他关于审美价值与审美经验诸类型分析的基本范畴与方法。

二、审美经验的类型

如同波兰现象学美学家英伽登一样,奥索夫斯基颇为关注美学学科的研究基础,不同于康德的主体性分析和黑格尔的精神理念的把握,他强调以审美价值分析作为美学学科的根本路径。他指出,"美学是一种以某种特别的、相对恰当的价值为主题的科学"②。审美价值的基础则是审美经验,"所有具有审美价值的对象的唯一共同的特征,只能是能够引起审美经验这一特性,我们已经几乎明确地将这一特性作为对审美价值的检验了"③。如此,便构建了美学—审美价值—审美经验的基础理论,其中根源在于审美经验的分析。他的这一思路和方法,奠定了塔塔凯威兹等波兰美学家的概念、范畴研究的方法论基础。

以审美经验作为起点,意味着立足于普通直观,而不是预设的观念框架和既定公式。但是与现象学的本质直观不同,奥索夫斯基的审美经验联系着审美价值的考量,在审美经验过程中包含了解释评价的机制。这种解释机制是奥索夫斯基分析美学的重要创新,也是理解其美学思想的钥匙。奥索夫斯基指出,解释是一切思考审美价值类型的基本概念之一。解释是观察者与观察对象之间的某种关系,这种关系来自对感官的物理属性所无法显示的某些因素的观察。他区分了两种基本的解释类型:语义解释和非语义解释。语义解释所涉及的对

---

① Stanisław Ossowski, "An Analysis of the Concept of Sign" in: Pelc (ed.), Semiotics in Poland, p. 171.

② Stanisław Ossowski, *The Foundations of Aesthetics*, trans. by Janina and Witold Rodzinsky, Warszawa: Polish Scientific Publishers, 1978, p. 273.

③ 奥索夫斯基:《美学基础》,于传勤译,中国文联出版公司1986年版,第338页。

象不是观察的对象,而是不同对象或者形势(situation)所再现的言语、视觉或听觉形象,需要从再现形象挖掘意义。复杂的语义解释一层层演进,构成二度语义解释,这是所有象征符号艺术的特征。事实上,语义解释属于功能性的审美评价,非语义解释可以说是直接审美评价。非语义解释不会引导接受者超越感受的对象,主要诉诸感觉器官,对象具有客观性,可以是客观解释。审美经验的解释类型联系着不同的审美对象,也构成了不同艺术类型的审美经验的差异性,因而审美经验的解释本身是多元复杂的。奥索夫斯基以语义解释和非语义解释作为分析手段,对审美经验的多元类型或者范畴进行具体分析,主要涉及三种类型或者范畴:

一是审美经验的直接解释与评价,主要是以视觉和听觉的直接审美感受为目标的审美经验类型。这是属于非语义解释的审美经验,是审美对象的感性形式的直接审美评价,也就是直接评价审美对象的外观。这包括三种类型来源。一是对色彩和声音的感性材料的审美,视觉表象是色彩,而听觉表象则是音高、音强、音色等声音感性材料。二是对超越感性材料的形态(configuration)或者结构的感受,包括视觉艺术的空间形态与节奏等音乐结构的时间形态。三是现实对象的直接感受。奥索夫斯基详细分析了第二种来源即审美形态的解释评价。空间形态不仅是纯粹的空间形式,还有色彩斑块的形态,不仅有色彩的变化,也有色彩的组织,不仅有二维的因素,也有三维的立体形态。时间形态不仅在于连续规则性呈现的节奏,更包括音程、旋律结构、和声、调式、变调等音乐的组织结构。根据奥索夫斯基的分析,这些感性质量与形态来源及其特性构成了不同艺术类型的重要区分,再加上不同的接受者的特性要求,这就形成了更为具体的审美经验类型。譬如,他对音乐样式的规律性与特殊性的论述与音乐形态结构及其接受的文化惯例密切相关。作曲家为了获得音乐作品的恰当结构,不仅要利用声音品质的关系,而且要挪用听众的态度关系,这些态度可以如此明确地暗示出来,以至于作曲家在建构音乐中几乎把它们视为音调的客观属性。在语义解释领域,文学作品也涉及接受者的态度,但是音乐建构的特殊性在于,听众态度的展现也许是既定结构安排的前置因素,被作为直接的现实材料库。音乐中的意向性和造型艺术的意向性也不相同,音乐中的"理解"比造型艺术具有更加宽泛的意义。只有音乐作品,才要求多样化的非语义解释。因此,在奥索夫斯基看来,音乐结构的解释具有鲜明的武断性,强制解释(imposing interpretation)或者说武断的解释是必然的,"总的来说,解释的武断性随着越来越远离古典音乐而不断凸显"①。

二是体现语义解释的审美经验类型,这是再现现实的功能性评价解释的审美经验。在这种审美经验类型中,直接经验的感受往往是一种符号,一种代表物,犹如皮尔斯的表征或再现(representation):"表征是代表了一个其他事物的对象,我们通过体验前者而认识后者。"②用奥索夫斯基的话说:"一种对象因为再现了另外的现实而具有审美价值,也就是说,在感知这个对象的时候出现了另外的现实。"③阅读密茨凯维支的《克里米亚十四行诗》,我们关注的核心不是一行行的字母序列,而是克里米亚的景色、诗人的思想和感情。这种审美经验同时包括了对对象的感受和语义解释,包括了感受的现实与被再现的对象现实之间的交汇。奥索夫斯基根据《关于符号概念的分析》,提出两种再现现实方式:一是图像的方式,二是描写的方式。图像方式依赖于客观关系的相似性,这里有对称性关系,也有非对称性关系,一幅肖像画可以再现一个人,但是一个人不能再现一幅肖像画。以奥索夫斯基之见,再现关系不能由图像的客观面貌和再现对象所决定,虽然这是必要条件,因为图像是一个典型的对象,具有语义功能,要依赖于解释者。这种再现现实的理解模式明显与皮尔斯的符号界定相关,尽管奥索夫斯基只字未提。描写方式则是不同的再现机制,文学世界关于现实的清晰程度要极大地依赖于读者个人的幻想。我们在观照图像时会出现眼前的图像和想象性图像的融合,而文学的描写再现没有再现体与所再现的对象的相似性,言语的字母或者声音与描绘的现实之间没有共同点,譬如《再别康桥》中的诗句"满载一船星辉"里,字里行间看不见船与星光的意象。语言再现现实的独特方式使得文学语言再现有更大的自由,诗人只需抓住景物的某些细节,仅仅用词语揭示对象的特征。虽然诗人注重含蓄,但是概念仍然重要,它成为再现现实的中介:"作家只有通过他的概念的中介才能让我们同现实交流。他

---

① Stanisław Ossowski, *The Foundations of Aesthetics*, trans. by Janina and Witold Rodzinsky, p. 56.

② Christian J. K. Kloesel ed. *Writings of Charles S. Peirce*, Cambridge: Harvard University Press, 1986, p. 62.

③ Stanisław Ossowski, *The Foundations of Aesthetics*, p. 77.

从描写对象的特征和关系的模糊联系中只挑选出一小部分,从而把读者的注意力引向它们,并且是按照他所确定的次序。他从事实的无限多样的可能形式中只选出每一事实的某些形式。他以自己的理智制作而把现实呈现在我们面前。"①奥索夫斯基从图像与描写来分析再现现实的艺术的审美经验特征及其各自的文艺样式差异,深化了莱辛关于诗与画的关系分析,更符合现代文艺审美经验的实际情况,对形式结构的把握更为精准。

更为有价值的是,奥索夫斯基为清理现实主义概念的混乱,提出了再现美学的复杂结构机制。他从语义符号学角度把再现关系区分为三个组成部分:第一个组成部分是图像或者语言描写,这是指画布上的色彩斑块总体或者语言文本本身,可以说属于索绪尔所谓的能指概念;第二个部分是再现对象,是图像或者描述所再现的内容,属于所指概念,这是从语义学层面来看的;第三个部分是外在于作品的现实对象或者虚构性对象,这就是指称物或者参照物。指称物概念直接来自罗兹-华沙逻辑学派,奥索夫斯基的老师科塔宾斯基认为,指称物就是语言表达之外的对象:"我们说一个对象 P 是一个既定表达式的名称 N 的指称物,条件在于,这个名称 N 使我们形成 P 的再现物,不管 P 存在还是不存在,即不管 P 是世界中的一个部分还是在自由的表达中的虚构对象。"②奥索夫斯基认为,如果从能指与所指的角度审视艺术作品,就形成所谓的方法的现实主义,如果从所指和指称物来看,就形成内容的形式主义。他明确指出:"在第一种情况下,因为作品中所再现的事物与现实是一致的,因此这个作品是现实主义作品。在第二种情况下,因为作品在某些方面产生了这些效果,好像所再现对象对我们来说是已有的现实,所以这个作品是现实主义作品。"③在具体的作品中,内容的现实主义与方法的现实主义相互交织,因此现实主义所形成的再现美学是复杂的,有歧义的,并没有一个普遍的、规范的现实主义概念。虽然存在复杂与多元,但是在这些复杂元素机制中形成了程度与关系的差异性,因此可以有效地揭示文学艺术各自的审美特

---

① 奥索夫斯基:《美学基础》,第 107 页。
② Tadeusz Kotarbinski, "The Controversy over Designata", in: Jerzy Pelc (ed.) *Semiotics in Poland*, Warszawa: Polish Scientific Publishers, 1971, p. 63.
③ Stanisław Ossowski, *The Foundations of Aesthetics*, trans. by Janina and Witold Rodzinsky, p. 110.

性与审美经验的差异性,显示了现实主义风格的多样性。这些再现美学思想无疑拓展了现实主义理论的视野,也是对简单化的现实主义概念的超越,其理论探索可以与卢卡奇的现实主义理论媲美。里塞解释说:"一般来说,现实主义的美学价值归因于其再现功能。它也把对世界的普遍认识的某些认知元素引入了艺术。"①因此,里塞认为奥索夫斯基关于现实主义不是一种风格而是许多艺术的重要属性的论述是与卢卡奇一致的,但是区别在于卢卡奇"把'现实主义'等同于'艺术性',而奥索夫斯基没有这样做"。② 里塞的解释有一定道理,但也是对奥索夫斯基关于现实主义的美学价值研究的简单化定位,尤其没有深入理解奥索夫斯基再现美学的语义分析的意义。

　　三是表现性审美经验范畴。表现是美学的重要范畴,甚至有些理论认为表现是审美价值的核心,而奥索夫斯基只是把它视为一种审美经验类型。表现是关涉人的内在性的审美经验类型。即使在再现作品之中,人的作品与人物的情感态度处于重要地位,这种情感性在托尔斯泰看来是艺术的本质性元素。这种与人的心灵的关联性是审美价值的重要来源。这是属于语义性解释的审美经验类型,体现了表现功能。艺术作品往往是表现个人的体验和心理倾向的符号,从而具有表现功能,属于表现符号。奥索夫斯基从表现性的起源出发把表现符号区分为三种类型:一是自然符号,是以生理为基础的,从身体外形表现情感的一种符号类型;二是惯例性符号,来自习俗性的情感表现,这种符号在一定的语境下为了交往的目的表达思想感情;三是目的性行为符号,这是把人造产品或者符号视为人的目的行为的结果,符号产品表现了符号制造者的情感、经验和特性,可以说符号是心灵的外化,言为心声。情感表现是复杂的,文艺作品中的人物既是人物的精神状态的表现,也是作者的精神状态的表现。我们阅读文艺作品,与人物交流,又与作者交流,而在自传式的作品中,情况更为复杂。就戏剧演出而论,观众涉及主人公、演员和戏剧家的心灵。在表现主义作品中,情感表现与再现密切联系在一起,作者通过外在世界的再现表达作者的精神与经验,而象征主义直觉性地渗透进事物的内在本质,

---

　　① Max Rieser, "Contemporary Aesthetics in Poland", in: *The Journal of Aesthetics and Art Criticism*, Vol. 20, No. 4 (Summer, 1962), pp. 421–428.
　　② Max Rieser, "U Podstaw Esteyki by Stanisław Ossowski", in: *The Journal of Aesthetics and Art Criticism*, Vol. 19, No. 2 (Winter, 1960), p. 233.

从而创造出独特的意象。奥索夫斯基认为,表现之所以具有审美价值,在于它具有三种价值:表现对象使接受者能够进入他者的心灵之中,这就是移情,通过移情分享他者的生命,感受别人的爱与恨;表现使没有生命的世界充满生命,犹如黑格尔所谓的生气灌注,拟人这种修辞也因此具有审美经验的价值;表现实现了经验的交往,艺术作品成为作者向接受者传达内在经验的手段,"我们把一部艺术作品视为一种语言加以评价,作品的这种交往功能可以是审美价值的一个因素"[1]。因此,情感表现是审美经验不可忽视的价值类型。

此外,奥索夫斯基还涉及自然的审美经验类型,此不作论述。总之,在他的视野中,审美经验是丰富复杂、色彩多样的,既有感性材料形式的经验,也有再现功能的经验,还有表现功能的经验;既有非语义解释的经验,也有语义解释的经验。这些审美经验超越了康德趣味判断的领域,也突破了黑格尔的艺术经验,是立足于人类审美现象的丰富性而建立起来的。同时,他的审美经验类型不是局限在对文艺体裁类型的分析,而是立足于概念范畴的逻辑思路所进行的区分。感性形式、再现功能、表现功能等都涉及不同的文艺经验类型。胡塞尔的现象学方式内含在奥索夫斯基的分析美学之中,他对审美经验的确定是立足于普通直观基础之上的,审美经验是由审美态度而形成的"生活于这一刻"的游戏愉悦状态。但是这需要客观性,因为奥索夫斯基"将审美判断看作是一种有着客观要求的主观判断;一种对于评价的个人情感反应为基础,同时在某种意义上又同一切个人境遇无关的判断"[2]。因此,从知识学来看,奥索夫斯基整合了语义符号学、逻辑实证主义、现象学与唯物主义等因素。

三、走向马克思主义分析美学

奥索夫斯基注重形式结构、结构功能、概念辨析,这是其语义逻辑分析的重要体现,但他的分析美学内含着马克思主义元素。正如有学者指

---

[1] Stanisław Ossowski, *The Foundations of Aesthetics*, trans. by Janina and Witold Rodzinsky, p. 263.

[2] 奥索夫斯基:《美学基础》,第356页。

出:"分析哲学在很大程度上接近马克思主义,因为它具有世俗特征,具有现实主义性(在许多方面是唯物主义),而且坚定地消除哲学中的伪问题。"①奥索夫斯基的老师科塔宾斯基在1952年回应波兰著名新马克思主义者沙夫的批判时,辩护称自己基于语义学基础上的约定论(concretism)是严格意义上的唯物主义系统。② 在美学分析中,奥索夫斯基大胆挑战形而上学的神秘性,反对纯粹的形式主义,批判美学中的主观主义,注重对美学基本概念的社会学分析,强调社会现实的重要性,提出环境对审美经验的影响,展示了马克思主义符号美学的可能性。

事实上,奥索夫斯基从社会学视野审视美学问题在20世纪20年代就开始孕育。他的社会学视角成功地采用了罗兹-华沙学派的分析哲学方法论,具有精确和清晰的风格特征,"重视概念分析",同时具有鲜明的马克思主义特征。③ 有学者认为,奥索夫斯基的社会学实现了彼此对立的马克思主义与功能主义的融合。④ 他区别了概念术语的三种模式,一种是混淆概念意义和现实陈述的前逻辑模式,二是只关注概念表达本身的逻辑学模式,三是涉及概念和现实、人的价值关系的社会学模式。在他看来,"'逻辑学家'只对一个明确陈述的意义感兴趣。'社会学家'认为,一个定义是某种社会事实,他对这个定义所表达的观点和倾向性感兴趣。'逻辑学家'使定义的程序失去人的特性,然而'社会学家'尽力洞察到做出陈述的人的意图"⑤。语义惯例论事实上是一种社会事实。譬如,他通过研究马克思、苏联模式和美国模式的阶级概念,认为社会阶级概念的不同理解体现出对社会生活的不同理论、不同的意识形态和不同的行为符码。"宗教""艺术"等概念也是针对文化现象的一种建构与表达。我们不难在巴赫金、詹姆逊、伊格尔

---

① Henryk Skolimowski,"Analytical-Linguistic Marxism in Poland", in: *Journal of the History of Ideas*, Vol. 26, No. 2 (Apr.-Jun., 1965), pp. 235 – 258.

② Henryk Skolimowski,"Analytical-Linguistic Marxism in Poland", in: *Journal of the History of Ideas*, Vol. 26, No. 2 (Apr.-Jun., 1965), pp. 235 – 258.

③ Edmund Mokrzycki, "From Social Knowledge to Social Research: The Case of Polish Sociology", in: *ActaSociologica*, Vol. 17, No. 1(1974), pp. 48 – 54.

④ Gerhard Lenski, "Class Structure in the Social Consciousness", trans. by Stanisław Ossowski and Sheila Patterson, in: *American Sociological Review*, Vol. 29, No. 4 (Aug, 1964), pp. 591 – 592.

⑤ Stanisław Ossowski, *Class Structure in the Social Consciousness*, trans. by Sheila Patterson, London: Routledge and Kegan Paul Ltd., 1963, pp. 159 – 160.

顿等人的文艺理论中碰到类似的表达。可以说,奥索夫斯基对符号的分析离不开社会学的视野,对社会文化现象的分析离不开语义符号学的方法,他从 30 年代起发表了《社会环境在形成公众对于艺术作品的反应中的作用》(1936),《人文科学与社会意识形态》(Naukihumanistyczne a ideologia społeczna, 1937),《社会群体中的"预设"交往与"永恒性"交往》(Łączność "predestynowana" i łączność "nierozerwalna" w grupach społecznych, 1938),《关于艺术起源的探讨》(1938),《艺术创造的教育潜力》(1939),《走向社会生活的新形式》(Ku nowymformom życia społecznego, 1943),《马克思主义与社会主义社会的科学创造性:1947—1956 年间的论文》(Marksizm i twórczość naukowa w społeczeństwiesocjalistycznym: artykuły z lat 1947 - 1956, 1957),《未来住房的空间组织和社会生活》(Organizacja przestrzeni i życie społeczne w przyszłychosiedlach, 1960)。

奥索夫斯基把社会学视为美学探讨的基本原则之一,"我将运用社会学的原则选择材料,即首先考虑那些在我们的文化基础上,至少在某一方面占有一定地位的艺术作品"①。进入 20 世纪 50 年代,他仍然把最新的具有马克思主义元素的文艺社会学思想融入其美学体系之中。他对现实主义概念的多元性分析充分借鉴了法国学者列斐伏尔,尤其是借鉴了弗朗卡斯特尔(Pierre Francastel)的艺术社会学著作,认同造型风格不是一种视觉现象,而是一种审美现象和社会现象的观点,主张从技术和社会价值转型的时代特征来把握文化艺术问题。波兰著名学者诺瓦克(Stefan Nowak)较为公允地认为:"奥索夫斯基思想的广阔领域要么在马克思主义的直接影响下形成,要么是以继续马克思主义提出的问题的研究的方式形成。奥索夫斯基完全认同马克思关于社会发展过程的动力理论,以及意识形态倾向性的阶级功能,或是说阶级对文化现象的决定性作用的思想。"②

譬如,对审美价值和审美经验的逻辑分析,不断回到社会学立场上来。审美经验"生活于这一刻"的特性的真实存在需要社会条件,这种审美经验立场的形成和氛围"取决于生活和工作条件,而能够从由

---

① 奥索夫斯基:《美学基础》,第 3 页。
② Stefan Nowak, "Stanisław Ossowski's Conception of Social Sciences", in: Stanisław Ossowski, *The Foundations of Aesthetics*, trans. by Janina and Witold Rodzinsky, Warszawa: Polish Scientific Publishers, 1978, p. IV.

经济强制或直接暴力所强加的劳动中解脱出来的时间的长短,则是一个具有头等重要性的因素"①。正如艺术人类学家博厄斯(F. Boas)所认为的,艺术创造活动的范围直接取决于艺术家所支配的自由时间的长短。在奥索夫斯基看来,这种审美经验还取决于个人的行为等级和价值等级,也就是阶级的决定性影响。在这里,马克思主义的批判性文艺观念得到了充分考虑,事实上表达了资本主义对艺术、对审美经验的敌视。奥索夫斯基解释了莫里斯1897年的著作《艺术中的社会主义理想》的观点,认为:"身为工匠、艺术家、诗人和社会主义者的威廉·莫里斯,将功利用品的生产同人们可以从中得到直接满足的创造之间的明显区别,看作是区别理性的资本主义文化和具有早期经济形式、尚未商业化到如此程度的社会的一个特征。"②所以,在资本主义社会中只有艺术家和小偷才是幸福的。奥索夫斯基指出,马克思在《1844年经济学哲学手稿》中早已洞察到韦伯所谓的资本主义精神的问题。其引述的根据是马克思关于国民经济学的自我节制的基本教条,也就是对生活乃至人的一切需要都要加以节制:"你越是少吃,少喝,少买书,少去剧院,少上餐馆,少思考,少爱,少谈理论,少唱,少画,少击剑,等等,你积攒的就越多,你的那些既不会被虫蛀也不会被贼偷的财宝,即你的资本,也就会越多。"③这种资本主义精神与异化现象事实上是被审美经验所超越的,这也表明,处于"生活于这一刻"的审美经验确证了人的丰富存在。

　　奥索夫斯基分析美学的马克思主义因素体现了东欧新马克思主义特征。他关于社会主义现实主义的理解摆脱了苏联的阐释模式。在他看来,苏联模式的社会主义现实主义具有三种不同的含义,一是反映论,强调艺术以真实的或者恰当的方式反映现实,这适合于绘画、雕塑、戏剧、文学;二是大众性,认为现实主义艺术是群众能够理解的艺术,这不仅包括视觉艺术,还包括音乐;三是现实性,要考虑社会效果与社会目的,它要作为建构社会主义社会的工具。日丹诺夫关于社会主义现实主义的这些含义导致了社会主义现实主义概念的混乱,也不符合社会主义文艺实际,因为一些诸如立体主义回应着共产主义的

---

① 奥索夫斯基:《美学基础》,第363页。
② 同上,第364页。
③ 中共中央马克思恩格斯列宁斯大林著作编译局:《马克思恩格斯文集》,人民出版社2009年版,第226—227页。

理念,非现实主义艺术也适合社会主义制度,"社会主义现实主义的理论家把非现实主义的倾向——表现主义、立体主义、新造型主义、超现实主义甚至印象主义都给打上资产阶级腐朽产物的标记"①。如果现实主义是在直接观察的基础上再现现实,力求和现实直接接触,用艺术家自己的眼睛观察现实,那么"在这种意义上,'社会主义现实主义'则不是一种现实主义的倾向"②。也正是在多元而开放的现实主义以及现代主义的积极分析中,奥索夫斯基体现了对审美经验的多元认识,表现出与东欧新马克思主义美学家的呼应。他与波兰新马克思主义美学家莫拉夫斯基(Stefan Morawski)在1959年共同出版了《美学之谜导论》(*W prowadzenie w labiryntestetyki*)。他还与波兰新马克思主义者共同写作《卡尔·马克思》一书,其撰写的章节"马克思的综合"("The Marxian Synthesis")实为奥索夫斯基1957年出版的《社会意识中的阶级结构》中的第五章。他认为,马克思在阶级结构的研究中整合了以前的多种思想,即关于阶级的二元对立框架、分层框架和功能框架,体现了作为革命家、经济学家和社会学家的集大成。他明确主张:"马克思主义奠基者的原创性和马克思主义理论的划时代地位,在于在已有观念全面掌握的基础上进行大胆推论;在于把不同起源的观念构建成一个连贯的体系;在于把理论概念和行动方案、历史事件的分析、未来的愿景联系起来;在于成功地综合不同的理论思想潮流和意识形态潮流。就此而言,马克思的著作形成了一些巨大的棱镜,聚焦了来自不同方向的光芒,既积极吸收过去的遗产,又对现代科学的创造性资源保持敏锐。"③他与东欧新马克思主义美学家一样,主张回到马克思,尖锐地批判斯大林的制度化、教条化、神话化的马克思主义。正是在这种意义上,他也批判性地融合了西方马克思主义文艺美学家列斐伏尔、本雅明等人的重要思想。譬如,在论述审美经验的创造性命题时,奥索夫斯基在本雅明关于机械复制时代艺术作品研究的基础上,提出了复制与创造关系的丰富理解。他认为,审美经验更多地依赖于作品的原创性,与观赏复制品相比,观赏原作会产生不可比拟的愉悦感。因而,原创是作品的审美价值的重要基础。我们欣赏

---

① 奥索夫斯基:《美学基础》,第170页。
② 同上,第171页。
③ Stanisław Ossowski, *Class Structure in the Social Consciousness*, p.70.

复制品的时候，往往把原作作为美感对象，复制品成为原作形象的工具。但是，如果复制品体现了复制者的个人技巧，也会带来审美满足，虽然机械复制品掩盖了人的效能，但是也能够带来审美愉悦，因此从观赏者的角度来看，一件优秀的机械复制品会拥有一件出色的人工复制品所没有的价值，"在观赏机械复制品的时候，中介物的影子不会站在我们同原作的再现者中间。机械复制在最近几年（此处写于1957年）所取得的进展，使得这种复制品——在观众的态度方面——可以实现一场音乐会的录音磁带或者永久唱片的功能"[1]。不难看出，奥索夫斯基既充分肯定了本雅明的机械复制观念，又突出了原创性的艺术观念，这种观点与匈牙利新马克思主义美学家拉德洛蒂是一致的。[2]

当然，奥索夫斯基符号美学思想存在着相对主义、逻辑矛盾等弊病，因而受到一些人的质疑，甚至被认为"缺乏原创性观念或者深刻的洞见"，"没有形成新的理论或者新的艺术理论"，对审美价值标准没有提供合理的论证，对英美国家的美学贡献置若罔闻。[3]尽管如此，他以开放而严谨的理论姿态汲取马克思主义的理论灵感，彰显了东欧新马克思主义对审美价值的关注，对现实主义的创造性阐释，对先锋派等现代主义的关注与同情，对西方马克思主义话语的积极吸纳与重建，既有鲜明的批判性，也注重多元建构。同时，他的分析美学整合了语言分析的科学方法论和马克思主义对人的价值的关注，可以说体现出人道主义的价值维度，也可以称之为奥索夫斯基的学生诺瓦克所命名的"人道主义社会学"[4]。

（作者单位：四川大学文学与新闻学院）
学术编辑：张　冰

---

[1] 奥索夫斯基：《美学基础》，第324页。
[2] 参见傅其林：《赝品对现代艺术界定的解构与重构》，《社会科学研究》2011年第5期。
[3] Haig Khatchadourian, "The Foundations of Aesthetics by Stanisław Ossowski", in: *The Journal of Aesthetics and Art Criticism*, Vol. 38, No. 2 (Winter, 1979), pp. 193-195.
[4] Stefan Nowak, *Understanding and Prediction: Essays in the Methodology of Socialand Behavioral Theories*, Holland: D. Reidel Publishing Company, 1976, p. 11.

论马克思主义与现代主义在
南斯拉夫的交融与抵牾①

张成华

内容提要 社会主义现实主义对南斯拉夫文艺界的统治只是短暂的历史间隙。由于独特的地缘环境和政治诉求,马克思主义与现代主义在南斯拉夫的交融和抵牾成为社会主义国家独特的文艺景象。在南斯拉夫,马克思主义与现代主义彼此交融以创造出标示民族独立和现代化诉求的文艺形式;同时,因为马克思主义与现代主义内在的逻辑、关注的问题以及地位的差异,作为文艺创作方法和观念的现代主义又总是与作为主导意识形态的马克思主义相冲突。内蕴于这种交融与冲突的核心问题是政治与文艺的关系问题。文艺既可以在政治话语中被讨论,也可以基于其本身被研究。这两种探讨文艺的方式由于言说主体、言说方式、诉求目标的不同而必须采取不同的评价标准。

关键词 南斯拉夫 马克思主义 现代主义 交融 抵牾

我们一般会认同韦勒克(René Wellek)的一个说法:"在苏联及其卫星国,'现实主义'或毋宁说'社会主义现实主义',乃是官方允许的唯一文学理论和文学方法。"②但是,或许由于苏南关系在1948年破裂的缘故,这一论断并不适用于对南斯拉夫文艺思想和创作状况的描述。社会主义现实主义对南斯拉夫文艺界的统治只是短暂的历史间隙。这段历史间隙"将20世纪南斯拉夫艺术界分割为两段较长的'正

---

① 本文是国家社科基金重大招标项目"东欧马克思主义美学文献整理与研究"(项目批准号:15ZDB022)的阶段性成果;广州市哲学社会科学发展"十三五"规划青年课题"南斯拉夫后革命文艺美学思想研究"(项目编号:2017GZQN31)的阶段性成果。

② 韦勒克:《批评的诸种概念》,罗钢等译,上海人民出版社2015年版,第210页。

常'阶段,即是,上半世纪和下半世纪"①。上半世纪和下半世纪的南斯拉夫文艺界为两种不同的现代主义所主导。"一种是导向融入国际运动并协助构建民族文化的作为初期资本主义社会构成部分的现代主义,另一种是真正社会主义时期的现代主义——出现于苏联社会主义制度隐退之时,尽管温和、缺乏担当却高度美学化的现代主义。"②无论是社会主义制度确立之前还是之后,南斯拉夫的马克思主义都存在着与现代主义融通的问题;但是,因为马克思主义与现代主义内在的逻辑、关涉的问题、被认知的方式以及所处的地位的不同,两者又难免会出现矛盾和冲突。本文将对南斯拉夫马克思主义与现代主义的融通与抵牾的状况进行梳理和分析,并站在当代角度对其内蕴的核心问题——文艺与政治的关系问题——进行考量。

一、民族文化独立与现代化的诉求:马克思主义与现代主义在南斯拉夫交融的基础

作为连接东西方的桥梁,南斯拉夫一直受到东西方国家政治、经济、文化力量的操控和影响。尽管在19世纪中期之后,南斯拉夫诸地相继获得独立,但外部强国——西方的西欧诸国和东方的俄国(苏联)——的影响依旧强烈。南斯拉夫学者一直在寻求建构独立的、先进的文化形式以标示自身的独立和构建民族认同感,而这种诉求构成了马克思主义与现代主义在南斯拉夫交融的基础。

1. 巅峰主义:先锋艺术融合马克思主义构想民族文化的尝试

19世纪中后期,处于巴尔干半岛的塞尔维亚和克罗地亚等地开始寻求摆脱奥匈帝国和奥斯曼帝国的控制以实现民族独立。这种诉求

---

① Ješa Denegri, "Inside or Outside 'Socialist Modernism'? Radical Views on the Yugoslav Art Scene, 1950 – 1970", in: Dubravka Djurić and Miškošuvaković (eds.), *Impossible Histories: Historical Avant-gardes, Neo-avant-gardes, and Post-avant-gardes in Yugoslavia, 1918 –1991*, MA: MIT Press, 2003, p.172.

② Miško Šuvaković, "Impossible Histories", in: Dubravka Djurić and Miško Šuvaković (eds.), *Impossible Histories: Historical Avant-gardes, Neo-avant-gardes, and Post-avant-gardes in Yugoslavia, 1918 –1991*, MA: MIT Press, 2003, p.12.

不仅体现在政治上,也体现在文化上。当然,塞尔维亚、克罗地亚等地对文化独立的诉求并不是,或不仅仅是通过追溯传统实现,而是去移植、创造一种更为现代的文化形式。内蕴着革命意涵的马克思主义和代表西欧文艺发展方向的现代主义恰好契合塞尔维亚、克罗地亚等地的这种诉求并被学者们挪用来融合和构想新的独立的文化形式。当然,在这一时期的塞尔维亚、克罗地亚等地,马克思主义主要是被看作一种政治规划,而现代主义对南斯拉夫文化方面的冲击要更为直接。事实上,对于南斯拉夫来说,"为了从他们民族自决的巴尔干遗产中解放出来,他们需要现代主义提供新的、自我指涉的形式"[1]。马克思主义内蕴的革命意涵和政治主张往往在现代主义的文化构想中被挪用和重新阐释。

马克思主义与现代主义在南斯拉夫的第一次重要交融是在"巴尔干地区第一次独立的和集体的艺术运动"——巅峰主义(Zenitism)——中。巅峰主义,在其领袖柳博米尔·米西奇(Ljubomir Micić)看来,"在它努力为人的解放的奋斗中,在它努力为个人主义的斗争中,同时是无政府状态,而它的信念是:创造新形式和新关系,这种新形式和新关系是未来巴尔干—人(Balkan-human)的艺术的精神基础,也是摧毁我们应该分享其积极方面的非人和非精神的过去的基础"[2]。故而,巅峰主义诉求新的文艺形式去表现和激发人的精神力量,以期望实现人的发展和革新。在巅峰主义者的观念中,存在着两组新与旧的对立:旧文艺与新文艺;旧人类与新人类。新文艺形式对旧文艺形式的革新同时意味着新人类取代旧人类。正是在人类的革新方面,巅峰主义挪用和内化了马克思主义的主张。

巅峰主义对马克思主义关于无产阶级的进步性和革命性的观点进行了重新的解读和阐释。在巅峰主义者看来,无产阶级,就其革命性来说,是因为其还没有受到资产阶级文化的污染,故而能保持其本然的纯洁和纯粹的精神状态,而这正是野蛮人的状态。"野蛮人是整个世界的无产阶级。野蛮人是全部无产阶级力量的理念,拥有爆破的

---

[1] Ljiljana Blagojević, *Modernism In Serbia: The Elusive Margins of Belgrade Architecture, 1919–1941*, Cambridge MA: MIT Press, 2003, pp. 6–7.

[2] Ljubomir Micić, "Excerpts from 'The Spirit of Zenitism'", in: Timothy O. Benson and évaForgács, (eds.), *Between Worlds: A Sourcebook of Central European Avant-gardes 1910–1930*, Los Angeles County Museum of Art, MIT Press, 2003, p. 296.

火山熔岩的力量。野蛮人是仍旧没有被资产阶级解放玷污的原始和强大的自然元素……野蛮天才是战斗的无产阶级,是使新人的出现成为可能的唯一。"①因为无产阶级是未受资产阶级文化污染的野蛮人,故能创造新的革命的文化,而南斯拉夫作为还未受任何文化形态侵染的地域,故能成为孕育新的革命的野蛮人的摇篮。"我们的优势是我们没有一种'文化传统'……我们是赤裸的和纯粹的!"②"我们是赤裸的和纯粹的"意味着:"在一个纯净的摇篮中,在南斯拉夫-巴尔干的摇篮中,一种新精神——完整、独立的创造性个人主义精神产生了,只有这样一种精神能够产生和创造新价值。一个强大种族的新精神已经产生,这个种族直到现在都没有艺术和文化。"③正是从这个意义上讲,巅峰主义运用马克思主义和先锋艺术形式塑造着南斯拉夫的民族认同感;而具有新形式并以表现精神为核心的表现主义则成为巅峰主义者寻求的塑造和发展民族精神的手段——"艺术,对我们意味着表现主义,是创造新价值、新形式的强烈欲望。它是我们爱的呼喊。它是救赎和升华的呼喊"④。

巅峰主义,作为一种现代主义文艺运动,与马克思主义的交融并不是基于对马克思主义的学理性理解之上,而是基于马克思主义的革命性和对欧洲文明传统的拒斥;在此基础上,巅峰主义者实际上是将马克思主义当作论证自身艺术主张的工具。也即是说,马克思主义本身的学理性并不重要,其与欧洲文明的对立以及表现出的革新欧洲文明的雄心以及事实——十月革命——才是吸引巅峰主义的焦点。事实上,巅峰主义对东西方文明以及对马克思主义和十月革命的解读并不一定符合事实。在巅峰主义者看来,20世纪的战争是两种文化的战争,即东方的精神文化与西方的物质文化的战争,是发生在克里姆林

---

① Ljubomir Micić, "Zenithism Through the Prism of Marxism", in: Timothy O. Benson and éva Forgács, (eds.), *Between Worlds: A Sourcebook of Central European Avant-gardes 1910 -1930*, Los Angeles County Museum of Art, MIT Press, 2003, p.529.

② Ljubomir Micić, "Delozentizma", in: *Zenit*, br. 8/1921, str. 2.

③ Ljubomir Micić, "Excerpts From 'The spirit of Zenithism'", in: Timothy O. Benson and éva Forgács, (eds.), *Between Worlds: A Sourcebook of Central European Avant-gardes 1910 -1930*, Los Angeles County Museum of Art, MIT Press, 2003, p.298.

④ Ljubomir Micić, "Man and Art", in: Timothy O. Benson and éva Forgács, (eds.), *Between Worlds: A Sourcebook of Central European Avant-gardes 1910 - 1930*, Los Angeles County Museum of Art, MIT Press, 2003, p.294.

宫和埃菲尔铁塔之间的战争。处于东方和西方之间的巴尔干半岛必须选择加入西方还是东方。在巅峰主义者看来:"东方孕育了救世主(Christ)和陀思妥耶夫斯基!我们属于东方。"①

2. 社会主义现代主义:现代主义作为标识国家独立和进步的象征

"二战"后,仰赖苏联的扩张和帮助,南斯拉夫共产党取得国家领导权并推动社会主义制度的建设。社会主义现实主义成为统治南斯拉夫文艺界的主导创作方法和批评原则。但是,随着1948年苏南关系的破裂,南斯拉夫开始独自探索社会主义的建设模式。南斯拉夫文艺界则重新接续战前的现代主义传统和接受西方现代主义的新成果,又一次将现代主义当作建构国家独立和进步身份的手段。但是,与巅峰主义不同,二战后的现代主义是在南斯拉夫社会主义制度中被重新解释和建构的,因此被称为社会主义现代主义(Socialist Modernism),也被称作不结盟的现代主义(Non-Aligned Modernism)或节制的现代主义(Sober Modernism)。先锋艺术团体"实验室51"(Exat 51)于1951年的出现被看作南斯拉夫社会主义现代主义的开端,而克尔莱扎(Miroslav Krleža)于1952年在第三届南斯拉夫作家联盟会议上的讲话则标志着社会主义现代主义战胜社会主义现实主义。

苏南关系破裂后,南斯拉夫文艺界对现代主义的再次挪用与其说是想要推行现代主义文艺,不如说主要是为了与苏联推行的社会主义现实主义相区分。因此,即使南斯拉夫领导人强调文艺的自主性——将政治留给我们政治家,而我们将美学留给你们作家——与现代主义关于文艺独立性的信念相契合,也往往被后来的研究者看作是服务于政治目的的。正如斯维塔·卢基奇(Sveta Lukić)所言:"事实是,那时的政治家和理论家需要文学和文化观念自由的证据以推翻苏联教条主义……南斯拉夫共产主义者联盟更大的兴趣在于实现反对苏联的对外政策的目标,而不是确保南斯拉夫文化真正的内部的自由。"②

现代主义推崇的抽象艺术和对形式的探索被南斯拉夫领导人和

---

① Ljubomir Mićić,"ZenitizamkaoBaklankanskitotalizatornovogazivota i noveumetnost", in: *Zenit*, Feb. 1923, Vol. 21, p. 1.

② Sveta Lukić, *Contemporary Yugoslav Literature: A Sociopolitical Approach*, trans. by PolaTriandis, Urbana: University of Illinois Press, 1972, p. 105.

文艺工作者看作与社会主义现实主义完全不同的文艺形式,并且被赋予进步意涵以象征性地证明南斯拉夫社会主义探索的正确性和合法性。如果社会主义现实主义批判现代主义的核心词汇是"堕落",现代主义批判现实主义的核心词汇则是"旧"——现实主义支持的是"上个世纪的文学观念"。"现实主义者被现代主义者看作教条主义者、民俗学者,支持上个世纪的文学观念。"①南斯拉夫现代主义文学的核心刊物《青年》(Mladost)在其宣言书中,"宣布与旧的、僵化的艺术观念决裂,呼唤新的、解除所有限制的文学"②。南斯拉夫先锋艺术团体"实验室51"在其宣言中则从两个方面确认了抽象艺术的进步特征。一方面,抽象艺术方法不是对"腐朽抱负"的表达,它能够发展和丰富南斯拉夫的"视觉传播领域";另一方面,南斯拉夫的现实可以理解为对"人类活动全部形式进步的渴望",这需要通过艺术领域的创新反对过时的观念和活动。③ 正因为这种信念,社会主义现代主义在形式方面展开了多方面探索:"实验室51"的几何抽象画,OHO小组结合文字、声音、空间的诗歌创作,弗拉丹·拉德万诺维奇(Vladan Radovanović)的音像艺术(vocalvisual),"新趋势运动"(New Tendencies)的电脑绘画等。

对于南斯拉夫领导人和文艺界来说,对现代主义的挪用并不是基于文艺发展的趋势和作家本身的需求,而是基于很强的政治考量。正如南斯拉夫现代主义的代表艺术家博格丹·博格丹诺维奇(Bogdan Bogdanović)在接受采访时所说的:"铁托,事实上,没有多少艺术洞察力。但是,他知道我的作品不是俄国作品……当他看到我,一个拥有超现实主义简历的奇怪男人,想要以非俄国的方式塑造他时,他说:'让他做吧!'"④这种对现代主义的挪用尽管在客观上促进了社会主

---

① Radmila J. Gorup, "Literary Disputes of the 1950s and the Demise of Socialist Realism", in: *Serbian Studies*: *Journal of the North American Society for Serbian Studies*, Vol. 26, 2012, p. 35.

② RadmilaJ. Gorup, "Literary Disputes of the 1950s and the Demise of Socialist Realism", in: *Serbian Studies*: *Journal of the North American Society for Serbian Studies*, Vol. 26, 2012, p. 35.

③ Exat 51, "Manifesto", in: Dubravka Djurić and Miško Šuvaković(eds.), *Impossible Histories*: *Historical Avant-gardes*, *Neo-avant-gardes*, *and Post-avant-gardes in Yugoslavia*, *1918–1991*, MA: MIT Press, 2003, p. 539.

④ Alexander Mirlesse, "Interview with Bogdan Bogdanović", in: *Rencontre Europeene* 7, 2008, p. 4.

国家中现代主义的发展并取得了一定的成果,但因其强大的政治诉求,现代主义完全失去了其对现实的关注和批判色彩。苏瓦科维奇很好地总结了社会主义现代主义存在的问题:"节制现代主义(也即社会主义现代主义)是装饰性的(并非抽象也非象征)、政治中立的艺术。同时也与新型、后革命性官僚政府拥有一致的价值观与信念。后革命性官僚政府继而借由节制现代主义艺术所散播的自律美学价值与倾向大众文化的定位,发现维持共产意识形态权力与影响力的方法。"①

二、文学对政治的抵抗:现代主义与马克思主义的冲突

苏联及其他社会主义国家的文艺境况一直受到批判的一个重要问题是过分强调文艺对政治的从属地位。在其他社会主义国家,纠偏文艺僵化政策的一条有效措施是援引马克思、恩格斯关于文艺的经典论述来为文艺的相对自主地位辩护;对南斯拉夫来说,其强大的现代主义传统和与苏联独特的外交关系可以让其文艺工作者在马克思主义经典文艺思想之外寻求抵抗政治干预的锚点——现代主义。这同样有两种典型的情况:南斯拉夫共产主义内部援引现代主义反思苏联及其影响下的本国文艺状况和现代主义者依靠其文艺创作批判共产主义意识形态的神话。

1. 文艺的自主性诉求:克尔莱扎对政治干预文艺的批判

社会主义现实主义自 20 世纪 30 年代被确定为苏联文艺创作和批评的基本方法后,就一直对苏联及其他社会主义国家的文学观念和创作情况产生着持续而重大的影响。但是,这种文艺创作和批评方法却受到南斯拉夫著名文学家、铁托的亲密战友米罗斯拉夫·克尔莱扎的批判。克尔莱扎与支持社会主义现实主义的南斯拉夫文艺工作者在 20 世纪 30 年代展开了将近十年的"南斯拉夫左派冲突"(The

---

① Misko Suvakovic, "Art as a Political Machine: Fragments on the Late Socialist and Postsocialist Art of Mitteleuropa and the Balkans", in: Ales Erjavec (ed.) *Postmodernism and the Postsocialist Condition: Politicized Art under Late Socialism*, University of California Press, 2003, p. 95

Conflict on the Yugoslav Left);1948年后,随着苏南关系的破裂,南斯拉夫学界开始接续"二战"前的现代主义传统和推广西方的现代主义文艺成果。在这种环境下,克尔莱扎在第三届南斯拉夫作家联盟会议上的发言又标志着现代主义战胜社会主义现实主义成为南斯拉夫文艺界的主导创作方法和批评原则。

克尔莱扎将社会主义现实主义等同于斯大林式的文艺政策,并对其展开了猛烈抨击。在克尔莱扎看来,坚持斯大林式的文艺政策的日丹诺夫等人对现代主义所持的"圣象破坏式"的反对态度完全是基于某种政治需要的过度解读。他们把"为艺术而艺术"这一过时的概念孤立化,"似乎这种'为艺术而艺术'是完全脱离现代人而自在地作为反革命的永动机存在着的,它存在的目的只有一个,无非是想用含有毒性麻醉剂的唯心主义烟雾使社会革命失去知觉,以便居心险恶地扼杀革命"[①]。斯大林式的文艺观对现代主义的这种批评完全从属于政治的需要,并没有考虑现代主义本身的特性和对资本主义社会的批判价值。而当这一方法运用于文艺创作和文学批评时,将形成对文艺的自上而下的强制干预。基于政治需要的文艺规划完全是孤家寡人的预言,而将这种孤家寡人的预言运用到文艺领域的文艺工作者则是宫廷弄臣。以孤家寡人的预言而不是基于对文艺自身特性的理解来看待文艺、指导文艺创作和批评,实际上是推行一种低劣的鉴赏力。这种低劣的鉴赏力势必将成为预示文艺消亡的死斑。"低劣的鉴赏力始终是一种可靠的证据,表明某具尸体正在这样的腐败文明的楼梯下腐烂……它们是确凿无疑的死斑。"[②]文艺将在政治的干预中被束缚并变得僵化,作家的天才和才能将被扼杀。

文艺,在克尔莱扎看来,是自治的领域——诗人是天生的,不是教出来的。克尔莱扎对文艺独立和自主性的坚持,无论是对官方还是非官方来说,都是维护和恢复了艺术的尊严。"艺术的尊严不在于艺术应当成为别的东西的手段,更不应当成为政治的手段,艺术本身作为人类存在的最本质的形式之一有其自己的含义和价值。"[③]当然,克尔莱扎对文艺尊严的维护在20世纪30年代和50年代的意涵是完全不

[①] 转引自弗兰兹尼茨基:《马克思主义史》第3卷,胡文建等译,黑龙江大学出版社2015年版,第261页。
[②] 同上,第261页。
[③] 同上,第262页。

一样的。在20世纪30年代"南斯拉夫左派冲突"中,克尔莱扎对文艺自主性的坚守是为了避免文艺完全沦为政治的附庸;而在50年代,克尔莱扎对文艺自主性的强调则与南斯拉夫的政治决策相呼应,推动着现代主义取代社会主义现实主义在南斯拉夫文艺界的统治地位。

2. 后现代的观念艺术:先锋艺术对意识形态神话的刺破

在南斯拉夫语境中,无论是社会主义现实主义还是社会主义现代主义所关注的都不仅仅是文艺问题。它们都与南斯拉夫政治意识形态的建构紧密联系在一起,都建构着苏珊·巴克-摩尔斯(Susan Buck-Morss)所谓的"社会主义梦想世界"(socialist dreamworld),①即运用文艺创作凸显着南斯拉夫领导人的光辉形象和政治决策的正确性以及对未来乌托邦世界的畅想和建构。但是,在1981年铁托逝世后,南斯拉夫社会主义制度陷入动荡,政治意识形态的神话难以维持,文艺创作(主要是先锋文艺创作)成为刺破政治意识形态神话的重要形式。

南斯拉夫的这种冲击政治意识形态神话的文艺形式被看作是观念艺术(Conceptual Art)。在苏瓦科维奇看来,观念艺术是,"建基于对艺术的本质和观念、世界和机制的观察基础上自动反思的、分析的和具有理论导向的艺术实践。观念艺术作品是观念或理论客体。它们的要点首先是打破传统现代主义的习惯和现代主义者以自动的和普遍的艺术作品的形式制作、展示、接受和消费艺术的方式。观念艺术家进而参与到艺术作品领域的理论研究"②。而在东欧诸国,观念艺术具体表现出两方面的特殊性:第一,体现了新左派主义者对艺术体系和艺术制度的批判;第二,具有政治化特征,批判和解构受单一党派政治系统官僚机构控制的政治图景。

南斯拉夫的观念艺术挪用了一系列后现代主义的艺术手法,解构着政治的意识形态神话。其中的一种典型的艺术手法是翻新和仿制,即通过翻新旧的经典作品或仿制政治语境中的神圣形象以达到对现实政治或某种神圣形象的反讽效果。卢布尔雅那组合(Laibach

---

① Susan Buck-Morss, *Dreamworld and Catastrophe: The Passing of Mass Utopia in East and West*, Cambridge MA: MIT Press, 2000, p.25.

② Miško Šuvaković, "Conceptual Art", in: Dubravka Djurić and Miško Šuvaković (eds.), *Impossible Histories: Historical Avant-gardes, Neo-avant-gardes, and Post-avant-gardes in Yugoslavia, 1918–1991*, MA: MIT Press, 2003, p.211.

Group)在《艺术与极权主义》一文中指出:"具有物质权力和精神权力的人,所有艺术都会屈服于他的政治操控,除了那些言说这同样操控语言的人。"①翻新和仿制恰恰就在通过言说政治意识形态的语言以实现对这种意识形态的讽刺和颠覆。在翻新艺术作品中,最受关注的是新集体主义(New Collectivism)为 1987 年青年节献礼而制作的一幅大型广告画。这幅广告画被联邦评委会选中,准备用作庆祝前领导人铁托诞辰的官方海报。但之后评委会却发现被选中的这幅画其实是理查德·克莱因(Richard Klein)绘制的《第三德意志帝国》的复制品。新集体主义关注政治海报的作用,认为政治海报是 20 世纪的经验,是公共交流的形式。"它迅速、出人意料、强力地影响观看者,长时间逗留在观看者的记忆中。"②新集体主义者重新制作这些之前的政治海报,并将其置放于新的语境中,以一种反讽的姿态揭示出政治海报的任意性、人为性,进而起到解构意识形态的作用。最经常被南斯拉夫理论家引用的仿制的典范作品是匈牙利艺术家桑德尔·平克泽希利(Sándor Pinczehelyi)的摄影作品《锤子和镰刀》。艾尔雅维茨经常引用黑基(Lóránd Hegyi)的两段话阐述这幅作品的情况:

    这位艺术家描绘了真实的对象,手里握着一把真实的锤子和一把真实的镰刀,并把这些人所共知的政治符号极力拉向自己的身体。他的一双手在自己的胸前精确地十字交叉,很像埃及的表现方法;他的面部以镰刀和锤子为框架……平克泽希利丢弃了这种符号——借助同义反复的方法——正如他使抽象概念成为一种具体的对象那样。

    同义反复完成了解构盲目崇拜(defetishization)的过程:镰刀无论从哪种意义上说它也只不过是把普普通通的镰刀,而锤子也只不过是把普普通通的锤子。③

---

 ① Laibach,"Art and Totalitarianism",in:Dubravka Djurić and Miško Šuvaković (eds.),*Impossible Histories:Historical Avant-gardes,Neo-avant-gardes,and Post-avant-gardes in Yugoslavia,1918 -1991*,MA:MIT Press,2003,p.574.
 ② New Collectivism,"NK Proclamation",in:Dubravka Djurić and Miško Šuvaković (eds.),*Impossible Histories:Historical Avant-gardes,Neo-avant-gardes,and Post-avant-gardes in Yugoslavia,1918 -1991*,MA:MIT Press,2003,p.576.
 ③ 转引自阿莱斯·艾尔雅维茨:《图像时代》,胡菊兰、张云鹏译,吉林人民出版社2003 年版,第 175—176 页。

后现代的先锋艺术出现于南斯拉夫政治意识形态的神话即将消散,新的制度形式被召唤和展望的时期。在这一时期,"斯洛文尼亚(当然也包括南斯拉夫和其他社会主义国家)可供替代的文化先锋派旨在改变生活与世界的形象,这决定了他们首先必须对仍在运作的社会主义总体性的意识形态形象进行解构"①。而先锋艺术家实现这一任务的方式即是放弃文艺的纯粹性,突破社会主义现代主义的藩篱,让文艺与现实重新连接,并实现对现实社会状况的理解、掌握和反思。这种后现代的先锋艺术与作为官方意识形态的马克思主义相对立,因此,当作为解构对象的官方意识形态的马克思主义消散之后,这种后现代的先锋艺术也就随之过时。正如艾尔雅维茨指出的:"虽然晚期社会主义政治化的后现代艺术,在艺术和历史上是独特的,但就像社会主义本身,除作为近代史的一部分,已经不再与我们有关。"②但是,后现代的先锋艺术在刺破作为主导意识形态的对马克思主义的神话化之后,确实也在促进着马克思主义文艺研究在南斯拉夫的重生。③

三、政治对文艺的统御或文艺的政治性: 文艺研究视野中文艺与政治的关系

政治对文学艺术的干预在某些时期是可以促进文艺的繁荣的。正如乔治·斯坦纳指出的,苏联作家能够创作出伟大的文学作品正是因为政治家对文学的重视。"无论是凭借本能反应还是经过认真思考,作家一直意识到他们在共产主义意识形态中的特殊地位。他们严肃对待共产主义意识形态,因为共产主义意识形态也严肃对待他们。"④南斯拉夫的社会主义现代主义文艺政策也在很大程度上促进了

---

① 列夫·克雷夫特:《审美马克思主义:南斯拉夫时期及解体之后》,黄漫、许娇娜译,《马克思主义美学研究》2017年第2期。

② Ales Erjavec, "Introduction", in: Ales Erjavec (ed.) *Postmodernism and the Postsocialist Condition: Politicized Art under Late Socialism*, University of California Press, 2003.

③ 关于南斯拉夫马克思主义文学研究的后续发展参见列夫·克雷夫特:《审美马克思主义:南斯拉夫时期及解体之后》,《马克思主义美学研究》2017年第2期。

④ 乔治·斯坦纳:《语言与沉默:论语言、文学与非人道》,季进译,上海人民出版社2013年版,第406页。

本土文艺的发展。但是,从长远来看,文艺成为政治的附庸确实会严重阻碍文艺的多样化和健康发展。直观的例子即是苏联文艺界排斥现代主义文艺而南斯拉夫文艺界排斥现实主义文艺。

文艺是可以在政治话语中被讨论的。但是,在一般情况下,这种讨论主要并不是基于对文艺本身的理解,而是基于对文艺功能的判断,也即文艺是应该如何被用来服务于某一政治目标或任务。而对于文艺的研究,借用勒内·韦勒克的划分,包括对文学(艺术)原理、文学(艺术)范畴、文学(艺术)标准进行研究的文学(艺术)理论以及对具体文学(艺术)作品进行研究的文学(艺术)批评(主要是静态的探讨)和文学(艺术)史。① 当然,政治对文艺的统御或影响也可以在文艺理论、文艺批评和文艺史中被讨论。也即是说,政治与文艺的关系可以成为文艺研究的一个问题并在文艺研究的诸分支中获得学理的探讨。但是,从政治话语中讨论文艺问题(文艺服务于政治)和从文艺领域讨论政治问题(文学与政治的关系问题)是两个不同的问题。言说的主体、讨论的目的、所采取的方式和运用的语体形式都会存在差别。

南斯拉夫学者扬科·科斯(Janko Kos)1954 年的一篇会议论文《关于马克思主义美学和马克思主义文学批评》中的观点有助于我们思考文艺与政治的关系以及如何对这种关系进行研究。科斯试图通过对马克思主义进行修正以突破苏联文艺政策所强调的文艺完全从属于政治的教条。在科斯看来,美学并不是封闭的体系,它在现实的文艺领域至少有三种可能的运用范例:作为研究文艺内部、外部规律和一般原理的科学美学,研究文艺家具体文艺创作以及创作规划的程序美学和关注政治对艺术统御和挪用的政治-意识形态规划的美学。科斯进而强调:"众所周知,科学美学永远不能完全等同于实践艺术美学,因为它们的功能和目标是互不相同的。同样的,我们可以这样说,任何艺术家——真正的艺术家——的实践美学,都不能完全等同于特定社会运动的规划美学。最后,众所周知,没有任何一种知名的政治-规划美学可以被等同于科学美学并强占科学美学的名称。"② 无独有偶,季水河教授和季念博士的《论马克思主义文艺理论创新的中国问

---

① 勒内·韦勒克:《批评的诸种概念》,罗钢等译,第 10 页。

② Janko Kos, "O marksistickoj estetici i marksistickoj literarnoj kritici", in: *Izvanredni plenum književnika Jugoslavije*, Beograd, 1955, str. 135–136.

题意识》一文,对中国马克思主义文艺工作者的文艺话语体系建构采取了相似的处理方法。他们将中国马克思主义者在解决中国社会矛盾、解答中国文艺问题过程中对马克思主义文艺的创新性建构分为三类:"以解决社会问题为主的政治形态、以解决文艺现实问题为主的批评形态和以解决理论体系建构为主的理论形态。"[1]这三种文艺话语形态中,批评形态和理论形态类似于韦勒克所区分的文学批评和文学理论,其基本诉求是运用马克思主义基本原理进行文艺批评和理论建构。政治形态的马克思主义则不同,其创建的主体不是专门从事文艺研究的学问家,而是政治家、革命家,其关注的核心问题也不是文艺本身的问题,而是文艺如何为社会变革和社会革命服务。

科斯与季水河、季念的研究方式有助于我们对文艺与政治的问题做出恰当的区分。文艺与政治的关系既可以在政治规划中被讨论,也可以基于文艺本身讨论。这两种讨论方式的言说主体、言说方式、所期望达成的目标、遵循的规范等都存在差异。在政治领域中讨论文艺往往是政治家的工作,探讨文艺之于实现某一政治目标、党派规划的重要意义。而基于文艺本身的讨论则是专业的文艺研究者以文学艺术的特性为基础研究其发生、发展、运作的基本原理,作家创作与读者接受的状况,文艺的批评标准等问题。当然,文艺如何发挥其政治功能也是文艺研究的一个重要主题。但是,从政治角度讨论文艺和基于文艺本身讨论文艺是两种完全不同的讨论问题的方式,很难通过彼此的标准交叉评价,尤其是不能用政治的标准来简单统御和划定文艺的讨论方式。南斯拉夫文艺的政策(当然也包括苏联的文艺政策)的一个核心问题即是过分强调政治对文学的干预或文学服务于政治的功能。这就难免会将文艺创作与文艺研究作为实现克尔莱扎所谓的"孤家寡人的预言"的工具。

结　语

南斯拉夫马克思主义与现代主义融通与抵牾的核心问题是文艺

---

[1] 季水河、季念:《论马克思主义文艺理论创新的中国问题意识》,《社会科学辑刊》2018年第3期。

与政治的关系问题。文学艺术往往被挪用来作为实现政治的工具。这也几乎是20世纪所有社会主义国家都存在的问题。造成这一问题的原因有很多。就南斯拉夫来说，有历史进程的原因，也有独特的政治诉求和地缘关系的原因。但是，20世纪末的苏东剧变既终结了苏联和东欧的社会主义制度，也促使马克思主义文艺理论必须面对新的政治经济文化变化以保持自身的阐释力和有效性。中国共产党在1980年果断提出文学为人民服务，为社会主义服务的"二为方向"，取代了"文艺为政治服务"的口号，正是对历史和现实进行深刻的反思而提出的英明决策，也成为近四十年文艺繁荣的保证。我们要一方面加强对文艺本身的理解，尊重文艺创作、接受以及研究的独特性；另一方面也要求我们加强对马克思主义经典文艺理论原典的阅读和阐释。在马克思主义经典文艺思想中，不仅将文艺看作是一种特殊的意识形态，还包括审美自由、美的规律、审美形式、悲剧与喜剧、艺术生产、世界文学、神话观等重要观点。只有对马克思主义经典文艺思想进行重新阅读并基于对文艺自身特性的尊重和对当代文艺发展状况的理解以进行马克思主义经典文艺思想的当代转换，才能继续保持马克思主义文艺思想在当代的有效性和阐释力。

（作者单位：华南师范大学文学院）
学术编辑：张　冰

社会主义文艺建设的困境与突围
——对东欧"保卫社会主义现实主义"论争的再思考

郭芳丽

内容提要 在20世纪50年代末东欧的"保卫社会主义现实主义"论争中,质疑者着重批判了文学创作的"神话化"倾向,而保卫者则是强化了理论的理想层面。论争不仅使与社会主义现实主义本身相关的问题得到凸显,社会主义文艺建设中的矛盾和困境亦得以呈现。双方均是在社会主义"功能文学"的前提下讨论问题,对"形式"的忽视是此次论争对文学缺乏实际效用的原因。论争中有人提出"社会主义现实主义"只是"社会主义文艺"的代称,其重心在于"社会主义",因此在形式层面甚至是技术层面有所突破,真正创造出与人民性、功能性相适应的文学是社会主义文艺应该解决的问题。

关键词 东欧 "保卫社会主义现实主义" 社会主义文艺 功能文学

1956年,文艺领域对文艺的教条主义倾向进行了批判,突出标志即是将"社会主义现实主义"树立为反思对象。但随着批判的深入,出现了否定社会主义现实主义的观点。鉴于社会主义现实主义与社会主义文艺、社会主义文化乃至社会主义本身的密切关联,对批判的再批判——"保卫社会主义现实主义"声音随即出现。这一过程不仅出现在苏联国内,也出现在社会主义阵营其他国家。在1956—1957年间,东欧各国以"社会主义现实主义"为中心议题展开了一系列讨论,如民主德国作家协会会议、波兰文化艺术委员会第十九次会议、匈牙利事变之后的文艺讨论、保加利亚作家协会会议、捷克斯洛伐克第二次作家代表大会,以及罗马尼亚的作家会议等。上述论争不仅使与社会主义现实主义本身相关的问题得到凸显,也使社会主义文艺建设中的矛盾和困境得以呈现。

一、现实危机：文学的"神话化"

　　社会主义现实主义在当时社会主义国家的"反对文学上的教条主义"运动中成为重点批判对象与当时文艺创作的"神话化"现实不无关系。这一情形在对社会主义现实主义持质疑态度者的文章中得到了充分呈现。杨·科特在《神话和真理》中，细致描述了何谓文学的"神话化"。他认为苏联文学自30年代"日丹诺夫主义"和社会主义现实主义神话得到官方推崇开始之后，艺术蜕化成了歌功颂德、插科打诨、粉饰太平的大艺术。他同时也对波兰的文艺现状表示了担忧，认为它只是一种对远离生活真相的公式的描绘，"描写生活的粗暴虚假，智慧与勇敢绝迹，怯懦与谄媚出现，神话代替了马克思主义"。[①] 可见，神话化的文学指的是远离真实、粉饰太平的文学。而匈牙利的卢卡契，则用"远景问题"概括当时社会主义现实主义中神话化的倾向。卢卡奇认为，在当时的文学创作中，不同于托尔斯泰或肖洛霍夫对远景的呈现——从具体人物的发展倾向中去呈现未来，"很多作家在远景塑造方面选择了第二条道路"，"把我们现实的远景当作已经实现了的现实表现了出来，那么现实就超过了已完成的社会主义的抽象远景了"。[②] 在当时社会主义现实主义文学中，"现实"恰恰不是现实，而是神话。

　　质疑者们进而从社会主义现实主义理论本身去寻找文学神话化的原因。他们首先提出的问题是"社会主义现实主义"为何会被提出。在波兰学者托埃普里茨看来，社会主义现实主义登上历史舞台的原因更多不在于文学本身，而是政治需要。对于这一点，托埃普里茨在《预言家们的厄运》中有相对集中的论述。他回顾了高尔基在1934年第一次苏联作家代表大会上所作的报告，指出高尔基在报告中并没有提

[①] 杨·科特：《神话和真理》，译文社编：《保卫社会主义现实主义》第二辑，作家出版社1958年版，第329页。

[②] 卢卡契：《关于文学中的远景问题》，《卢卡契文学论文集（一）》，中国社会科学出版社1980年版，第458页。

起列宁时期的革命文学,也没有提及马雅可夫斯基或苏联任何一个革命艺术家,而对民间文学、民谣大谈特谈。因此,大会产生的指导路线造成的后果是,苏联文学偏离了列宁主义的文艺路线。托埃普里茨将列宁主义路线总结为理性态度和民主精神,他充满深情地对之进行了回忆:"对于那个生气勃勃、富有教育意义、能促进社会主义国家的繁荣又能丰富人们关于社会改造途径的讨论的文学,列宁本人以及卢那恰尔斯基有过多么巨大的贡献。"①同时,他还特别强调了列宁时期对待工人和农民的文化需求并不是一味地迎合,而是注重对其引导和提高。高尔基的报告则忽略了这一点,认为人民的创作只是存在于简单的、原始的民谣中。因此,社会主义现实主义与其说是一种文学创作方法,不如说是一个被利用的有效工具,使艺术变为专制的奴仆和支柱。社会主义现实主义是"革命文化中两条路线的斗争"的产物。托埃普里茨的观点其实不无偏激,比如,俄苏对朴素审美的推崇其实从普列汉诺夫就开始了。普列汉诺夫不是把对艺术的"朴素观点""仅仅看作是他自己的审美表达,而是把它当成马克思主义社会理论不可避免的逻辑结果,因此当成'科学'的表述,从这个观点出发,他的著作的影响是可叹的,这一影响实质上确立了苏联审美的标准"。②

相对于杨·科特、托埃普里茨对社会主义现实主义鲜明的质疑乃至否定的态度,南斯拉夫维德马尔在对现实主义理论问题相对冷静客观的分析中,表达了对社会主义现实主义的批判与反思。在后来被保卫者们不断批判的《日记片断》中,他依托列宁评价托尔斯泰的五篇文章,着力探讨了文艺创作中艺术性和作家个性的问题。维德马尔在文章中首先表明的是他基本的文学观,"文学作品的艺术价值是不以它的思想倾向为转移的。因为思想按其内容来说在艺术中只居次要地位"③。他以但丁和莎士比亚的诗句为例说明了诗的伟大在于"光辉的语言"和"人类的永恒的感情",诗的任务不是理性的,而是感性的。随后他转入对列宁的名言"列夫·托尔斯泰是俄国革命的一面镜子"的

---

① 托埃普里茨:《预言家们的厄运》,译文社编:《保卫社会主义现实主义》第二辑,第349页。
② 莱泽克·科拉科夫斯基:《马克思主义的主要流派》第2卷,唐少杰等译,黑龙江大学出版社2015年版,第329页。
③ 维德马尔:《日记片断》,译文社编:《保卫社会主义现实主义》第二辑,第74页。

分析。维德马尔的观点是,"每个艺术家都是他自己的时代的表现或者反映。即使是在一定的程度上"①。因为在托尔斯泰的时代,既然革命具有本质的意义,那么他作为一个伟大的艺术家,就应该把革命的本质方面表现出来。列宁的论断在他看来不仅仅是提出了艺术家与时代的关系问题或是艺术家是不是时代的反映的问题,即文学应该历史地加以阐明的问题,而且还包含了如何认定文学作品的价值问题。对于后者,维德马尔的回答是:托尔斯泰的重要价值并不在于反映了时代,而在于他以艺术的方式反映了时代。托尔斯泰的意义并不在于他对时代的反映,而在于他个人才华的体现。历史只是艺术的一个层面。维德马尔最终将文章落脚点放在了对作家个性的重视上,他再次表明:"作家应该是艺术家;作为艺术家,他得按照自己的禀赋或才能,用这一种或者那一种方法来反映和表现自己的时代。"②这样一种主张的提出和当时文学的马克思主义庸俗化实践不无关系,"这种实践把人物只是缩变成社会力量的讽喻,把'典型'人物只是转化为阶级的象征,诸如小资产阶级、反革命、土地乡绅、空想社会主义知识分子等",这些范畴"本身是唯心主义的",③其历史和具体的展开离不开作家的独特呈现。对作家个性的尊重也为卢卡契所强调,"对文学这种职业来说,个人经验是绝对地不可少的,纵然有许多善意的令人信服的决议,他们也永远不能越过自己的体验"④。维德马尔等人在客观的理论分析背后的现实指向是十分明确的,是对当时社会主义现实主义创作方法过分强调思想(准确地说是政策)传达、取消作家独立思考的公式化写作的批判。

概而言之,社会主义现实主义的质疑者们认为它只是将文学当成宣传工具,以底层民众最容易接受的"现实主义"的直白形式传达虚幻的政治远景,缺乏艺术性,压抑了艺术家的创作性和主体性,生产了低劣的文艺作品。对于"神话"一词,高尔基给出的定义是:"神话是一种虚构。虚构就是从既定的现实的总体中抽出它的基本意义而且用形

---

① 维德马尔:《日记片断》,译文社编:《保卫社会主义现实主义》第二辑,第76页。
② 同上,第82页。
③ 费雷德里克·詹姆逊:《语言的牢笼:马克思主义与形式》,钱佼汝、李自修译,百花洲文艺出版社2010年版,第175页。
④ 卢卡契:《社会主义社会中的批判现实主义》,《卢卡契文学论文集(二)》,中国社会科学出版社1980年版,第119页。

象体现出来——这样我们就有了现实主义。"①在高尔基看来,"神话"是对现实主义特点的一种概括,与后来虚假的"神话化"迥然不同。当时文学的"神话化"固然与"现实主义"的批判性相悖,但根据社会主义现实主义的定义,"作为苏联文学和文学批评的基本方法,要求艺术家从现实的革命发展中真实地、历史地和具体地描写现实,同时艺术地描写的真实性和历史具体性必须同用社会主义精神从思想上改造和教育劳动人民的任务结合起来"②,"功能文学"恰恰是社会主义文学的特殊性所在。同时,"神话"对于民众国家认同的形成作用也是不可忽视的,据詹姆斯·罗伯特的理解,神话是人们生活世界的组成部分,包含着信仰和信念,借助于神话,可以"使得这一民族的成员有可能克服现实所形成的各种障碍以及各种紧张关系"。③ 所以,当时文艺低迷的原因不在于神话,而在于专制的文艺政策对神话内容的篡改和限制,如莫拉夫斯基所言:"一小部分人被授予特权,可以决定什么是社会主义现实主义,什么是好艺术,什么是坏艺术。这个小圈子赋予了它代表整个民族审美观点的权力。"④

二、指向未来的理论辩护

相较于社会主义现实主义质疑者立足于20世纪30年代以来文艺创作现实的批判,"保卫者"们表达了不同意见。他们运用马列主义的基本原理,从社会主义文艺的特殊性出发对"人民性"问题、创作个性问题等一系列问题进行了论述,肯定了社会主义现实主义的理论合法性。

"人民性"是列宁文艺思想的核心概念,"艺术的党性就是达到高

---

① 高尔基:《苏联的文学——一九三四年八月十七日在第一次全苏作家代表大会上的报告》,《文学论文选》,孟昌、曹葆华译,人民文学出版社1959年版,第337页。
② 令狐郁文:《苏联关于社会主义现实主义的论争简述》,《文谭》1983年第8期。
③ 詹姆士·罗伯特:《美国神话 美国现实》,贾秀东等译,中国社会科学出版社1990年版,第3页。
④ Stefan Morawski, *Inquiries into the Fundamentals of Aesthetics*, Mass: The MIT Press, 1978, pp.266.

度历史成熟性的人民性"①。捷克斯洛伐克学者多斯达尔在《保卫社会主义现实主义》一文中,从"人民性"的角度肯定了其存在的价值和意义。首先,多斯达尔从回顾社会主义艺术实践入手,肯定了社会主义现实主义的出现符合艺术发展本身的逻辑,并不是斯大林、日丹诺夫、高尔基的臆造。虽然他认为对于"什么是社会主义现实主义"还没有现成的定义。但这个没有现成的定义却正表明了它具有发展的活力,处在酝酿、顽强探索的初级阶段。他列举了高尔基、马雅可夫斯基、肖洛霍夫、沃尔克尔、诺依曼、哈谢克、尼克索、贝希尔、巴比塞、亚马多等作家以证明社会主义现实主义在创作上的实绩,并总结其繁荣的原因在于"社会主义现实主义把自己的命运和工人阶级为更人道的共产主义社会而进行斗争联结起来了"②。据此,他总结出社会主义现实主义的重心在于塑造无产阶级的新人形象。而这一点正是莫斯科第二次全苏作家代表大会上明确提出的要求:社会主义现实主义要创造社会主义新人的真实形象,包括反对剥削制度的战士和新社会的建设者。多斯达尔在此强调了"本时代和本阶级人的形象"对于艺术发展的转变和更换的决定性意义。其次,多斯达尔分析了社会主义现实主义"人民性"追求的社会历史必然性。文学上社会主义新人的出现源于20世纪的历史创造了社会主义新人。艺术的发展决定于社会历史的活动。无产阶级建立了战斗先锋队,也产生了社会主义现实主义的可能性,产生了新的社会感情、丰富的新人的性格。总之,社会主义现实主义的出现与社会主义成为客观事实密不可分。最后,社会主义现实主义形式上的追求也源于人民性。不同于不注意艺术作品的群众性的现代派,社会主义现实主义避开了贵族式的,或者知识分子的孤芳自赏,真正同无产阶级讲话。在形式上有了不同于现代派的追求,它以一种高超的、工农群众易于接受的形式去表现新的现实,给予新的英雄以活生生的面貌、丰富的性格和真实的生活环境。从多斯达尔的论述逻辑可以发现,社会主义现实主义的产生的必然性首先是"社会主义",然后才是"现实主义"。而"现实主义"被"征用"的原因即在于其通俗易懂,易于文化程度不高的无产阶级接受。多斯达尔引用了

---

① M.C.卡冈主编:《马克思主义美学史》,汤侠生译,北京大学出版社1987年版,第70页。

② 多斯达尔:《保卫社会主义现实主义》,译文社编:《保卫社会主义现实主义》第二辑,第496页。

诺依曼在谈到捷克斯洛伐克 20 世纪 20 年代诗歌时对新的无产阶级艺术的界定,"新的无产阶级艺术不是从无产阶级来的艺术(即无产阶级所创造),也不是关于无产阶级的艺术(即使显然是资产阶级的艺术家也在描写工人),而是为无产阶级的艺术,它向着无产阶级的全世界的目标而努力,它增强无产阶级的战斗素质"①。他试图表明,"人民性"的核心在于"为"无产阶级,所以在内容上,要反映无产阶级新人形象;在形式上,新的社会主义艺术应让无产阶级"明白易懂"。多斯达尔高度肯定了古典传统于社会主义现实主义创作的意义,原因不仅在于它是便于学习的范例,更在于它的"人民性",为人民所理解,是通向人民群众的道路。多斯达尔不是一般地谈文艺或是现实主义,而是强调了社会主义文艺的特殊性——它是面向新的社会现实的文艺。"社会主义现实主义并非预先炮制的诗学而是对现实的独特态度。"②

对于论争中的另一个焦点问题"作家的个性",保加利亚的巴甫洛夫在《论社会主义现实主义的几个问题》中从理论上阐释了社会主义文艺创作中的"个性"问题,鲜明地提出了"创作个性不等于个人主义"的命题。卡冈将巴甫洛夫理论的特点总结为,"他把社会主义现实主义的特点跟社会主义现实主义的对象的特殊性联系起来;这个对象就是新的社会现实及其特有的全部特点"③。在这篇文章中,巴甫洛夫论证的起点是马克思的论断"人是社会关系的总和"。他在人的个性和共性的辩证关系中把握人的个性,进而提出他对创作个性的理解。他认为,个人并不是抽象的存在,人的丰富性来自个人所代表的社会的特别是进步社会的关系的总和。个人代表的社会关系越丰富,则人的个性就越丰富、越有力,同时也更有意义。在他看来,高尔基、马雅可夫斯基、斯米尔宁斯基、瓦普查罗夫、萨波托斯基和伏契克之所以创作出伟大的作品,源自他们具有真正丰富的、伟大的个性,而他们的个性是因为他们本身"最深刻地代表了各自的社会和党性的阶级、民族和

---

① 多斯达尔:《保卫社会主义现实主义》,译文社编:《保卫社会主义现实主义》第二辑,第 498 页。
② 高树博:《斯特凡·莫拉夫斯基美学思想引论》,《中外文化与文论》第 33 辑,四川大学出版社 2016 年版,第 168 页。
③ M. C. 卡冈主编:《马克思主义美学史》,汤侠生译,第 200 页。

全人类的关系的总和"①。在文章中,巴甫洛夫反复强调的是,作家的个性不是个人主义,对于社会主义现实主义艺术家而言,更应该意识到自身的个性究竟是什么,它是社会关系的总和,或者更准确地说是无产阶级的和党的关系的总和、民族关系的总和,更是全人类的、社会主义人道主义的、战斗的和创作的关系的总和。总之,对社会主义现实主义艺术家而言,党、阶级、人民、进步人类的命运就是他自己的命运,也是他深刻的个人的天性,进而成为他的真正的创作个性。巴甫洛夫之所以强调艺术家的代表性是和社会主义文艺的功用密切相关的,是因为它不是抽象个人情绪的表达,也不仅仅是真实地、科学地和艺术地"说明"世界,而是要革命地改变世界。

  与巴甫洛夫对作家个性的社会性理解一致,德国学者阿布施在《作家与政治》中,从作家社会责任的角度对当时社会主义现实主义文学中将远景现实化的创作倾向做了说明。首先,他认为远景是对社会现实本质的把握。第二次世界大战以后,德国在具有世界历史意义的斗争中,成长为一个在政治上、道德上崭新的国家。阿布施认为作家应该认识到这一基本的历史趋势,认识现象中的本质,透过暂时的表面现象把握新的现实,而且通过自身的文学活动为实现这即将来临的现实而努力。作家的任务不是去描写细小的日常生活真实,因为如果书写这些与远景相悖琐屑的日常,将之夸大,那么这些细小的生活真实就会有变成不真实的危险。因此,德国社会主义作家的勇气在于他能够通过真实的人物形象和作品语言的巨大力量去表现真理。如果作家全身渗透了伟大的真理,那么他就能够大胆正视和批评那些细小的生活真实,促进社会现实中尚存的腐朽、丑陋事物的死亡,作家应该通过对远景的描绘激励人民去改变现实,实现远景。"在艺术家独立的创造性劳动中,真理是认识和意志的统一。"②"真理"不仅是客观认识,也是主观意志意愿。也就是科赫所说的"党性"问题,"在描写一定事物和现象时尽可能表明作品所描写的一切内容成分的这种内在逻辑,这种一贯性……现实主义方法必然要求一定的历史觉悟水平,或者就叫作党性"③。其次,远景是作家的社会主义热情的体现,是对国

---

  ① 巴甫洛夫:《论社会主义现实主义的几个问题》,译文社编:《保卫社会主义现实主义》第二辑,第597页。
  ② 阿布施:《作家与政治》,译文社编:《保卫社会主义现实主义》第二辑,第97页。
  ③ 汉斯·科赫:《马克思主义和美学》,佟景韩译,漓江出版社1985年版,第595页。

家的责任担当。从这个角度,阿布施再次表明了远景书写的必要性。他指出,社会主义建设确实存在诸多的困难,但这些困难不应该成为阻碍理想实现的绊脚石,而应当激起作家克服它们的勇气和热情。"通过认识这些困难,他就能够分辨是非,同时也能掌握正在发展中的社会主义生活的整个真理。"①作家应该为着能够投身于改变人类命运的斗争中而充满热情。作家应密切关心社会主义建设这个最根本的生活要素,关心以苏联为中心的社会主义世界体系的伟大历史成就,从而"成为真正的社会主义作家"。阿布施侧重于从远景书写的现实激励和教育功能证明其合理性。

多斯达尔、巴甫洛夫、阿布施论述的基础是社会主义文艺的独特性,即"建筑在对'希望'这一真谛"的新的理解上的独特性②,注重文学的现实功能,塑造无产阶级主体,服务于无产阶级革命。对无产阶级的重视是社会主义国家对文学的共识,其价值如毛泽东所说,把"由老爷太太少爷小姐们统治着舞台"的历史颠倒过来,"恢复了历史的本来面目"。③ 社会主义文学承担了"塑造承担着历史命运的主体"的功能,这一传统可以说源自马克思。《共产党宣言》的写作意图即是"在共产党人的领导下通过政治教育,培育出可以实现未来社会的主体……真正实现从资本主义社会向共产主义社会的过渡"④。不同于资产阶级文学观对文学独立性的强调,无产阶级的文艺观强调的是其"作为无产阶级事业一部分"的价值和意义,对未来、理想、希望蓝图的描绘是其发挥功用的重要方法。如捷克斯洛伐克的社会主义现实主义的奠基人施陶尔所言,"诗性梦想和真正的人类渴望的易爆混合物所迸发出的激进而现实的人文主义火花,是社会主义现实主义文化的必然标志和属性"⑤。社会主义现实主义的文艺作品,是鼓舞人民把梦想变成现实的重要力量。基于这样一种文艺观,他们更多地在理论层面论述

---

① 阿布施:《作家与政治》,译文社编:《保卫社会主义现实主义》第二辑,第 109 页。

② 考莱拉:《事实驳倒了神话》,译文社编:《保卫社会主义现实主义》第二辑,第 417 页。

③ 毛泽东:《给杨绍萱、齐燕铭的信》,《毛泽东文集》第三卷,人民出版社 1996 年版,第 88 页。

④ 蓝江:《〈共产党宣言〉与共产党人的历史使命——21 世纪对〈共产党宣言〉的再解读》,《学术交流》2018 年第 5 期。

⑤ Ladislav Štoll, *Face to Face with Reality*, trans. by Stephen Jolly, Prague: Orbis, 1949, p. 30.

了作家的公共性及代表性,以及注重教育功能的社会主义现实主义文学存在的合法性,而对于具体文学实践中存在的公式化、教条化问题并没有更多涉及。

三、文学与政治的辩证法

在这场论争中,质疑者和保卫者其实是在不同的层面谈社会主义现实主义,质疑者批判的是文学创作的现实层面,而保卫者则是强化了理论的理想层面。可以说,双方并没有正面交锋。虽然前者也谈理论,但他们是从创作现实出发质疑了社会主义现实主义的理论定位和理论缺陷。后者也谈创作,但更多谈到的还是高尔基、马雅可夫斯基等早已经典化了的作家,而对当时正在创作的作家鲜有涉及。因此双方从不同的方面提出了社会主义现实主义存在的基本问题,即波兰的托埃普里茨在《预言家们的厄运》中概括的"社会主义现实主义理论落后于实践"。托埃普里茨指出,根据社会主义现实主义的理论,社会主义现实主义文学应该是真正的、进步人类一切优秀的文化和最高成就的继承者,而实践并没有证实理论的预言,却证明了相反的东西。相对于丰富的文艺现实,社会主义现实主义过分强调了文艺的思想性。托埃普里茨认为,思想上是社会主义的艺术与风格上的现实主义并没有必然联系。社会主义现实主义的提法本身显得内涵含混,如果艺术追求的重心是在高度的思想性的时候,关于名称的全部争论,充其量不过是毫无益处的口舌之争。当以这个理论去要求创作的时候,结果往往不尽如人意。面对所谓"理论与实践的脱节"的困境,理论只能以如下的方法来证明自身的正确:一是适应那些实现了社会主义现实主义理论原理却不出色的作品,即"放低了过去被牢牢掌握着、认为不可更改的那些标准";二是将其标准泛化为"极其一般的、概念颇不明确的创作方法,这种方法能够包括各种各样的作品",将"勃莱希特、艾吕雅,此外还有马雅可夫斯基的许多诗篇,墨西哥派的雕塑和爱森斯坦的电影等"请入"社会主义现实主义的万神庙"。[①] 托埃普里茨试图

---

① 托埃普里茨:《预言家们的厄运》,译文社编:《保卫社会主义现实主义》第二辑,第342页。

表明:当理论在创作实践中无法证实自身、实现自身时,这样一种"自我调适"本身即表明了理论的可疑乃至无效。所以,当保卫者越是论证社会主义现实主义在理论设想中的理想状态的合理性时,越表明了它的无效和它与创作之间的距离。

进而言之,在论争中,质疑者谈的是"现实主义",而保卫者谈的是"社会主义"。但有意味的是,前者认为文学的神话化源于政治的神话化,其论述由现实主义走向了政治;而后者认为社会主义文艺的危机是美学的危机,其论述由社会主义又回到了美学。如苏联马尔科夫所言,"社会主义现实主义在原则上是一种新的艺术意识和新的美学体系","它的哲学基础是对世界和人的马克思列宁主义的理解;它的最根本的共同原则是社会主义思想、社会主义人道主义和共产主义党性"。① 因此,论争中政治与美学之间的转化与社会主义现实主义本身的特性不无关系。

先看保卫者。"社会主义现实主义"的命名不仅是质疑者觉得怪异,就是提出"保卫社会主义现实主义"的多斯达尔也对之表示了怀疑,"但是从什么地方我们还能得出这结论:除了现实主义的创作方法,还有一个新的社会主义现实主义的创作方法,它们是共同存在的,一个尽着批判的责任而另一个尽着社会主义的责任呢?"②在多斯达尔看来,如果社会主义现实主义理论侧重于社会主义的思想,那么准确地来说,它就是一种艺术认识方法。但艺术认识方法与艺术创作方法并不是一回事。艺术认识方法对所有的社会主义艺术家来说可能是共同的,但在具体创作中对认识的再现则是个人化的,即不可能采用相同的创作方法。也就是说,多斯达尔并不认为有一种"社会主义现实主义"的创作方法。虽然他也承认社会主义现实主义艺术不容否认地存在着,但对于如何创作社会主义现实主义的作品,现有理论并没有给出回答。在他看来,社会主义现实主义创作方法只是一种工作上的"假设",还不能科学地加以论证。如果说创作方法的话,他认为只有"现实主义"的创作方法。而何谓现实主义?多斯达尔引用了诺依曼的观点。诺依曼认为,现实主义应该永远重在它的内容与效果,而

---

① 吴元迈:《当代苏联现实主义思潮》,《文艺研究》1983年第6期。
② 多斯达尔:《保卫社会主义现实主义》,译文社编:《保卫社会主义现实主义》第二辑,第520—521页。

不是形式。艺术家与客观现实的关系是社会主义现实主义与一切现实主义作品的基本衡量标准。在社会主义现实主义艺术中,作家与现实的关系简言之即是从现实的革命发展中真实地反映现实。社会主义现实主义决定于社会主义社会的人如何体验、理解和评价世界,而不是某种特定的形式。可见,多斯达尔虽然看似将重心移到了现实主义,但他所强调的依然是社会主义。但多斯达尔也不是单纯地谈政治,他在评价巴甫洛夫的美学思想时,认为在美学现实性、思想性与美学范围这三个艺术因素中,美学范围是唯一的真正特殊的因素,表明了"保卫按照美的原则创作出来的有价值的成熟的社会主义艺术"①的立场。他由保卫社会主义走向了保卫美学和艺术。至于如何在美学和艺术上突破社会主义现实主义的困境,他并没有展开论述。

与多斯达尔的"文学"归旨不同,波兰学者杨·科特的《神话和真理》在行文伊始就表明了他谈文学的"政治"意图:"文化和艺术同政治有着紧密的联系","如果要谈到目前艺术和文化的情况,我们实质上就不能撇开重大的政治争论和重大的道德论争"。② 他对当时历史的总体认识——对历史发展的马克思主义的评价越来越让位于实用主义的评价——成为他论述文学的起点。他认为,当时的政治用一个词来概括即是"神话化",强迫民众接受以下观点:革命和社会主义国家的建设永远是前进性的,党的领导和代表这个领导的人是永远不会犯错误的神的象征。不仅领袖神化,而且思想斗争、假想敌人或真正敌人也被神话化。正是整个社会的神话化才造成了神话化过程在文学和艺术中的出现。在文学上就表现为"可以随便改变社会的真实",认为道德和主观的要求可以改变真实。虽然他同多斯达尔持一样的现实主义观念,即重要的是对待现实的态度,而不是具体的写法,但他最后却表达了对"真理"和"真实"的渴望:"文学的现实主义尺度是在矛盾和发展中了解历史过程,是关于根据历史法则创造历史的人的真实,是道德的真实和心理的真实。"③他由文学的现实主义的真实走向了政治的真实。卢卡奇也是如此,虽然他指出了社会主义现实主义的诸多问题,"却无论如何都从不放弃社会主义现实主义是从'根本上'和'历史上'高于它的前

---

① 多斯达尔:《保卫社会主义现实主义》,译文社编:《保卫社会主义现实主义》第二辑,第514页。
② 杨·科特:《神话和真理》,译文社编:《保卫社会主义现实主义》第二辑,第318页。
③ 杨·科特:《神话和真理》,译文社编:《保卫社会主义现实主义》第二辑,第322页。

辈的更高的艺术形式这一观点,他也从不修正为社会主义现实主义规定的准则,即它与'整体'、乐观主义、'党性论'(Parteilichkeit)、马克思主义正统性的关系,以及它等同于革命的力量"①。在论述批判现实主义在社会主义社会中的意义时,他也认为其价值主要在于"指出社会主义发展在非社会主义觉悟中的反映,借此表达新生活的丰富性,它的改变人的力量,在它的主观与客观影响中人们所走道路的曲折性"②。可见,"政治功用"也是卢卡契论述现实主义价值的基点。

在这次论争中,文学与政治的辩证法得到了充分的呈现。文学即政治,政治即文学,文学问题和政治问题相互关联、相互转化。在政党/国家的社会主义"一体化"管理模式下,如列宁所要求的,文学成为"无产阶级总的事业的一部分"③。论争双方都在此前提下展开论争,都具有明确的社会介入意图,只是质疑者以批判立场去发现问题,而保卫者以建设的姿态去完善理论。

结　语

20世纪50年代末东欧有关社会主义现实主义的论争充分表明了社会主义文艺的政治性特征。此处的政治不是微观政治,而是大政治——阶级斗争、社会治理。在两极化世界格局中,双方理论家的立论基础其实是一致的,他们共同坚持了不同于"纯文学"的"功能文学"的文学观。功能文学本身并没有问题,但问题是,"社会主义"思想或立场缺乏卓有成效的"现实主义"文学实绩的支持,使社会主义现实主义陷入危机。"东欧现实主义理论具有唯物主义哲学的合法性、阶级党性的坚定性、社会现实的针对性和文学阐释的民族性,特别是在对审美主义形式主义、结构主义的质疑与内部的自我批判过程中颇为重视艺术形式与创作的自由,这在一定程度上摆脱了其理论话语的僵化。"④但在此次论争中,由于当时紧张的政治形势,双方的真正焦点是

---

① 莱泽克·科拉科夫斯基:《马克思主义的主要流派》第3卷,第281—282页。
② 卢卡契:《社会主义社会中的批判现实主义》,《卢卡契文学论文集(二)》,第123页。
③ 列宁:《党的组织和党的出版物》,《红旗》1982年第22期。
④ 傅其林:《东欧马克思主义美学的理论形态及其启示》,《文学评论》2018年第1期。

社会主义,是政治,而对于"现实主义"的"形式"层面均存而不论,即使是强调文学艺术性的维德马尔也是如此。

对"形式"的忽视在某种程度上正是此次论争对文学实际效用有限的原因,也是社会主义文艺的困境所在。其后社会主义现实主义文学的式微也证明了这一点。强调具象的现实主义并不是契合社会主义文艺抽象化的政治和美学要求的最佳表达方式,"高度抽象化的美学要求背后正是进一步的高度政治化",现实主义的"'具象'已经无法容纳新的也是抽象的政治和美学要求,由此造成的实际正是'抽象'和'具象'的美学冲突"。[1] 如何突围? 在莫拉夫斯基看来,"社会主义现实主义不是假定一些整齐划一的艺术表达方式的运动"[2],有必要"区分社会主义框架下的批判现实主义(索尔仁尼琴无疑是这一趋势的典范)和完整的社会主义现实主义,后者仍在等待着一场现代复兴,与早先巴别尔和马亚科夫斯基的例子不相上下"[3]。论争已表明"社会主义现实主义"只是"社会主义文艺"的代称,其重心在"社会主义"。既然如此,那么突破现实主义的限制就显得十分必要。论战双方虽然对马雅可夫斯基的文学是不是现实主义存在分歧,却对其作为社会主义文艺的代表和典范表示认同。马雅可夫斯基创造了独特的社会主义文艺形式。因此,社会主义文艺困境的突围不在于继续在理论上重申自身的先进性或现实主义的陈规,而在于如何让新的马雅可夫斯基们出场。在形式层面甚至是技术层面有所突破,真正创造出与其人民性、功能性相适应的文学是当时,也是现在社会主义文艺应该解决的问题。

(作者单位:长江师范学院)

学术编辑:张 冰

---

[1] 蔡翔:《革命/叙述》,北京大学出版社 2018 年版,第 27 页。

[2] Max Rieser, "Contemporary Aesthetics in Poland", in: *The Journal of Aesthetics and Art Criticism*, Vol. 20, No. 4, Summer, 1962, p. 421.

[3] Stefan Morawski, *Inquiries into the Fundamentals of Aesthetics*, Mass: The MIT Press, 1978, pp. 285-286.

《希望的原理》:一个哲学文本的文学解读[①]

邓建华　廖　恒

内容提要　《希望的原理》是布洛赫最重要的代表作之一,但是它的大量篇幅不仅包含浓重的文学性描述,甚至不乏粗俗的断语,以至于成为一部散文似的哲学著作;更为重要的是,这部著作的核心概念——"希望"与欧洲文学之间有着难以割裂的密切联系,这不仅表现在布洛赫本人对表现主义的亲近和辩护中,表现在表现主义文学本身与哲学认识论的互文关系之中,同样还表现在布洛赫对文学的一般性见解之中。本文从梳理《希望的原理》的语言模式出发,深入探究布洛赫的哲学写作与现代意义上的表现主义之间的关联,以及他的核心概念与包括童话和通俗小说在内的文学传统之间的深刻契合,以期通过文学解读的路径,达到对这部独特的哲学著作的理解和评价。

关键词　《希望的原理》　希望　文学解读

在《希望的原理》的序言中,布洛赫就毫不隐讳地指出这本希望之书所针对的时代危机:"例如在今日西方社会中,只有某种不完全的、暂时的意向一路下滑,每况愈下。……于是,害怕和虚无主义就各自显现为危机现象的主观的、客观的假面具。"[②]这部多卷本著作的最终出版时间是在1959年,正是20世纪60年代后现代思想兴盛的前夜,后者并非布洛赫讨论和论争的对象。但是正是在人们对与后现代思想相伴共生的虚无主义产生警惕的今天,这部著作的特殊意义便凸显出来。布洛赫推崇理性而不是非理性,推崇清醒的意识、计划、筹谋而不是幽暗的无意识,更将"希望"提升到人的存在本体论的高度:每一

[①] 本文为国家社科基金重大项目:"东欧马克思主义美学文献整理与研究"(项目编号:15ZDB022)子课题"东欧马克思主义艺术样式美学研究"阶段性研究成果。

[②] 恩斯特·布洛赫:《希望的原理》,梦海译,译文出版社2012年版,第3页。

个人、每一个人生阶段都有各自的白日梦,而积极的、建构性的白日梦的内核就是希望,它关乎人的生存本身。令人奇怪的是,布洛赫及其作品在国内受到的重视程度与哲学家本人的哲学成就极不相称。目前所见,只有屈指可数的两三部专著以及为数不多的论文。① 这种失衡,可能原因很多,在此也无法一一细究。不过,布洛赫的写作方式或许是这种冷落的原因之一:迷宫式的文本,让所有关于哲学著作的"前理解"遭遇失望的文本。这一点有很多学者都曾提到过。

本文希望借助"文学"(以及艺术)的线团,走出这座米诺斯迷宫。韦勒克(Réne Wellek)曾这样评论在他的批评史中所出现的批评家们:"无论在立场上他们是多么彼此不同,却都致力于一个共同的目标:理解文学和评价文学。"②引用这句话,正是为了说明文学的解读是力图为理解这部哲学著作提供一种新的视角。在《希望的原理》中,对于各种文学作品的引用俯拾皆是,很多段落的行文方式是散文体,文学是这部哲学著作的血肉之躯。有学者讨论了它与《浮士德》之间的互文关系;③詹姆逊甚至认为布洛赫的所有作品都是"对歌德这部诗作的鸿篇评述","对布洛赫影响至深的不是黑格尔而是歌德,不是《精神现象学》而是《浮士德》"。④ 布洛赫这种对文学的倚重究竟属于一个哲学家的个人爱好,还是因为文学本身与他的"希望哲学"有着深刻的内在契合,都是值得细致和深入的讨论的。

一、《希望的哲学》与表现主义:语言模式与内在精神

和早期《乌托邦精神》一样,《希望的原理》在写作方式上也同样是"表现主义"的,是碎片似的、不规则的写作:文本篇幅宏大,涉猎广

---

① 参见夏凡:《乌托邦困境中的希望》,中央编译出版社 2008 年版;张双利:《黑暗与希望》,人民出版社 2014 年版;以及夏凡、张双利、梦海等所写文章。
② 韦勒克:《近代文学批评史》,杨启深、杨自伍译,上海译文出版社 1997 年版,第 14 页。
③ See Wilhelm Vosskamp, "Höchstes Exemplar des utopischen Menschen: Ernst Bloch und Goethes Faust II", in: *Deutsche Vierteljahrsschrift für Literaturwissenschaft und Geistesgeschichte December* 1985, Volume 59, Issue 4, pp. 676–687.
④ Fredric Jameson, *Marxism and Form*, Princeton: Princeton University Press, 1974, p. 140.

泛,文学仅仅是其中一环;结构上很不规整,具体章节长短不一,最短只有一行,长的超过百页。传统的文体,包括哲学写作的标准文体,似乎远远无法包容布洛赫的精神。不仅如此,书中还有很多直接具象乃至粗俗的表达,在哲学著作中实属少见:"多愁善感的阴茎作家 D. H. 劳伦斯"和"彻头彻尾的人猿泰山哲学家路德维希·克拉格斯"①;"从事创造的人不是萨满教中的男巫师,也不是原始心理学的蠢货。他既不是出自原始时代这一深渊的一堆炭火,也不是诸如尼采卖弄风情地回忆起的那种更高权力的吹鼓手"②。而在谈到与文艺复兴时期类似的"德国的天才时期"时,他的描述则完全是《巨人传》的微缩版:"他们觉得自己是一件充满未来的巨大容器。"③尽管可能有失偏颇,但还是有很多学者表达了类似的观点:"毫无疑义的是,叙述以及叙述过程本身居于布洛赫哲学的中心位置。"④

布洛赫是如何论证希望的本体论意义的呢?严格地说,他并未论证,他首先给出的是一个比喻:包孕着希望的"白日梦",以及对这"白日梦"的现象学似的描述。这一描述从孩童期开始,结束于老年期,它之所以超越了泛泛而谈的平淡烦琐,就在于文本饱满的诗意。直观的、充满洞见的句子俯拾皆是,以至于这一描述超越了布洛赫自己所挑明的市民生活、无产阶级生活或上流社会的生活,似乎针对着每一个人的存在。文本的第二部分则围绕着白日梦和它的一个重要反题:精神分析中最直接的分析对象之一——夜梦——来论证《希望的原理》的一个奠基性概念:预先推定的意识(Das antizipierende Bewusstsein),实则就是白日梦的哲学化表达。布洛赫就白日梦和夜梦使用了大量隐喻,这些隐喻又多与古希腊文学相关:白日光、阿波罗、光、曙光女神、睡眠之神、阴间冥府等;"罂粟"与"大麻"两个比喻则用来说明夜梦中自我的溃散,以及白日梦中自我的保持。他甚至为白日梦的创造性意识涂抹了色彩:"与阴间冥府的颜色不同,这一意识高度上的颜色是天蓝色,尽管这种颜色有点幽暗苍白,但它却是围绕现实的阐明的透明灵光。作为一种指向远方的颜色,这种天蓝色同样直

---

① 恩斯特·布洛赫:《希望的原理》,梦海译,第48页。
② 同上,第132页。
③ 同上,第126页。
④ Liliane Weissberg, "Philosophy and the Fairy Tale: Ernst Bloch as Narrator", in: *New German Critique*, No. 55 (Winter, 1992), p. 10.

观地、象征性地表明蕴含未来的内容。"①

结合《希望的原理》的其他部分,布洛赫的语言建构可分为两个向度。一个是哲学的语言构建:这在德语哲学中特别容易见到,甚至可以说,哲学的深度和创造性与哲学家对于语言的提炼程度密切相关,而这种语言提炼是制炼出本不存在的、全新的词语,如布洛赫的"尚未"(das Noch-Nicht)或"尚未存在"(noch-nicht-Sein)。另一个向度则是文学的语言构建。不同于哲学炼制全新的词汇,文学或者诗,总是让一些人所熟知的语言焕发新的生命力,凭借对语言的陌生化达到对世界的全新体验和认识。如果说前者是优秀的德国哲学著作的普遍性特征,后者则相当少见,甚至很难简单归入诗化哲学的传统。事实上,一些研究者已经充分注意到布洛赫写作的文学向度及其与"表现主义"的密切联系,并认为《希望的原理》使用的是"象征语言":"布洛赫的哲学语言恰恰根植于这一表现主义文学语言之中……这种动态的、未完结的多维语言与他的哲学的基本特征(反体系性、实验性、开放性、未来性)是完全吻合的。……海德格尔仅仅以思辨语言表达了人的此在自身,而布洛赫则以象征语言表达了未来人的存在。"②

以上简单涉及的是文本的外部特征:语言的革新与《希望的原理》的对象是一致的,希望是流动不居的、具体的、被体现出来的希望,它本就处于哲学史的边缘位置;就内在精神而言,布洛赫对表现主义的态度是毋庸置疑的。他曾自陈在写作他的《乌托邦精神》之际,"与'蓝色骑士'这一艺术团体的表现主义也有所接触"③。而他与卢卡契就表现主义所掀起的论争,更是西方现代文学史和哲学史上的重要事件。1938年的《言辞》杂志(Das Wort)六月刊发表了两篇重量级的文章,正是布洛赫的《有关表现主义的讨论》和卢卡契的《事关现实主义》。在笔者看来,从文学史的角度而言,这场论争最为核心的问题,是表现主义文学家如何理解"现实",如何呈现"现实",这种"现实"又与经典意义上的现实主义文学家所理解和呈现的"现实"有何区别;更为重要的是,布洛赫的乌托邦思想与希望哲学与表现主义之间呈现出

---

① 恩斯特·布洛赫:《希望的原理》,梦海译,第137页。
② 同上,第9页。
③ L. J. 庞格拉茨主编:《德国著名哲学家自述》上册,张慎等译,东方出版社2002年版,第3页。

何种关系。霍尔茨(Günter Holtz)曾谈过这个问题:"在这之前,艺术家们(首当其冲的是文学家们)从未仅仅通过他们的天才想象力去把握这样一种意义的多面性以及现实的变幻……这成就了这场艺术革命的特质:艺术要致力于发现并宣示那个在当代事物的现象背后隐匿不见的真实现实,并由此打破那些有关事实的错误假象。"[1]仅从这一点,就能看出布洛赫的思想与表现主义文学之间的契合:正是在表现主义的文艺作品中,现实表现为一种"尚未完成"(das Noch-Nicht-Gewordene)的现实,表现主义文学的现实正是指向未来的现实。

在此略微讨论一下表现主义文学本身的一些内在特征。著名日耳曼学者汉-格·坎普尔(Hans-Georg Kemper)在其专著中着重讨论了表现主义文学中的认识论反思性主题。他认为,表现主义文学的一般形象("夸张的修辞、满篇的惊叹号、发出'人哪'(O-Mensch)这一感叹的空洞的激情、它的救赎教条体现主观主义")[2]极为片面,事实上它在以形而上学的方式消解形而上学之际,也掀起了针对自然主义的认识论上的论争。19世纪的机械论、有关真理和现实的观念都受到极大冲击,表现主义者不仅发展出自己的"现实"观,而且他们的文学创作中的哲学反思强度也前所未有:"表现主义将现代、连同以理性与理性诸概念为基础而认定的主体对于客观世界的关系作为主题,并探讨包含在这些概念中的、现代人之于现实的异化关系。表现主义并非是从一个呆板、不辩证且教条化的有关现实的概念出发,它对作为文学素材的认识与现实、意识与存在、语言与世界之间的辩证关系极为重视。首先是在这一类认识论文章中展示出了一种哲学反思的强度,这种强度时至今日在文学中几乎无人能企及。"[3]对此坎普尔所举出的文学例证本身不仅令人信服,从数量上也足以表明,表现主义文学的认识论反思是多么普遍的现象。坎普尔的论述为希望哲学与表现主义文学之间的契合关系又提供了一重论据。

---

[1] Günter Holtz,"Expressionismuskritik als antifaschistische Publizistik? Die Debatte in der Zeitschrift 'Das Wort'", in: *Monatshefte*, Vol. 92, No. 2 (Summer, 2000), S. 165.

[2] Sivio Vietta/Hans-Georg Kemper, *Expressionismus*, München: Wilhelm Fink Verschlag, 1975, S. 154.

[3] Sivio Vietta/Hans-Georg Kemper, *Expressionismus*, München: Wilhelm Fink Verschlag, 1975, S. 154.

二、《希望的哲学》与两个受到冷落的文类：童话、通俗小说

由于布洛赫本人包罗万象、百科全书似的写作方式，古希腊史诗、古典文学是他必然借用的文学意象，其他哲学家很少注意到的童话及难登大雅之堂的通俗小说、惊险小说都在他的讨论之列。事实上，布洛赫有关文学的最新颖也是最富洞察力的分析涉及两种少有人注意的文类：童话与通俗小说。

在谈到文学所包孕的行动力时，布洛赫首先提起的是童话。童话总是以"从前"开头，但是他认为这样的"从前"，"总是投射出作为未来的东西的'从前'"。① 而莉莉亚娜·韦斯博格（Liliane Weissberg）则指出，在《希望的原理》一书的开篇所说的"曾经有个人为了学习恐惧远走他乡"就是格林童话"第一卷的第四个故事"。② 虽然布洛赫提到这个童话是为了让人们"学习希望"，但是具体分析童话的部分这个童话同样出现了；莉莉亚娜对"学习恐惧"的童话的分析却力不从心，认为它非常令人费解，以至于人们有可能求助于弗洛伊德式的心理分析。甚至有人还提出，这个童话是对童话这个文类的彻头彻尾的挑战，因为童话的一般特点是期待一个完美结尾，童话的主人公出身低微，却要在历险中超越自身的命运。她之所以没有领会到这个童话的"意义"，就在于布洛赫对童话的分析另有深意，它不仅包含童话主人公个人命运的神奇转化，更将童话中对社会结构的颠覆性力量清晰地呈现出来，布洛赫在叙述童话时那一段话不仅令人倍感温馨，更令人振奋："'从前有个'这句开头语不仅仅意味着像童话一样的某个过去，而且意味着多姿多彩的或轻松愉快的地方。如果变得幸福的人尚未死去，那么他今天仍会生活在那里。……在此，小英雄和穷人恰恰到达生活变得无比美好的地方。"③ 最后一句话，清晰地指出了童话的乌托邦色彩：在童话中，贫穷与卑贱摆脱了市民社会的鄙视目光，得到

---

① 恩斯特·布洛赫：《希望的原理》，梦海译，第98页。
② Liliane Weissberg, "Philosophy and the Fairy Tale: Ernst Bloch as Narrator", in: *New German Critique*, No. 55 (Winter, 1992), p. 6.
③ 恩斯特·布洛赫：《希望的原理》，梦海译，第433页。

叙述者的尊重、倾听者的好奇，而且最终获得希望。对于布洛赫而言，童话根本不是小男孩或小女孩的消遣之物，它暗示社会结构的变迁（农夫的儿子娶了国王的女儿），以及面对宗教谎言时的毫无畏惧（对妖魔鬼怪全不在意）。他对童话中小人物的"知性的诡计"无比欣赏。

布洛赫对童话的分析并未浅尝辄止，相反这种分析相当细腻，不仅专章分析了童话中必然出现的各种魔法器物，还对童话做出了一个重要区分：童话初创时期由民间故事收集而来的童话传说，以及后来由作家创作的艺术童话或童话传说（豪夫、霍夫曼、凯勒、拉格洛芙和吉卜林的童话为例），在分析了浪漫主义幻想的童话主人公之后，讨论了童话与现实之间的关系，结合布洛赫的希望哲学，可以发现这些讨论是密切相关和逐次递进的。

通过分析神通广大的小桌子（它只要一念咒语就会摆满美味佳肴）、会吐金币的驴子、能够护卫自己的魔力武器、飞翔的拖鞋以及探矿杖等，他认为童话所呈现的是"纯粹的愿望""最便捷地到达自然本身所是的东西"，这些东西本身就"象征着突然变化乃至突然幸福的奇迹"。[①] 它们是童话能够呈现的必要机制，通过这些魔法器物的中介，小人物才能成为叙事的主人公并在童话的结尾获得在现实中无法实现的幸福。浪漫主义童话和民间童话传说显然有很多区别，主人公不再以"傻大胆""小裁缝"等简单的性格、职业、身高命名，而更像一般的叙事文学，有了属于自己的名字和复杂性格，后者更像是集体主人公，没有自己的个性，前者则具有了自己的复杂性格。在布洛赫的分析中，他不仅关注到浪漫主义童话中的主人公常常发现梦想与现实的巨大鸿沟，这些鸿沟不再像童话传说那样用魔法器物轻易弥合，而且他们常常是缺乏行动力的，仅仅体现了梦想本身的存在，无论它多么脆弱、不安和危险。这样的梦想或愿望"源自堂吉诃德的传说，特别是堂吉诃德不是倾听行动力量的召唤，而是仅仅倾听强烈的想象力的召唤"[②]。《骑士处女》中的骑士耽于幻想，他之所以能获得自己梦寐以求的幸福，替他完成这个奇迹的就是他自己的爱人，他的爱人扫除了他通往幸福道路上的一切阻碍，这恰恰说明梦想的主人公的失败，这种童话没有任何的行动力可言。那么，童话所具有的梦想的力量究竟体

---

① 恩斯特·布洛赫：《希望的原理》，梦海译，第437页。
② 同上，第439页。

现在哪里？布洛赫认为，这种力量来自童话中几乎总会出现的"天空"以及它所象征的茫茫的未知海洋，这象征着童话特有的洞察力，由此"童话把某种特有的情绪光辉传遍全宇宙，而且从中一切东西都散发出诗意的芳香"①。童话中对外部空间（地理现实）的援用构成梦的地图，但是现实中真实存在的某个地方，并不会让援用了这个地名的童话受损，反而为童话所包藏的梦想允诺了一个更好、更美的现实。在探险童话中最激动人心的就是异国他乡，而在童话中，"外国就是本国，就是家乡"②。简言之，童话的行动力来自有关超越的象征，以及一个美好现实的允诺。

紧接着童话，布洛赫通过引用凯勒的另一本《梦之书》，开始分析通俗小说。他所引用的《梦之书》片段充满对浑身是病的社会的质疑。而布洛赫所指的通俗小说，和我们通常认定的那种成人的消遣性读物不太一致，后者布洛赫称之为"杂志故事"，就是小市民在社会阶层中的上升之路。其中最具典型性的情节就是在偶然的机会中邂逅女继承人，最终成为其夫婿，并晋升为上流社会中的一员。而他所定义的通俗小说是"野蛮童话"，即成人冒险故事或强盗小说。"因为与杂志故事不同，通俗小说的主人公不是守株待兔、静候幸福。相反，通俗小说的主人……大胆把尸体抛入烈火中，他足智多谋，使魔鬼上当受骗。……是一个勇敢的人，他一无所有，并没有什么可失去的。"③这一段对通俗小说的描述，其实就是对傻大胆学习恐惧的格林童话的重述，在象征的层面上，他再一次强调了成人冒险小说中的能动性和行动力，以及主人公对日常生活秩序的颠覆。他直接将通俗小说称之为"真正的革命代用品"④。通俗小说的这种颠覆性能量并非没有危险，因为它同样可以指向犯罪并引发人类历史上的大灾难，如法西斯主义，但是他又指出，真正的通俗小说"属于自由和荣光……渊源于浪漫主义时代的革命行列"⑤。他举出的例子是贝多芬根据法国通俗小说《莱奥诺拉》所改编的歌剧《费德里奥》，也就是一出妻子拯救陷入牢狱之灾的丈夫的"拯救童话"。由此，布洛赫对通俗小说的价值给予高度

---

① 恩斯特·布洛赫：《希望的原理》，梦海译，第442页。
② 同上，第443页。
③ 同上，第450页。
④ 同上，第451页。
⑤ 同上，第452页。

肯定:"通俗文学鲜明地反映最高的、合法的愿望图像,特别是使这种愿望图像曝光,必须根据这一点,重估通俗小说这一文学体裁的价值。"①

三、"预先推定"与文学:布洛赫论古希腊文学、古典文学和现实主义文学

和童话或通俗小说相比,其他在《希望的原理》中出现的文类,从荷马史诗、启蒙时期的长篇小说到现实主义小说,包括但丁的《神曲》、歌德的《浮士德》,以及他们的主人公奥德修斯、堂吉诃德、唐·乔万尼和浮士德,都是主流视野之内的经典文学和经典形象。布洛赫对这些经典文学的论述有何特别之处,这些文学中的形象又是如何与希望的哲学关联起来的呢?布洛赫对文学有如此全面深切的关注,究其原因,就不仅仅是某一个特定的文学流派与其思想的契合,而是文学本身与布洛赫思想之间的关系。

包括梦海教授在内的一些研究者都认为,《希望的原理》第2部分第16节《埃及海伦和特洛伊海伦》是布洛赫希望哲学的核心章节:"我以为这一章是布洛赫《希望的原理》的'文眼'所在,也是理解布洛赫哲学思想的关键。"②但以笔者所见,布洛赫在书中所引的马克思《致卢格的信》中的一段话才是他写作《希望的原理》,包括《乌托邦意识》的动机:"意识改革不是靠教条,而是靠分析那神秘得连自己都不清楚的意识。……那时就可以看出,世界早就在幻想一种一旦认识便能真正掌握的东西了。那时就可以看出,问题并不在于给过去和未来之间划下一条不可逾越的鸿沟,而在于实现过去的思想。"③分析那神秘得连自己都不清楚的意识正是布洛赫所做的工作,在这项工作中他能发现的最好的工具、最好的分析对象就是文学。

这里必须提到布洛赫有关文学艺术的一系列概念,首先是布洛赫

---

① 恩斯特·布洛赫:《希望的原理》,梦海译,第452页。
② 夏凡:《乌托邦困境中的希望:布洛赫早中期哲学的文本学解读》,中央编译出版社2008年版,第70页。
③ 恩斯特·布洛赫:《希望的原理》,梦海译,第175—176页。

论及文学艺术的一个重要概念:"Vor-schein"。这个词将 Vorschein 一词拆成两部分以凸显"预先"(Vor)的含义。梦海教授将之译为"前假象",不过在脚注中,他也指出未经拆分的 Vorschein 的本义就是显现,Vor-schein 即"预先显现的愿望图像"。"前假象"这个译名是否清晰准确、毫无歧义并符合布洛赫对文学艺术的看法是需要商榷的。布洛赫将文学艺术视为乌托邦或希望的具象表达,也就是说,Vor-schein 最准确无误的含义就是"预先显现的形象",这个"预先显现"是针对现实而言的预先,正是布洛赫所认为的伟大的文学所必须具备的某种预言性的使命:通过对环境的再现和人物的塑造,某种未来发展的趋势就已经清晰地呈现出来。这个概念也再一次表明布洛赫对现实的态度:现实不是封闭的、静态的、被安置好的,而是具有无限可能性的。因为现实包孕着希望,这种希望可能成为真正的现实,也可能归于虚无,所以现实是动态的、激动人心的现实。以此现实观来反观文学,文学也即是现实的一部分,它所预感的、通过形象来表达的未来趋向既是具体的,也是真实的。"前假象"这一译名可能既有违布洛赫的现实观和文学观,更会引发理解上的歧义和困难。《希望的原理》英译本将这一核心概念译为"preappearance",也是预先呈现的意思,没有任何"假象"的含义。"预先呈现的形象"概念指明了文学形象与希望之间的对应关系,文学形象就是希望的具象化。

而他的另一个概念"文化剩余"则表明:和与其所属时代的意识形态的稍纵即逝相比,伟大的文学艺术将因真实地再现其所属的时代,真实地描绘人类的希望而持久传承,换言之,正是具有高度的希望意识使文学作品获得恒久的生命,成为人类文化遗产的一部分,这其中又涉及美学和文学的元问题,即美与真的问题,以及文学与现实的问题:"由于当时只是水平的障碍,伟大的哲学作品多少都是与时代结合在一起,并且带有短暂意识的特征,但是它恰恰由于所标明的意识的高度,可以远远地洞悉未来的东西和本质的东西,同样显示那个真正的古典时期。……伟大的作品具备了经受后世考验的,甚至可以说最后考验的能力。"[①]伟大的现实主义作品"感到对真理问题负有义

---

① 恩斯特·布洛赫:《希望的原理》,梦海译,第175—176页。

务"①,并将荷马史诗也置于伟大的现实主义作品之列,因为它们的描写"是那个辽阔开放的社会关系、自然过程中的表达"。② 可以说,"现实主义"既是布洛赫所沿用的一种文学分类标签,又是他标举的价值尺度,他以此来衡量所有的文学作品。而所有伟大的文学作品,包括后来的表现主义文学、超现实主义文学等,在他看来都是现实主义的,都以自己特定的方式与现实发生紧密的联系,并紧紧把握现实动态的发展趋势。正是由于这样一种现实主义的特质,真正伟大的文学是极具前瞻性或行动力的:"白日梦到处包含世界扩张(Weltweiterung)的意志""**因而白日梦乃是关于完满性的切实可行的、精确的想象力试验**,并且它又是以业已完成的艺术作品为前提的"。③(加黑处为原文所有——作者注)

由此,还是回到了布洛赫与卢卡契有关表现主义是否是法西斯主义之争的那个问题,即何谓现实,以及真正的文学作品应该如何在作品中呈现现实。布洛赫的美学视野有强烈的入世精神和超前的现代视野:"布洛赫美学,乃至整个哲学思考,都怀有着强烈的现代精神,都紧密切入着当下实践。一切理论建构,美学的,亦或哲学的,都鲜明地从当下问题出发,都在披露着现代人的追求。"④布洛赫认同的是,如实呈现现代的过渡性特征并勇敢指向未来的文学。他对文学家的分析固然也是从阶级地位出发,与其他马克思主义者并无二致,但是他的希望哲学不仅为他提供了独特的文学视野,使之与其他马克思主义者相比,对现代文学有更为深入的阐释,这些文学反过来也鲜活地阐明了何谓希望的原理。

布洛赫特别区分了现实主义文学、经验主义和自然主义文学:"在现实主义作品中,实际问题本身被描写为梦寐以求的现实,从而这种梦属于自身更美好现实的趋势,属于总体与本质的稳定。……在自然主义者那里,完全缺乏外向的想象力,因此,恩格斯把自然主义者称之为'归纳法的蠢驴'。因为在自然主义者那里,仅仅显现'实际事实'(matter of fact)和表面关系。"⑤某种程度上,布洛赫的文学观就是亚

---

① 恩斯特·布洛赫:《希望的原理》,梦海译,第 252 页。
② 同上,第 251 页。
③ 同上,第 93 页。
④ 王才勇:《布洛赫美学要义及其贡献》,《浙江社会科学》2015 年第 4 期。
⑤ 恩斯特·布洛赫:《希望的原理》,梦海译,第 93 页。

里士多德《诗学》中的文学观：尽管文学是虚构故事，但是比起只记录实际发生的事件的历史而言，它更靠近哲学。如果说得更精确一些，布洛赫似乎赋予文学更高的地位："借助于塑造特点，文学作品比迄今为止的哲学更明确地把握了现实可能性的象征对象。"①

《希望的原理》是指向未来的哲学，是有关乌托邦的哲学，出现在这本著作之中的文学术语也是一系列的开放性、指向未来的术语：预先呈现的形象、想象力试验、现实可能性的象征对象。借由这些术语，他赋予文学一种先知式的使命。然而，"文化剩余"这一指称文学史的术语似乎与它们形成了奇妙的张力，它是唯一"向后看"的术语，描述"过去"的术语。不过，在布洛赫的时间观念中，过去即是包孕着未来的过去，于是文学史在朝向未来的趋势中获得了它的同一性和整体性，历史被未来塑成了。而在所有关于文学的术语中，"现实主义"牢牢占据了中心位置，属于布洛赫文学价值序列中的最高层。在希望哲学的视野之中，一切伟大的文学作品，无论它属于哪一个时代，或何种流派，它只有一个命名：现实主义文学。拥有天蓝色色彩的、超越于尘世的天空和海洋的"希望"，最终落实于现实。那么，又是怎样的现实，怎样的现实主义呢？

巧合的是，布洛赫对现实的理解，以及他对新兴的表现主义文学、超现实主义文学的态度，和阿多诺对无调性音乐的态度是相当一致的。在一篇讨论音乐属性的文章中，作者提到了阿多诺的《新音乐哲学》一书，认为阿多诺的主要观点在于，音乐的形式或艺术的形式，是与它所要表达的时代和时代精神密切相关的。如果在总体的意义上的和谐已经丧失，那么再用古典主义的创作方法就是一种自欺。"由于现实的异化，表达已经变得不可能，而任何一种表现也都失去了意义。但是这完全不意味着，音乐什么也不表现，什么也不揭示，什么也不能成为它的主题，而是说，这样的主题和揭示表明，人因此不再为人。世界变得如此没有意义，以至于有关它的和谐动听的意义表述，都将是骗人的外表，这些表述自身也因此丧失了意义。艺术家必须表现的是一个充满谎言的异化的世界，他必须将之表现为一个从根本上而言对主体显得陌生的世界，他如此固守否定的立场，他在事实上就坚持了对于这些内容的表达。……正是因为这个原因，朝向增加新素

---

① 恩斯特·布洛赫：《希望的原理》，梦海译，第287页。

材的转换——转向无调性音乐,以及其他无调性技巧——是音乐在未来仍旧保持真诚的绝对必要的前提。"①可以说,阿多诺对音乐在形式革新上所表现出来的洞察力,和布洛赫对新兴文学的理解与褒扬所表现出的洞察力和敏锐性,是一致且同步的。阿多诺的否定哲学中或许没有布洛赫的希望哲学中的"尚未"或"希望"的向度,但是阿多诺对艺术的要求和布洛赫是相同的:那就是真诚。更为巧合的是,这篇文章还比较了卢卡契和布洛赫对音乐的论述,并委婉地批判了前者在艺术表现理论的基本架构之下所产生的僵化与狭隘之处,后者则还是突出了音乐的尘世的超越性特征,它昭示我们所缺失之物,并指向某种抗争或行动。

以上便是从文学的视角入手,对《希望的原理》所做的一种解读。如果要为本文做一个仓促的结论,可以说,布洛赫对文学的借用和阐释为文学文本的解读增添了新的维度,而反过来,通过分析《希望的原理》对于文学的阐释,也完全有助于对这一哲学文本的解读。《希望的原理》既留下无数疑问,也在现实政治的语境中遭遇到强烈的质疑,有学者认为正是他致力于创建的乌托邦马克思主义"让他无法认清现实"②(这真是对时刻标举现实尺度的布洛赫的一个莫大的讽刺),他是一个"与时代格格不入"(nonsynchronous)的哲学家。在有关布洛赫的无数标签中,这个标签倒是非常恰当。它似乎一下子就让人看到,在后现代思想的浮沉中那一面孤零零的希望的旗帜。这种希望究竟允诺了什么?那是否符合布洛赫所描述的那种真正的、奋发有为的白日梦——"人的心灵中有约束力的、与日俱增的共同愿望,即描绘一个更美好的世界"?③ 这一切尚未有定论。但是无论如何,他的重要性和独特性都是无法否认的。即使两人产生那么多歧见,卢卡契在 1962 年回顾他与布洛赫的交往时,仍然提到,当他初识布洛赫时,便已经明确意识到布洛赫的哲学风格"迥异于当时的主流"④;而在一次旨在澄

---

① Danko Grlié, "Autonome oder gesellschatsbedingte Musik", in: *International Review of the Aesthetics and Sociology of Music*, Vol. 7, No. 2 (Autumn, 1976) S. 138.

② Jack Zipes, "Ernst Bloch and the Obscenity of Hope: Introduction to the Special Section on Ernst Bloch", in: *New German Critique*, No. 45, Special Issue on Bloch and Heidegger (Autumn, 1988), p. 6.

③ 恩斯特·布洛赫:《希望的原理》,梦海译,第 88 页。

④ Werner Jung, "The Early Aesthetic Theories of Bloch and Lukács", in: *New German Critique*, No. 45, Special Issue on Bloch and Heidegger (Autumn, 1988), pp. 44-45.

清早期卢卡契和布洛赫关系的访谈中,布洛赫提到卢卡契在1918年提议布洛赫与他合写一部美学,他负责音乐部分,卢卡契则负责绘画文学,因为对这两部分,布洛赫自己都"一无所知"。[①] 结合上文的所有分析,以及表现主义论争中布洛赫对新兴的文学艺术所表现出来的敏感和欣赏,可以看到他的哲学观如何深刻地影响和引领了他在自己并非所长的文学领域的探索,这是否可以反过来论证布洛赫的希望哲学所拥有的独特洞见呢?

(作者单位:西南交通大学人文学院中文系;西南交通大学人文学院)

学术编辑:张 冰

[①] Ernst Bloch, Michael Lowy and Vicki Williams Hill, "Interview with Ernst Bloch", in *New German Critique*, No. 9 (Autumn, 1976), p. 37.

阿尔都塞研究

阿尔都塞与"认识论断裂"

吴子枫

提 要 作为对阿尔都塞的核心概念的系列研究计划之一,本文要探讨的是:"认识论断裂"这个烙上了阿尔都塞自己名字印记的概念究竟意味着什么？它与阿尔都塞思想中所包含的关于"历史是断裂"的观念有什么区别与联系？如果马克思前后期思想之间确实存在断裂,那么这种断裂是什么性质的断裂,其理论条件和政治条件是什么？在此过程中,本文还将顺带探讨法国当代科学史和科学认识论研究传统在阿尔都塞重新阐释马克思思想时所起的理论作用。

关键词 阿尔都塞 认识论断裂 马克思 历史科学

尽管"认识论断裂"(coupure épistémologique)并不是阿尔都塞的发明,但是毫无疑问,"认识论断裂"已经成了阿尔都塞"烙有他自己名字的'印记'因而可被直接辨认出来的那些概念"[1]之一。作为对阿尔都塞核心概念的系列研究计划之一,本文要探讨的是:这个烙上了阿尔都塞自己名字印记的概念究竟意味着什么？它与阿尔都塞思想中所包含的关于历史是"断裂"的观念有什么区别与联系？如果马克思前后期思想之间确实存在断裂,那么这种断裂是什么性质的断裂,其理论条件和政治条件是什么？在此过程中,本文还将顺带探讨法国当代科学史和科学认识论研究传统在阿尔都塞重新阐释马克思思想时所起的理论作用。

---

[1] 巴利巴尔:《阿尔都塞和"意识形态国家机器"》,吴子枫译,《现代中文学刊》,2013年第2期。

一

"认识论断裂"是阿尔都塞最重要的概念之一。正如阿尔都塞的其他概念一样,它也最容易引起误解。一方面,阿尔都塞早期借用了这个概念,并把它当作自己重新阐释马克思思想的核心工具,但在自我批判时期,他又批判了这个概念的理论主义倾向,从而在某种程度上否定了它;另一方面,对于这个概念的来源,无论是以往的研究者,还是阿尔都塞本人,都没有交代得特别清楚。比如在《保卫马克思》的"序言"中,阿尔都塞曾明确表示过"认识论断裂"借自巴什拉①,但阿尔都塞的学生巴利巴尔却认为这个概念"是同时从卡瓦耶斯、巴什拉和康吉莱姆的'历史的认识论'中借来"②的。

为了澄清可能的误解,首先应该从这个概念的使用语境出发,看看阿尔都塞用它来描述什么。在阿尔都塞看来,在青年马克思的思想与成熟时期马克思的思想之间,存在着一个认识论的断裂期,断裂的起点是写作《关于费尔巴哈的提纲》和《德意志意识形态》的1845年。通过这个持续了一段时间的断裂期(断裂点在1845,但断裂过程在一段时间内持续进行着),马克思从人道主义的意识形态走向了历史科学。这个断裂在理论上的表现,就是马克思用一些前所未有的新概念代替了历史哲学的旧概念。具体说来,就是用生产方式、生产力、生产关系、社会形态、下层建筑、上层建筑、意识形态、阶级、阶级斗争等等科学概念(concept),代替了历史哲学中的人、经济主体、需求、需求体系、市民社会、异化、盗窃、不公正、精神、自由等等意识形态概念(notion)。所

---

① "我以为还可以借用加斯东·巴什拉关于认识论断裂的概念,以研究由于新科学的创立而引起的理论难题性的变化。"参见阿尔都塞《保卫马克思》,顾良译,商务印书馆1984年版,第13页,引文有修改。

② "阿尔都塞的哲学观还同时从卡瓦耶斯(1903—1944)、巴什拉(1884—1962)和康吉莱姆(1904—1995)的'历史的认识论'中借来一种观念,认为'常识'和'科学认识'之间存在着一种非连续性(或'断裂'),所以可以将知识的辩证法思考为一种没有合目的性的过程,这个过程通过概念的要素展开,也并不是服从于意识的优先地位。而在笛卡尔、康德和现象学对真理的理论阐述中,意识的标准是占统治地位的。"巴利巴尔给中文版《阿尔都塞著作集》所作的"序",收入中文版《阿尔都塞著作集》,《政治与历史:从马基雅维利到马克思》,吴子枫译,西北大学出版社2018年版,第7页。

以说,成熟时期的马克思主义概念体系和前马克思主义概念体系之间,不存在连续性的关系,这种认识论上的非连续性关系就叫作"认识论断裂"①。

这个关于青年马克思的思想和成熟期马克思的思想之间存在断裂的论断,是阿尔都塞重新阐述马克思的前提,也是阿尔都塞之所以能"保卫马克思"的关键所在。阿尔都塞之所以在苏共二十大之后提出要"保卫马克思",恰恰是因为思想界在苏共二十大之后出现了一种"被'体验'为是一种巨大的'解放'希望"的思想上的"反动"。②其最显明的后果、大规模的后果,"就是把马克思主义解释为'人道主义'风靡一时,人们普遍求助于青年马克思的著作,求助于《论犹太人问题》《1844年经济学哲学手稿》等著作中的概念:人、异化、终止异化、占有人的本质、自由、创造等等"。对此,阿尔都塞不无气愤地说:"从前,把马克思主义解释为'人道主义',即对马克思主义进行伦理的、唯心主义的解释,求助于青年马克思的著作,是资产阶级知识分子、社会民主党的意识形态家、前卫的宗教人士(某些天主教徒)所干的事。从那以后,许多马克思主义者和共产党员自己也开始这么干了。"②

为了反击这种借助青年马克思而对马克思主义进行道德的和"人道主义的"解释,即唯心主义的解释,阿尔都塞非常坚决地提出了马克思前后期思想之间存在"认识论断裂"的论点。正因为如此,虽然在《保卫马克思》出版之后阿尔都塞本人也开始了一个持续的"自我批判"时期,但他从来没有放弃过这个关于断裂的观点。在《自我批评材料》中他说:"'断裂'并不是一种幻觉,也并不如约翰·刘易斯所说的那样是'凭空捏造'。在这个问题上,对不起,我是寸步不让的。"③

那么,究竟什么是"认识论断裂"呢?在《阅读〈资本论〉》的英文版附录中,英译者本·布鲁斯特(Ben Brewster)编了一个"阿尔都塞术语汇编",其中对"认识论断裂"是这样解释的:

"认识论断裂"(EPISTEMOLOGICAL BREAK/coupure épistémologique)是巴什拉在其著作《科学精神的形成》中引入的

---

① 阿尔都塞:《保卫马克思》,第261页。
② Saül Karsz, *Théorie et politique*: *Louis Althusser*, Fayard, 1974, p.318.
③ Louis Althusser, *Éléments d'autocritique*, Librairie Hachette, 1974, p.17.

一个概念,它也与康吉莱姆和福柯在思想史研究中对这个术语的使用有关。它描述的是思想从前科学世界向科学世界的跳跃。这种跳跃涉及的,是与建立在前科学的(意识形态的)概念(notions)基础上的整个范型和框架的断裂并建构一个新的范型(难题性)。阿尔都塞把这个概念用在马克思身上,因为马克思拒绝了自己青年时期的黑格尔和费尔巴哈的意识形态,并在后来的著作中创造了辩证唯物主义和历史唯物主义的基本概念(concepts)。①

在这个词条中,"认识论断裂"是由另一些概念所规定的:科学、意识形态、范型(难题性)②。而其中每一个概念,在阿尔都塞那里都很重要。实际上,如果按照阿尔都塞本人的看法,任何一个概念的意义都需要在一个概念体系中才能确定,那么我们就必须先把这个体系讲清楚,才能来讲这个特定的概念。不过要讲清楚一个概念体系,又要从特定的概念入手,所以我们会陷入一个循环。所以这里我们只能把"科学""意识形态"和"难题性"这几个概念放在一边,先从"认识论断裂"本身入手。

布鲁斯特在这里明确提到"认识论断裂"的概念来自巴什拉的《科学精神的形成》,又说它也涉及"康吉莱姆和福柯在思想史研究中对这个术语的使用"。但其实这个概念与康吉莱姆和福柯的科学史断裂概念并不相同,而且实际上《科学精神的形成》中并没有出现"认识论断裂"这个词。或许正如阿尔都塞在给布鲁斯特的信中所指出的,虽然"这个术语所代表的东西从某一刻开始就一直存在于巴什拉的著作中",但"很难在巴什拉的文本中找到与这一术语完全一致的表达"。③巴利巴尔后来也指出,巴什拉非但从没有谈论过"认识论断裂"(coupure épistémologique),也很少谈论"认识论决裂"(rupture épistémologique),巴什拉经常谈论的是"rompre"(打断)、"rupture"(决裂)。它们表示的是一种"革命","完全的分离","突变","深层的不连续性/中断(discontinuité)",甚至"知识的重建"等等。这些词有

---

① Louis Althusser, *For Marx*, VERSO, London·New York, 2005, pp. 215 – 216.

② 把阿尔都塞的"难题性"等同于科恩的"范型",是一种流行的解释,但这种解释完全误解了阿尔都塞"难题性"概念的真正含义。

③ Louis Althusser, *For Marx*, p. 225.

一个核心意思,就是"不连续性"。①

这样看来,阿尔都塞关于"认识论断裂"概念来自巴什拉的自供,似乎只是一个事后很不严谨的说法。不过,我们倒是可以先接受巴利巴尔的上述观点,把"认识论断裂"当作是阿尔都塞从整个法国科学史和科学哲学传统代表人物卡瓦耶斯、巴什拉和康吉莱姆等人那里借来的,其核心意思是某种"不连续性"。但是,就算我们从这种"断裂""不连续性"入手,我们也很快会发现,这个传统中关于"断裂"或"不连续性"的观念其实也是很模糊的,它们可以有两种解释。

第一种是"历史(科学史)"的"不连续性"。巴什拉和康吉莱姆等人的科学史研究表明,科学史并不像人们所想象的那样,是针对某个确定的问题的不断追问而带来的一系列进步。相反,科学史往往是断裂史。这有点类似于库恩在《科学革命的结构》中所说的范式转变。这是从时间上看的"断裂"或"不连续性"。

第二种是"常识"或"错误认识"(阿尔都塞曾用"意识形态"来称呼这种非批判的、深受占统治地位意识形态蒙蔽的"常识"或"错误认识")与"科学认识"之间的"断裂"或"不连续性"。② 当巴利巴尔说阿尔都塞的哲学观"从卡瓦耶斯、巴什拉和康吉莱姆的'历史的认识论'中借来一种观念,认为'常识'和'科学认识'之间存在着一种不连续性(或'断裂')"③时,就是指这种"断裂"。阿尔都塞早期显然特别强调这一点的,并认为马克思之所以能创立历史科学,就是因为他与黑格尔和费尔巴哈的意识形态进行了决裂,于是谬误突变为科学。这是从性

---

① étienne Balibar, *Écrits pour Althusser*, éditions La Découverte, Paris, 1991, p. 11。巴利巴尔在这里还提到,"rupture épistémologique"(认识论决裂)一词的系统定义,首次出现在巴什拉的《应用理性主义》(*Rationalisme appliqué*, PUF, Paris, 1949)一书中。但经查,在《应用理性主义》中虽然有对"认识论断裂"这一概念所包含的思想的论述(如该书第六章"常识与科学知识"),但并没有出现"认识论断裂"(coupure épistémologique)一词,在论述相关思想的段落,我们找到的是"认识论不连续性"(discontinuité épistémologique)一词。见 Bachelard, *Rationalisme appliqué*, p. 102。

② 见 Bachelard, *Matérialisme rationnnel*, p. 207:"我们认为,事实上科学的进步总是显示一种决裂(rupture),常识和科学知识之间的持续决裂。"另外,在巴什拉看来,实际上在科学家心中,科学思想是不同于普通思想的,但当他们向无知的人解释自己的科学或当他们向学生进行教学时,又不得不在科学知识和常识之间建立"连续性"。见 Bachelard, *Rationalisme appliqué*, p. 104 - 105。

③ 见巴利巴尔给中文版《阿尔都塞著作集》所作的"序",收入中文版《阿尔都塞著作集》,《政治与历史:从马基雅维利到马克思》,第 7 页。

质上看的"断裂"或"不连续性"。

如果借用结构主义的术语,我们可以把上述两种"不连续性"分别叫作"历时性的不连续性"和"共时性的不连续性"。应该说,阿尔都塞对这两种"不连续性"或"断裂"都非常重视,而且阿尔都塞一直受第一种断裂观的启发,并提出过科学史上三片"科学大陆"新发现的论点。[①]此外,他还把这种科学史上的断裂引入一般的历史中。其晚年所强调的"相遇的"或"偶然的"唯物主义,以及把历史作为"事件"来看待的观点(非常接近本雅明的历史观),都与这种"断裂"有关。另一方面,阿尔都塞虽然一直坚持马克思前后期思想之间存在着知识性质上的"断裂",但在他的自我批评当中,又对自己在《保卫马克思》中所强调的第二种断裂进行了批评,认为马克思青年时期到成熟时期的断裂,不能归结为是"科学一般"与"意识形态一般"的断裂,并且与"认识论"也没有关系。

二

综上所述,虽然一些研究者甚至阿尔都塞本人往往会把上述两种"断裂"混在一起,但实际上他们所谈论的"断裂"是两种不同的"断裂"[②]。一种是"历时性的断裂",对应的是"科学史";另一种是"共时性的断裂",对应的是"科学认识论"。

我们先看科学史的不连续性或断裂。这种断裂无疑也构成巴什拉科学史研究的重要内容。比如他对"新科学精神"的研究就很明确地论证了爱因斯坦相对论与之前牛顿物理学之间的"科学史"断裂[③]。但在我们看来,阿尔都塞从巴什拉那里借来的更多的是另一种断裂观,即"常识"或"错误认识"(阿尔都塞早期用"意识形态"这个词)与科

[①] 阿尔都塞多次提出,在科学史上,出现过三次重大发现,并开启了三块"科学大陆":第一次是公元前5世纪为数学奠定基础的重大发现,第二次是现代时期为物理科学奠定基础的伽利略的发现,第三次是19世纪中叶为历史科学奠定基础的马克思的重大发现。

[②] 与阿尔都塞相比,福柯关于历史的"不连续性/中断"的概念,则明确地是从柯瓦雷、巴什拉和康吉莱姆关于"科学史的不连续性"观念中得来的,并由此产生了他把历史视为在时间中出现的不连续性/中断的谱系学。参见勒薇尔《福柯思想辞典》,潘培庆译,重庆大学出版社2015年版,第37—39页。

[③] Gaston Bachelard, *Le nouvel esprit scientifique*, PUF, Paris, 1934.

学认识之间在知识性质上的断裂。相反,科学史的断裂观,则可能更多地受康吉莱姆的影响。在就上述术语汇编问题写给布鲁斯特的信中,阿尔都塞解释说,康吉莱姆因为与巴什拉在生活上和思想都有密切联系,所以也难免会使用巴什拉的"认识论断裂"概念,他同时还提出康吉莱姆对自己使用"断裂"这一概念的影响:"康吉莱姆对'断裂'概念的使用和我的使用不同,虽然他的阐释确实也趋向于相同的方向。事实上,应该反过来讲,我欠康吉莱姆的债务是难以衡量的,是我的阐释趋向于他的方向,我的阐释是他的阐释的继续,并在他(目前)停止了的地方有所超越。"[1]在这里,阿尔都塞显然感觉到了两种"断裂"概念之间的不同,却又并没有完全意识到并指出它们之间的真正联系与区别。

实际上,当阿尔都塞说"康吉莱姆对'断裂'概念的使用和我的使用不同"时,我们可以理解为康吉莱姆的"断裂"并不等同于巴什拉的"认识论断裂"。当他说"应该反过来讲,我欠康吉莱姆的债务是难以衡量的,是我的阐释趋向于他的方向,我的阐释是他的阐释的继续,并在他(目前)停止了的地方有所超越"时,我们可以理解为他从康吉莱姆那里借来了另一种关于"断裂"的观念,即"科学史"的断裂观,并把它引入了一般的"历史"中。

确实,在写《保卫马克思》当中收录的那些文章(写于1960—1965年)的同时,阿尔都塞一直在关注着巴什拉、康吉莱姆等人的科学史和科学认识论的研究工作,尤其是康吉莱姆的研究。到晚年,阿尔都塞还从塞纳河畔苏瓦西的活水医院给康吉莱姆写信,其中有一封信虽然很短(写于1986年7月6日),但传递出了比较重要的信息。他在信中说自己状态良好,抵达了斯宾诺莎的"第三种知识",并说自己很乐观,写了不少东西;最后他说自己重读了康吉莱姆的《正常与病态》,表示从康吉莱姆那里学到了很多,并承认康吉莱姆是自己的导师,是自己的整个生命。[2] 另外,在晚年(1986年)写的《唯物主义哲学家的画像》中,阿尔都塞提到自己在控制了自己激情的时候,会去阅读"印度的著作和中国的著作(禅宗),还有马基雅维利、斯宾诺莎、康德、黑格

---

[1] Louis Althusser, *For Marx*, VERSO, London·New York, 2005, p.225.
[2] 以上内容来自巴黎高师"CAPHÉS"(科学哲学、科学史和科学出版资料中心)所藏阿尔都塞致康吉莱姆的一封信。

尔、克尔凯郭尔、卡瓦耶斯、康吉莱姆、维耶曼、海德格尔、德里达、德勒兹等等"①，这里的科学史和科学认识论专家，他提到了卡瓦耶斯和康吉莱姆，却没有提巴什拉。

总之，阿尔都塞思想中关于"断裂"的观念，虽然来自整个法国科学史和科学认识论（科学哲学）研究传统，但那种关于"科学史的断裂"观，可能更多地来自康吉莱姆。对此，除了上面那段含糊不清的话之外，我们还可以引证 1964 年阿尔都塞给皮埃尔·马舍雷《乔治·康吉莱姆的科学哲学：认识论和科学史》一文所写"引言"中的一段话：

> 历史，科学的真实历史，表现为与任何认识论是不可分的，表现为认识论的基本条件。但是，这些研究者所发现的历史，也是一种新历史，它没有了先前唯心主义历史哲学的外观，它首先放弃了关于机械的进步（达朗贝尔、狄德罗、孔多塞等等人的累加式进步）或辩证的进步（黑格尔、胡塞尔、布伦士维格）——连续的、没有断裂、没有矛盾、没有倒退也没有跃进的进步——的唯心主义旧图式。出现了一种新历史，即科学理性生成的历史，但它抛弃了安慰人的唯心主义的过分简化。这种过分的简化认为，就像善行从来不会落空，总会得到好报一样，科学问题绝不可能一直没有答案，而是总会找到自己的答案。现实更多了一点想象力，实际上存在着一些永远没有答案的问题，因为那是想象中的问题，不与真正的难题相对应；存在着一些想象中的答案，它使自己避开了的真正难题没有了真实的答案；存在着一些自称为科学的科学，其实只不过是某种社会意识形态的科学主义诈骗；存在着一些非科学的意识形态，却通过一些悖论的相遇，带来了一些真正的发现（就像两种不同的物体碰撞时迸发出火花一样）。由此，历史的全部复杂的现实，通过其所有经济的、社会的、意识形态的规定性，开始在关于科学史的智慧本身中发挥作用。巴什拉、康吉莱姆和福柯的著作已经为此作出了证明。②

---

① Louis Althusser, *Écrits philosophiques et politiques*, Tome I, Stock/Imec, 1994, p. 596.

② *La Pensée* n°113, janv-fév 1964, pp. 62-74. 中文版参见阿尔都塞《马舍雷〈乔治·康吉莱姆的科学哲学：认识论和科学史〉一文"引言"》，吴子枫译，《新史学》第十四辑。译文略有修改。

在这里,阿尔都塞特别强调了四点:1.科学的真实历史不是人们所想象的那样是一个连续进步的历史;2.科学认识论不能以哲学为基础,而必须建立在真实的科学史的基础上;3.科学知识的诞生,或一切知识的诞生,是多重因素"相遇"的结果;4.存在着不与真正的难题相对应的问题,它们只是想象中的问题,不会有真实有效的答案。

这几个方面其实都值得我们展开去分析。但对于我们当前的论题来说,这里重要的是:1.历史(科学史)是断裂的观念。所谓的连续进步的历史观,仍是源自一种历史哲学,是唯心主义的东西,虽然很多马克思主义者都会有这种观念,但它是马克思思想中黑格尔哲学的遗留。对此,阿尔都塞在《论生产关系对生产力的优先性》一文中进行了非常有力的批判。① 2.关于知识生产的观念。科学知识的生产,不是单纯的科学事件,它涉及知识生产的条件(包括理论条件和政治条件)和整个的社会意识形态环境,它是多重因素"相遇"的结果。3.在知识生产中,提出问题的方式很重要。提错了问题,可能永远找不到有效答案,哪怕你很努力,做了无数实验。

这些和马克思前后期思想的断裂有什么关系呢?至少有这样的关系:1.马克思的历史科学,并不是黑格尔、费尔巴哈思想的简单继承和发展,这里面不存在所谓的连续的进步,虽然如果只看某些单独的概念,似乎又可以看到它们表面的连续性;2.马克思的历史科学,并不是马克思在纯净的思想实验室里想出来的东西,马克思的历史科学之所以能诞生,既有纯粹知识上的原因,也有政治斗争的原因;3.马克思与黑格尔和费尔巴哈相比,换了一种提问方式,马克思的问题对应着真正的难题,或者说,马克思在一个新的难题性当中进行思考。正因为如此,阿尔都塞才会在他的《论青年马克思》的题记中引用马克思那段关于"提问"与"回答"的著名段落。②

细读上面那段引文,我们不难发现,这里涉及的更多的是第一种

---

① 阿尔都塞:《论生产关系对生产力的优先性》,吴子枫译,载《文景》杂志,2013年第1、2期合刊。

② 《论青年马克思》"题记"中引用的那段话,见《德意志意识形态》,《马克思恩格斯文集》第一卷,人民出版社2009年版,第514页:"德国的批判,直到它的最后挣扎,都没有离开过哲学的基地。这个批判虽然没有研究过它的一般哲学前提,但是它谈到的全部问题终究是在一定的哲学体系,即黑格尔体系的基地上产生的。不仅是它的回答,而且连它所提出的问题本身,都包含着神秘主义。"

"断裂",即科学史的断裂,而阿尔都塞所说的"认识论断裂"显然与这种"科学史"的断裂有所不同。与"科学史"的断裂相对应的是"历时性的断裂""历史的断裂",也就是不再把历史当作是事先就可以确定的连续性过程,而是当作一系列"事件",而每个"事件"的发生,都是各种要素的偶然相遇的结果。① 但是,在谈论这种科学史的断裂时,确实又涉及了一般的认识论断裂,比如提问方式的问题——它又涉及"难题性"的变换(这一点我们将在关于"难题性"的文章中另外讨论)。还比如,当我们问为什么会有这种科学史的断裂时,就会发现,尽管历史的断裂有多种原因,但单单就科学史的断裂来说,在多种原因中有一个特殊的原因,那就是认识论上的断裂。换句话说,就科学史来说,时间性的断裂,有一部分来自知识性质的断裂,即"历时性的断裂"的要素之一是"共时性的断裂"。(比如历史科学之于历史哲学,是一种科学史的断裂,但这种科学史的断裂之所以可能,恰恰是因为马克思的历史科学不是从意识形态概念出发的,也就是说,其前提是发生了一种知识性质的断裂。)或许正因为如此,那些研究者们甚至阿尔都塞本人,才会不经意间混淆这两种"断裂"。

三

现在让我们回到第二种断裂,即科学认识活动中常识或错误认识与科学认识之间的断裂。我们要再次回到巴什拉的《科学精神的形成》,因为我们前面提到过,在阿尔都塞本人修改过的那个术语汇编的对应词条中,编者明确表示这个概念来自《科学精神的形成》。所以虽然前文我们已经指出,这本著作中并没有出现"认识论断裂"的概念,但我们又确实可以遵循阿尔都塞的指引,相信"这个术语所代表的东西从某一刻开始就一直存在于巴什拉的著作中"。因为在《科学精神的形成》中虽然没有出现"认识论断裂"这个词,但确实出现了"断裂"一词。不过它是由另一个概念即"认识论障碍"(d'obstacle

---

① 在早年关于卢梭的讲稿中,阿尔都塞特别注意到了卢梭有关社会起源论中的历史的断裂,并探讨了作为那种历史断裂表现的"偶然事件"。参见《政治与历史:从马基雅维利到马克思》,第369页及以下。

épistémologique)所生产出来的。实际上我们可以说,《科学精神的形成》的核心概念就是"认识论障碍",因为正如康吉莱姆所认为的,巴什拉之所以在科学史上成为天才的革新者,就在于他提出并研究了"认识论障碍"。①

在《科学精神的形成》中,巴什拉先确认了科学史是一部斗争史:"回首过去的谬误,人们发现,真理其实是由真正的精神忏悔构成的"②,"真正的科学精神就是在与伪科学的斗争中形成的"③。在巴什拉看来,科学发展的历史,是一部"斗争史",是与一系列"伪科学"斗争的历史。但这种斗争并不是"历时性的"斗争,而是"共时性的斗争",即不是在时间系列中存在的后来者对先行者的斗争,而是同时存在的两个阵营或两种理论立场之间的斗争(我们可以说它代表了哲学上的两条路线的斗争),而这就涉及斗争双方之间在"性质上"的"不连续性"或"断裂"。这就是我们前面所说的"共时性的"断裂,即常识或错误认识与科学认识之间的断裂。与康吉莱姆把关注重心放在"科学史"的断裂上不同,巴什拉更多地强调科学认识与一般认识或常识之间的"断裂",强调感性认识与科学认识之间的断裂:

> 我们认为,认识论必须接受下列公设:对象物不能被视作"直接的"目标,换言之,朝着对象物的进军起初不是客观的。因此,应当接受感性认识和科学认识之间的真正断裂。实际上,我们觉得我们在批评过程中已经指出,感性认识的一般倾向受到实用主义和直接唯实论的推动,只能造成错误的启程和错误的方向——尤其是直接赞同一个具体的对象物,把它看成一种财富,当作一种价值来使用,使得一个感性生物过于强烈地卷入其中时。那是内心的满足,而不是理性的明证。④

所以在《科学精神的形成》中,巴什拉所说的认识论上的"断裂",

---

① Georges Canguilhem, *Études d'histoire et de philosophie des sciences*, Vrin, Paris, 1970, p.176.
② 加斯东·巴什拉:《科学精神的形成》,钱培鑫译,江苏教育出版社 2006 年版,第 9 页。
③ 同上,第 25 页。
④ 同上,第 250 页。

不是指"科学史"的断裂,而是指在整个认识活动中存在的两种理论立场所带来的知识性质之间的断裂。在巴什拉看来,这种断裂是对"认识论障碍"的克服的后果,因为"认识论障碍"阻碍人们进行科学认识。《科学精神的形成》讨论的实际上就是各种"认识论障碍"及其克服。巴什拉所说的"认识论障碍",包括初始经验、一般认识(即常识)、言词障碍、实体论障碍、泛灵论障碍等等。细加考察就不难发现,这些认识论障碍,实际上是经验主义和唯心主义在科学认识过程中的种种表现形式。而所谓"认识论断裂",就是指用唯物主义克服这些认识论障碍之后,会得出另一种性质完全不同的概念和知识。所以"认识论断裂",涉及了科学认识中的唯物主义立场问题,这样的立场既体现在科学概念的发明和使用上,也体现在对形形色色经验主义和唯心主义的批判上,体现在对被占统治地位的意识形态"神秘化"了的"对象"的去蔽上。正因为如此,在提到自然科学中的泛灵论障碍时,巴什位会批判说:"在构思都非常巧妙的实体概念和生命概念的作用下,不计其数的价值观进入了自然科学,损害了真正的科学思想的价值。"[①]

回过头来,我们看到,当阿尔都塞强调马克思思想的断裂时,他说的就是马克思抛弃了费尔巴哈的那些意识形态概念(实际上是渗透了自启蒙运动以来占统治地位的意识形态的概念),创造了一套科学概念。这里的意识形态概念,换成巴什拉的说法,其实就是包含了某种价值观的概念。而科学概念,从消极角度来界定,就是排除了意识形态的概念。比如"异化"这个概念,显然是带有价值色彩的概念,是一个意识形态概念,而不是科学概念。因为只有先设定一个"本质",才谈得上"异化"。只有先设定人类在伊甸园的幸福生活,才可能把世俗的人类历史当作是一个异化过程。只有先设定"人"有某种完美的"本质",才谈得上"人的异化"。可是作为历史存在的"人",当然没有先验的"本质",除非先根据某种价值观设定一种"人"的完美本质,也就是除非把作为"理想"的"人",而不是历史的、现实的人,作为思考的出发点。对于这样的思考方式,马克思早就进行了批判,而这个批判也恰恰出现在阿尔都塞所指认的马克思思想发生断裂的文本即《德意志意识形态》中:

[①] 加斯东·巴什拉:《科学精神的形成》,钱培鑫译,江苏教育出版社2006年版,第17—18页。

哲学家们在不再屈从于分工的个人身上看到了他们名之为"人"的那种理想,他们把我们所阐述的整个发展过程看作是"人"的发展过程,从而把"人"强加于迄今每一历史阶段中所存在的个人,并把它描述成历史的动力。这样,整个历史过程被看成是"人"的自我异化过程,实质上这是因为,他们总是把后来阶段的一般化的个人强加于先前阶段的个人并且以后来的意识强加于先前的个人。由于这种本末倒置的做法,即一开始就撇开现实条件,所以就可以把整个历史变成意识的发展过程了。①

这就是马克思在认识论断裂期对用人道主义的价值观代替理论思考的唯心主义的批判。我们可以用巴什拉的语言说,马克思克服了之前提到的种种"认识论障碍",改变了整个问题的提法,并且创造了一套相关的科学概念。这就是第二种"断裂",是科学认识中唯物主义对唯心主义的批判带来的认识上的断裂,也就是站在唯物主义立场上,通过对占统治地位的意识形态所渗透了的概念的拒绝,通过对某种占统治地位的提问方式的拒绝而带来的断裂。

就这种认识论断裂,我们可以讨论以下几个问题:1.关于概念和概念体系重要性的问题(科学概念和意识形态概念的区分问题);2.关于科学与意识形态之间的关系问题(它们并不像早期阿尔都塞所认为的那样,是在同一个层次上对立的东西);3.关于知识生产的理论问题(包括马克思的历史科学是如何诞生的问题)。

四

先看概念和概念体系重要性的问题。对于阿尔都塞来说,概念是知识生产的重要工具和原料,错误的概念(notions)不可能产生正确的知识,正如用不合格的材料加工不出合格的产品一样。所以在我们前面提到的《唯物主义哲学家的画像》中,阿尔都塞把自己的成功归结为自己"挑选幼畜方面的聪明和洞察力",挑选了"最好的牲口",并在自

---

① 马克思:《德意志意识形态》,《马克思恩格斯文集》第一卷,人民出版社2009年版,第582页。

己的努力下,"有了四近最好的牲口群",而"最好的牲口群＝最好的范畴和概念群"①。

那么,马克思的科学概念体系与断裂之前的意识形态概念体系有什么不同呢？在阿尔都塞看来:

> 马克思主义理论的基础概念体系是按照一门科学的"理论"的方式发挥功能的,面对其对象的"无限性"(列宁语),它是一种开放的"基础"概念配置,也就是说,它注定要不断地提出和面对一些难题,从而不断地生产新认识。我们要说,马克思主义理论的基础概念体系是为了(无止境地)求得新认识而确定的(临时)**真理**(vérité),而新认识本身(在某些形势下)可以更新这一原始真理。相比之下,在我们看来,意识形态旧观念的基础理论不但不能发挥(临时)**真理**以生产新认识的功能,相反却实际上作为**历史的真理**,作为关于历史的完整的、最后的和绝对的知识(savoir)而出现,总之,作为一个关于自己的封闭性体系而出现,没有发展,因为它没有科学意义上的对象,所以在现实中永远只能找到自己的思辨反映。由此,我们同样得出结论:马克思的理论同以往的观念有着根本的差别,我们把这种差别叫作"认识论断裂"和"决裂"。②

科学概念之所以能发挥"生产新认识"的功能,同科学概念的性质有关。比如之所以说"人的本质"是一个意识形态概念,是因为一旦把"人的本质"作为出发点,那就意味着在历史还没有结束时,关于"人"的认识其实已经完成了(然而,"存在先于本质")。这样它就成了一个封闭的体系,不再能发挥生产新认识的功能,它的作用只是对所谓"非人"的东西("人的异化")进行一种道德上的谴责。再比如"上帝"这个概念,看起来好像可以解释很多东西,但是实际上它已经是一个"绝对的知识",它直接就终结了认识,所以也无法生产真正的新知识,它最多只能在实践上产生某种效果。实际上,意识形态概念真正起作用的

---

① Louis Althusser, *Écrits philosophiques et politiques*, Tome I, Stock/Imec, 1994, p. 596.

② Louis Althusser, *Éléments d'Autocritique* (Librairie Hachette 1974) 附录 "Sur l'évolution du jeune Marx", pp. 111 – 112.

地方就是实践领域。

再看科学与意识形态之间的关系问题。很显然,在早期收入《保卫马克思》的文章中,阿尔都塞把马克思成熟期的概念体系与之前的意识形态概念体系之间的关系,仅仅当作是一种纯粹的科学与谬误的关系,仿佛任何科学都可以一次性地从谬误中断裂出来。但在自我批评时期,阿尔都塞又认为,这个断裂并不是像他早期所说的那样,是科学一般与意识形态一般之间的断裂,而是马克思主义科学同它自己的意识形态史前期之间的理论断裂。也就是说,它关系到的并不是科学一般不同于意识形态一般的理论,也不是认识论。它关系到的是另外的东西,是关于国家和诸意识形态等等上层建筑的理论,是关于知识生产过程的物质条件、社会条件、意识形态条件和哲学条件的理论。①

用阿尔都塞的话说:"事实上,任何科学一旦在理论史上出现并被证明为科学时,它就把(已经与之决裂的)它自己的理论史前期作为谬误、错误和非真理揭示出来。科学实际上就是这样来对待它的理论史前期的,这种对待是科学历史的一个阶段。但是,总有那么一些哲学家,偏要从中得出一些让人大开眼界的结论,他们以这种自反的(回溯性)实践为依据,建立起一般意义上的真理与谬误、认识与无知,甚至科学与意识形态(其条件是意识形态一词不采用马克思主义的含义)相对立的唯心主义理论。"②

也就是说,到自我批评时期,阿尔都塞认为其实不存在抽象的真理与谬误之间的断裂,任何科学知识,都是在时间上与自己的理论史前期断裂而产生的,而且这个过程是无止境的,真理在这里成了一个过程,它在每一个阶段都会回溯性地把自己的过去当作谬误、错误揭示出来。所以阿尔都塞说:

> 我们曾把以往的观念定性为意识形态观念,我们曾把业已确认的"认识论断裂"或"决裂"当作马克思主义科学同它意识形态史前期之间的一种理论不连续性。现在我们要更明确地说,这不是科学一般和意识形态一般之间的理论不连续性,而是马克思主

---

① Louis Althusser, *Éléments d'Autocritique* (Librairie Hachette 1974) 附录 "Sur l'évolution du jeune Marx", p. 115.

② 同上,p. 113.

义科学同它自身的意识形态史前期之间的理论不连续性。①

所以,在自我批评时期的阿尔都塞看来:第一,"认识论断裂"不是抽象的真理与谬误之间的断裂(那是抽象的唯心主义对立),不是"科学一般"与"意识形态一般"之间的断裂,而是在真理生产的过程中,从后面回溯性看此前知识性质的错误时所看到的不连续性;第二,特别重要的是,不能把意识形态当作谬误的代名词。说马克思成熟期的理论是直接由科学取代了意识形态,其实是错误的,因为这样的话就把意识形态当作谬误的代名词了。

对照早期阿尔都塞对"认识论断裂"概念的使用,我们会发现,阿尔都塞关于"认识论断裂"的这种自我批评,其实依然没有把那个"断裂"的性质说清楚。在这个自我批评当中,真正的核心是对先前"意识形态"概念的批判,是批评自己先前把"意识形态"当作了"谬误"的代名词而使之与科学相对立的做法。实际上意识形态与科学不是在同一个层面上的东西,意识形态是我们在任何实践(包括科学实践)中都不可逃避的东西,一种类似于康德所说的范导性的东西。"各种意识形态不是一些单纯的幻觉(谬误),而是存在于各种机构和实践中的表述群;它们出现在上层建筑中,并在阶级斗争中确立其地位。"②"作为表象体系的意识形态之所以不同于科学,是因为在意识形态中,实践的和社会的职能压倒理论的职能(或认识的职能)。"③所以这里自我批评的重点,与其说在于"认识论断裂"概念,不如说在于"意识形态"概念。但恰恰因为这种重点的偏移,使得阿尔都塞对"认识论断裂"的解释产生了偏向,结果在对先前把"认识论断裂"当作是"意识形态"与"科学"之间的"断裂"进行批评的同时,不经意间偏向了第一种断裂即科学史的断裂,从而把马克思与某种外部意识形态立场决裂而带来的认识论断裂,描绘成了马克思主义科学内部的时间性断裂。但这却掩盖了一个重要的事实,即尽管不存在"科学一般"与"意识形态一般"的

---

① Louis Althusser, *Éléments d'Autocritique* (Librairie Hachette 1974) 附录 "Sur l'évolution du jeune Marx", p.112.

② 同上,p.115。另外,阿尔都塞通过发展马克思所创立的历史科学而提出的关于意识形态一般的科学理论,可见他的《论再生产》(*Sur la reproduction*, PUF, Paris, 2011),中文版吴子枫译,已收入西北大学出版社"精神译丛"之《阿尔都塞著作集》,即将出版。

③ 阿尔都塞:《保卫马克思》,第201页。

对立,但在科学认识活动中毕竟存在两种理论立场的对立,说得更明确一点,在科学认识活动中,毕竟时刻都存在唯物主义与唯心主义之间的对立,而认识论断裂本来与这种对立或斗争是密切相关的。

最后回到前面所说的第三个问题。如果确实如此,就必须对马克思的历史科学本身进行追问:在什么条件下,它才能在与之相决裂的那种意识形态中"突然出现"? 阿尔都塞在总结马克思历史科学的诞生时说:

> 不必惊讶于这样的现实,即采取无产阶级的哲学立场(即使在"萌芽"状态)对创建历史科学,也就是说,对分析阶级剥削和阶级统治的机制是不可缺少的。在任何阶级社会,这些机制都被一层厚厚的意识形态表述所覆盖、掩饰、神秘化,而历史哲学等等就是意识形态表述的理论形式。要洞察这些机制,我们就必须摆脱这些意识形态,也就是说,必须"清算"作为这些意识形态的基础理论表达的那个哲学信仰。因此,必须抛弃统治阶级的理论立场,站在使那些机制变得可见的视点上来,也就是站在被剥削和被统治阶级的立场即无产阶级的视点上来。仅仅接受无产阶级的政治立场还不够,还必须使这一政治立场上升为理论立场(哲学立场),以便去认识和思考从无产阶级视点所能看到的各种现象的机制和原因。不经过这种转移,历史科学的产生就是不可思议的和不可能的。①

所以在阿尔都塞看来,马克思前后期思想之间的断裂之所以可能,历史科学的产生之所以可以,必须有双重的前提,即政治立场的转变和理论立场的转变。只有当马克思站在了无产阶级的政治立场上,他才有可能开始理解资本,因为在资本主义社会,"只有无产阶级能避免真理与利益之间的冲突"②。但这还不够,还必须把这种政治立场上升为理论立场,时时刻刻坚持唯物主义,不断地与占统治地位的意识形态(它必然表现为某种唯心主义)进行决裂,从而才有可能获得对由

---

① Louis Althusser, *Éléments d'Autocritique* (Librairie Hachette 1974) 附录 "Sur l'évolution du jeune Marx" pp. 124 – 125.
② 阿尔都塞:《政治与历史:从马基雅维利到马克思》,第 208 页。

"一层厚厚的意识形态表述所覆盖、掩饰、神秘化"的社会机制的科学认识。

五

综上所述,阿尔都塞关于马克思前后期思想存在"断裂"的提法,虽然与科学史的断裂有关,却并不是指科学史的断裂,而是指认识论的断裂,但这种认识论断裂又确实带来了科学史的断裂,即由此诞生了一门新的科学——历史科学。而这种认识论断裂的政治条件之一就是政治立场的"决裂"。在《保卫马克思》中,阿尔都塞更多地强调从科学认识论的角度看这种断裂,但到自我批判时期,他则更多从阶级斗争在理论中的作用的角度看这种断裂。这也是阿尔都塞对自己早期理论主义偏向进行批判的一个后果。

阿尔都塞早期曾经认为马克思前后期思想之间的"断裂"是意识形态与科学之间的认识论断裂,在自我批评阶段又因为对自己先前的"意识形态"概念进行了批判,从而认为这种"断裂"与"认识论"无关。尽管如此,这个关于"断裂"的论断依然是有效的,并且为了与"科学史的断裂"相区别,这种"断裂"依然可以称之为"认识论断裂"。只是它涉及的不是作为思辨哲学的"认识论",而是作为唯物主义知识生产理论的"认识论"。或者说,如果真像阿尔都塞所说,存在一种"唯物主义含义"的"认识论",而且这种"认识论"指向的是"研究现有认识的理论'生产方式'和理论'生产过程'"的话,[①]那么,我们可以认为,马克思前后期思想之间的"断裂",确实是"认识论断裂",只不过这种"认识论断裂"不是靠"思辨哲学"完成的,而是一系列要素相遇的结果,是知识生产中必然要涉及的政治立场和理论立场发生转变的结果。所以,对于马克思主义历史科学的诞生,对于阿尔都塞"寸步不让"的"断裂",我们一方面要强调马克思在政治上与无产阶级阶级斗争的结合,从而看到革命的政治实践在科学认识中的作用;另一方面要强调马克思在理论上对一切唯心主义概念(被占统治地位的意识形态所扭曲了的概念)的持续批判,从而看到唯物主义的哲学实践在科学认识上的作用

[①] 阿尔都塞:《自我批评材料》,见《保卫马克思》,第235页。

(这种"新的哲学实践"而非"实践哲学"的功能之一,就是持续不断地对占统治地位的意识形态进行批判,从而在一切科学认识活动中清除占统治地位的意识形态的污染)。

总之,马克思思想中的"认识论断裂",是上述双重作用的结果,而不是任何一个单一方面的作用的结果。正因为如此,我们应该这样来概括马克思主义历史科学出现的条件,并把它表述为所有马克思主义者都应该遵从的原则:**政治上的人民立场,理论上的唯物主义**。

(作者单位:江西师范大学"阿尔都塞与批评理论研究中心")

学术编辑:刘 卓

从"政治美学化"到"美学政治化"
——重读阿尔都塞的文艺评论

田 延

摘 要 20世纪60年代以后,左翼革命遭受了巨大挫折,经典的马克思主义理论和有组织的阶级革命逐渐被摒弃,激进知识分子的兴趣也随之从政治经济学转移到了广义的"文化",由此导致了当代批评理论的重大转折。这一方面拓展了批评空间,把人们的思想从庸俗马克思主义的还原论和目的论中解放了出来,但另一方面却因为不再研究资本主义的生产机制,过分夸大文化的自主性,从而丧失了从整体上回应现实问题的能力,甚至面临被资本主义文化收编的危险。法国哲学家路易·阿尔都塞所写的为数不多的文艺评论却具有与之不同的理论品格。和同时代的其他理论家一样,他也注意到了文学艺术作为一种文化形式的自主性,但他仍坚持把文化问题放在资本主义生产和再生产的机制中来思考,坚持从政治经济学的宏观视野来把握"文化"在资本主义批判中的可能与限度,所以更具唯物主义特征。今天重读这些文艺评论,不仅能完善对阿尔都塞的理解,更能促使我们对当代批评理论的反思,并对马克思主义文艺批评如何获取当代文化领导权这个问题提供有益的启示。

关键词 政治美学化 美学政治化 当代批评理论 路易·阿尔都塞 资本主义生产

一、当代批评理论的困境:政治美学化

本雅明曾在《作为生产者的作家》一文中批判资产阶级文艺时说:"它把对苦难的抗争也转变成了消费的对象。……其政治意义仅仅局

限于把革命形象变成很容易适应大城市卡巴莱生活的娱乐和消遣主题,而这些都是在资产阶级范围内产生的。这种文学的典型特征在于它转变了政治斗争的方式,故而它不再具有迫使人们做出抉择的主题,而是变成了令人感到惬意的沉思对象;它不再是一种生产的工具,而是变成了供人消费的货色。"①本雅明称之为"政治的美学化"②。所谓"政治的美学化"即用具有审美价值的精神"形象"或者"景观"来表现政治现实,使它变成资本主义社会的文化消费品;用美学的方式为人们提供虚构的政治方案,而不去追究现实背后的物质动因。具有反讽意味的是,本雅明批判的这种资本主义文化倾向频繁地出现在以反抗资本主义为宗旨的当代批评理论中。这个矛盾构成了当代批评理论的一个显著特点。

雅克·朗西埃是该潮流的代表人物。朗西埃首先对"政治"(politics)和"治安"(police)作了区分:所谓"治安",就是以"现存的社会秩序,即不同手段的集合(通常是不自觉的或隐性的),用于稳定并维持在社会集体中的地位和财富的不平等"③。这种统治是通过对"可感性"的分配来进行的。"可感性"包括能说的、能想的、能做的,统治者要巩固治安秩序,就必须对"可感性"划出界限,加以组织,规定不同身份的人在可感性分配中的不同份额,制造可感性的"区隔"。在这种情况下,势必有人被排除出去,变成"无法感知者",也就是没有被统治秩序计算在内的"无分者";相反,"政治"是对治安秩序的扰动,是以"平等"为名对可感性的重新分配。"当那些'无分者'——那些未被纳入社会秩序的人——活跃于历史舞台之时,这种挑战就会产生。"④但是,朗西埃并不像经典马克思主义者那样,把这种挑战置于现实斗争领域,而是试图通过建立美学共同体使无分者获得可感性权利,从而达到挑战可感性分配体制的目的。这是一个非常独特的主体化过程:

一切主体化都是一种去身份化/去同一化(disidentification),一

---

① Walter Benjamin, *Understanding Brecht*, Verso, London, 1998, p. 97.

② 参见本雅明的《可技术复制时代的艺术作品》一文,收于《经验与贫乏》,百花文艺出版社1999年版,第119—120页。

③ 哈兹米格·科西彦:《朗西埃、巴迪欧、齐泽克论政治主体的形塑:图绘当今激进左翼政治哲学的主体规划》,孙海洋译,《国外理论动态》2016年第3期,第3—4页。

④ 同上,第4页。

种从场所的自然状态中的撤离,它打开了一个主体空间,在那里,任何人都可以被纳入。因为,它是一个使无法被纳入的人也能被纳入并且在有分者和无分者之间建立联系的空间。①

所谓的"自然状态"指的是人在社会中所占的社会地位和与此相应的经济状况。在治安逻辑下,必须让每个人保持这种自然状态,各安其位,从而使社会等级结构得到维护。与此相反,政治的目标是"去身份化/去同一化":"它使得现有的同一性陷入危机,并通过引发主体化过程——'主体'的形塑——开启一种可能性的空间,个人如此,集体亦然。如若没有与同一性的间隔(distanciation),主体则不复存在。"②但是,如何才能够做到"去身份化/去同一化",从而把有分者和无分者联系起来?朗西埃认为只有通过美学这个中介才能达到这个目的,因为:

> 居于美学经验核心的东西称为一种"异托邦"(heterotopia)……"异托邦"意味着想象"异"(heteron)或者"他者"(other)的一种特定方式,这是作为位置、身份、能力分配之重构效果的他者……它并不为伦理构造所形塑的各种习惯看法多增添一种习惯看法。相反,它创造了一个点,在这里,所有那些特定区域(locations)及其所界定的对立都被取消。③

也就是说,美学可以调整人与人的可感性关系,赋予"无法感知者"新的可感性权利,使他们摆脱"自然状态"的限制。这样一来,"无分者"原先无法看见、无法听见、无法从事的东西向他们敞开了,等级结构因之受到了动摇。由此诞生了一个美学共同体,同时也诞生了一个政治共同体:美学和感性的平等构成了政治平等的必要前提。

但美学平等何以成为政治平等的前提?朗西埃认为,审美活动的特殊性在于它的超然性,这种超然性在审美主体和客体之间制造了审

---

① Jacques Ranciére, *Disagreement*: *Politics and Philosophy*, trans. Julie Rose, Minneapolis: University of Minnesota Press, 1998, p.36.
② 哈兹米格·科西彦:《朗西埃、巴迪欧、齐泽克论政治主体的形塑:图绘当今激进左翼政治哲学的主体规划》,孙海洋译,《国外理论动态》2016年第3期,第5—6页。
③ 雅克·朗西埃:《美学异托邦》,蒋洪生译,《生产》第8辑,第205—206页。

美距离。在该距离的作用下,主体的意志被悬置起来,进入了一种无功利的"游戏"状态。游戏"'是除了其本身,没有其他目的的一种活动,这种活动不打算取得对东西或人的任何有效权力。'自由游戏'不仅是一种无目的的活动,它还是一种不活动(inactivity)'"①。只要人有所为,有所"活动",必然要忍受日常工作伦理强加给人的禁锢与法则,从而加剧有知与无知、上级与下级的不平等;相反,进入"不活动"的状态,就可以摆脱"自然状态"的限制;通过无所欲求,无所作为,就可以在纯粹的审美状态中获得彼此平等的可感性。我们不妨举一个例子来说明朗西埃的理论构想。他在1848年的一份工人报纸上看到"一位为豪宅铺地板的木匠描述了他作为零工的日常工作"后评论说:

> 只要铺地板的工作没有完工,他就相信这是自己的家,他热爱房间的布置。如果窗户向着花园打开,或者眺望如画美景,他就会将手中的活计停一会,任由自己的想象向着广阔的风景翱翔。他比周遭房产的拥有者更加享受着这一切。②

朗西埃认为,在这个"眺望"的瞬间,木匠"内化的实践原则"受到了扰乱。根据这一原则,木匠只能专注于与其身份相适应的体力劳动,无权凝视风景,而主动停下活计去"眺望"恰恰意味着对完好地契合于其内化实践原则的某种身体经验的拆解。"木匠并不考虑风景究竟属于谁这样的问题,这就正如康德式的旁观者必须忽视贵族的虚华与凝结在宫殿中的人民血汗一样。"③也就是说,当工人主动放弃了劳动,悬置了和雇主之间的生产关系,寄情于审美而无所作为的时候,就能"自动"获得可感性的平等。资本家能看、能听、能想的东西也就可以"平等地"分配给工人,从而打破两者可感性的不平等并实现自由与解放。这就是朗西埃的"美学革命"。在他看来,革命的类型有三种,一是国家形式的革命,二是生产关系的革命,三是可感性分配的革命:

---

① Jacques Ranciére, *Aesthetics and its Discontents*, London: Polity Press, 2009, p. 30. 转引自蒋洪生:《雅克·朗西埃的艺术体制和当代艺术观》,《文艺理论研究》2012年第2期,第100页。
② 雅克·朗西埃:《美学异托邦》,蒋洪生译,《生产》第8辑,第204页。
③ 同上,第204页。

一个多世纪以来,马克思代表了元政治(metapolitics)的最终形式,它将政治表象还原为生产力和生产关系的真实。不同于仅仅导致国家形式改变的那些政治革命,马克思主义许诺一种物质生活生产关系的革命。但是就其本身而言,唯有经过一个在革命理念之中的革命,在一个感觉形式的革命理念中,而不仅仅在一个国家形式的革命的想法中,生产者的革命才可想象。生产者的革命是一种美学元政治的特殊形式。①

由此可见,革命的动力不在现实中,而在"理念"中;以夺取国家政权、变革生产关系为目标的革命模式被放弃了。相反,革命必须首先发生在"美学"中:"工人'声音'的形成必须有一个先决条件,这就是对于做、看和存在之间的整套关系作'美学的'重新分配,也就意味着积极性和消极性、无知和有知间关系的重新分配。"②

　　但问题在于,可感性的分配能否脱离社会生产而独立存在?答案当然是否定的。可感性的差别实际上是社会分工的具体表现形式,而"分工从最初起就包含着劳动条件——劳动工具和材料——的分配,也包含着积累起来的资本在各个所有者之间的劈分,从而也包含着资本和劳动之间的分裂以及所有制本身的各种不同的形式"③。因此,可感性的不平等归根到底是生产关系的不平等,这是一种客观存在,而不只是主观的美学观念内部的差别。正如马克思所说,"批判的武器

---

　　① 转引自蒋洪生:《在今天,批判艺术如何可能:雅克·朗西埃的当代艺术观》,见黄宗贤、鲁明军编《视觉研究与思想史叙事》,广西师范大学出版社 2013 年版。

　　② 雅克·朗西埃:《美学异托邦》,蒋洪生译,《生产》第 8 辑,第 205 页。类似的论述还有:在《美学异托邦》中,朗西埃通过分析黑格尔对西班牙画家缪里洛创作的《吃瓜者》的评论发现,画面中吃瓜的小乞儿所表现出的那种逍遥自在和无忧无虑,恰恰意味着他作为一个"无感知者"的解放,因为正是在画面上的这个瞬间,小乞儿摆脱了社会为他分配的固定位置以及由此带来的可感性的限制,使他得以和那些有钱有闲的达官显贵们一样,分享一种"自由"。又如,在《美感论》第三章中,朗西埃分析了《红与黑》的结尾,他认为于连临死前在监狱中的无所事事,并不意味着他的失败,而是他作为一个底层青年的最终胜利。因为,只有在此时和此地,于连才会意识到:"底层青年的幸福,并不在于征服社会,而在于无所作为,无视社会层级的屏障,放下就在面前的苦恼,用纯粹的感受拥抱平等,不加算计地共享这可感的一刻。"见《美感论:艺术审美体制的世纪场景》,赵子龙译,商务印书馆 2016 年版,第 68 页。

　　③ 马克思:《德意志意识形态》,《马克思恩格斯选集》第一卷,中共中央编译局译,人民出版社 2012 年版,第 208 页。

当然不能代替武器的批判,物质力量只能用物质力量来摧毁"①,所以,对这种客观存在的改变仍需在"生产"中进行。一旦进入生产领域,就必须分析生产力、生产关系之间的纠葛。这样一来,就不可能"忽视贵族的虚华与凝结在宫殿中的人民血汗",而是要思考可感性分配以何种生产关系为前提,并通过改变生产关系来促进可感性的平等。但在朗西埃看来,这种改变不是"能不能"的问题,而是"想不想"的问题,不平等的状态仿佛只要通过当事人主观意志和欲望的审美化就可以被扭转过来。这显然是一种唯心主义。

另外,木匠的审美经验也不是主动创造感性世界的过程。相反,它是以高踞在可感性分配体制顶端的群体为标准,把"无法感知者"吸纳进既定的可感性分配体制的过程。朗西埃之所以在木匠的"眺望"中看到"平等",是因为这种审美经验为木匠和雇主所"共享"。但它的合法性完全取决于雇主阶级的文化领导权。木匠即便能像雇主那样欣赏,也仍未摆脱雇主对审美话语的操纵,没有发展出自己的对美学和感性的理解方式,他仍被囚困于一种自发的——也就是资产阶级的——审美意识形态中。因此,很难承认他获得了审美主体性,遑论政治主体性。丧失了这种主体性,也就丧失了冲突的可能。"共享"审美经验意味着木匠和雇主达成了"和解"。这种"和解"恰恰是朗西埃的"民主"理想,即它:

> 不再意指一种政府形式,而是指一种异托邦共同体。这种共同体被建构为对社会群体分配的增补,也是对社会群体分配的拆解。人民的力量——"民主"一词所意指的——并非是一个人口群体的力量,也不是多数人的力量,或者是人群中低等阶级的力量。它是一个集体的力量,这一集体超越了人口各组成部分的总和,超越了其处所、身份、职业和功能的分配。

可见,阶级的视野已经模糊了。朗西埃想要的是一个用美感的共通性建构起来的"**超出社会关系**的共同体"②,抹平"自然状态"带来的诸多

---

① 马克思:《〈黑格尔法哲学批判〉导言》,《马克思恩格斯选集》第一卷,中共中央编译局译,人民出版社2012年版,第9页。

② 路易·阿尔都塞:《今日马克思主义》,见陈越编《哲学与政治:阿尔都塞读本》,吉林人民出版社2003年版,第260页。

限制，从而获得无差别的平等状态。这实际上把复杂的社会关系简单化了。一旦制造出这种平等的幻景，现实斗争的可能性也就被消解了。因为政治斗争及其主体被审美化，只要放弃意志的作用和能动的实践，无所欲求，无所作为，无论是压迫者还是被压迫者便都可以在审美体验中感到平等。如此一来，也就没有必要直接介入现实。这样一种方式，与其说是通过审美来完成主体化，毋宁说是让被压迫者依附于统治阶级审美话语的"去主体化"的过程。

意大利哲学家吉奥乔·阿甘本也有和朗西埃类似的思想倾向。阿甘本从亚里士多德的《形而上学》中选取"潜能"（potentiality）的概念作为人的本质。他认为，亚里士多德区分了两种潜能，一种是"一般意义上的潜能"，它意味着"通过学习经历一番改变（即变成他者）"，儿童的学习潜能便属于此类；另一种潜能是"可以不把他的知识付诸现实"的潜能，"因此，建筑师有不事营造的潜能，诗人则有不写诗的潜能"。① 人和动物的区别即在于，动物只有选择**做**这件事或那件事的潜能，人则有**不做**的潜能。但现代资本主义总是要求人们具有"灵活性"，学习各种技能，适应各种职业，以便接受市场的摆布。② 这就扼杀了人类特有的潜能，人们

> 被剥夺了能够不做什么的体验，相信自己无所不能，于是他总是愉快地重复"没问题"，不负责任地回答"我能行"，而正是在这些时刻，他本应意识到自己其实已经对不在自己控制范围内的权力和过程束手无策了。不是对自己的能力盲目，而是对自己的无能盲目无知，不是对自己能够做什么盲目，而是对自己不能做什么，或者说，能够不做什么盲目无知。③

阿甘本认为，艺术的功用不在于促进行动，而正在于鼓励人放弃行动，学会沉思，激发出"有所不为"的潜能，它"不是某种在特定环境中也能获得某种政治含义的美学（意义上）的人类作为/活动。艺术天生就是

---

① Giorgio Agamben, *Potentialities*, Stanford University Press, 1999, p. 179.
② 比如，我们经常听到的"人才培养要以市场需求为导向"这句话就鲜明地体现了这种逻辑。
③ 吉奥乔·阿甘本：《论我们不能做什么》，《裸体》，黄晓武译，北京大学出版社2017年版，第84—85页。

政治的,因为它是一种使人类的感官和习惯的姿势停止活动,对之进行沉思,并在这样做的同时开启它们新的潜在使用(用法)的作为/活动性"①。由此,艺术便"创制"出一个使"真理"得以呈现的诗意空间。这个"真理"就是阿甘本所说的"快乐生命"。"快乐生命"就是摆脱了主权控制的生命,它意味着无须服从资本主义的伦理法则,无须为压迫人的"工作"劳神。所以,艺术关注的"与其说是潜能,不如说是作为非潜能的潜能;与其说是行动,不如说是行动的失效(inoperative)。这种无所作为是打破历史连续体的方式,也是让生物政治的装置无法继续运行的手段"②。但是,艺术毕竟只是精神力量,它无法解决人们最迫切的生计问题。相反,在资本主义条件下,人们不仅不能任意说"不",反倒必须靠出卖劳动力换取生活资料。和朗西埃一样,阿甘本只是在观念层面上提出了"潜能"这个理念,而没有考虑它在多大程度上可以成为改变现实的物质力量。实际上,"不得不为"才是人们在当代资本主义生产体制中的必然命运。要想改变这种命运,首先应该认真分析它的现实基础,单靠一种"无所作为"的消极抵抗,无法从根本上解决问题。

保罗·维尔诺也塑造了这样一种理想的人类形象。他认为当代社会是一个"流动的""非连续性"社会,它导致了传统的"'生产主义'或以劳动为关注焦点的视角的终结"③。这种处境使"无根性"成了当代人普遍的精神感受,但维尔诺没有消极地理解这种"无根性",而是赋予它积极意义。他认为"无根性"是不受任何约束的个体状态,有助于人们摆脱"特定的角色、传统或党派",用奈格里的话说,就是不屈服于任何生命权力的"奇异性"(singularity),它为"背离"与"出走"提供了契机:"出走指向这样一些生活方式,它们塑造了无归属的归属感,而不是指向有所归属的新的生活方式。出走可能是最适合彻底改变现状这一要求的斗争方式……"④,而这种所谓的"自由"恰恰具有审美

---

① 吉奥乔·阿甘本:《艺术不作为和政治》,王立秋译,见 http://collection.sina.com.cn/ddys/20111019/174942175.shtml。

② 王行坤:《生命、艺术与潜能——阿甘本的诗术—政治论》,《文艺理论研究》2014年第2期。

③ 保罗·维尔诺:《祛魅的矛盾性》,黄晓武译,《生产》第11辑,汪民安主编,江苏人民出版社,2016年,第201页。

④ 同上,第210页。

化、浪漫化特征。

可以看到,上述几种思潮虽然形式各异,但都有一个将主体"唯美化"的共同主题。无论是朗西埃、阿甘本,还是维尔诺提出的主体化构想都与实际政治进程保持一定距离。他们都不希望像经典马克思主义者那样介入现实政治,而是企图通过跳脱出现实的秩序,在美学想象中另辟一条解放道路。表面上看,对主体的审美化的确为之增加了一个经典马克思主义很少关注的维度,但无形中又把现实斗争的复杂性淹没在了审美狂欢之中。正如本雅明所说,他们把严肃的政治斗争变成了一种审美的对象,变成了自己宣泄审美欲望的场所。这样一来,主体的"多向度的能动形式和实践形式"被否定了,它被"还原为一种非中心化的欲望存在"。[①] 主体一旦成为这种欲望存在,就具有了某种抽象性和消极性。抽象是因为它源自美学理念,缺乏对主体在生产结构中的实际考察;消极是因为它试图通过"逃逸"摆脱与资本主义的正面交锋。但是,拒绝参加博弈不等于博弈不存在,更不等于战胜了对手。一旦介入政治就必须做出理性选择与行动,因此,只有"能动形式"和"实践形式"才是能够完成当代批评理论之任务的主体形式。而朗西埃等人的策略更像欲望本能的爆发。其问题在于把具有一定社会关系的人还原成了欲望的个体,把主观心理状态抬高到了实际政治议题之上,而没有意识到"本能的反叛只有在理性的反叛的伴随和引导下才能成为一种政治力量。……没有对意识的解放,一切感官的解放、一切激进的行动主义,都将是盲目的,自削其足的"[②]。

这种把主体"唯美化"的倾向何以能够出现? 首先,从经济上看,20 世纪 70 年代后资本主义社会逐渐结束了战后繁荣,出现严重的滞胀危机。在应对危机的过程中,它经历了"积累体制"和"社会与政治调节方式"的巨大变革。与之前的福特—凯恩斯主义[③]不同,晚期资本主义发展出了一整套"灵活的积累体制"。这意味着它将大力"依靠同

[①] 道格拉斯·凯尔纳,斯蒂文·贝斯特:《后现代理论——批判性的质疑》,张志斌译,中央编译出版社 2015 年版,第 320 页。

[②] 同上,第 320—321 页。

[③] 大卫·哈维特别强调,福特—凯恩斯主义"必须被看成较少是一种单纯的大规模生产的体制,而更多的是一种全面的生活方式",其特点是标准化、大众化,重视功能性和有用性,而且"受官僚主义—技术理性的原则指引",需要依靠一个连贯的政治权力结构。见大卫·哈维:《后现代的状况,对文化变迁之缘起的研究》,阎嘉译,商务印书馆 2013 年版,第 179 页。

劳动过程、劳动力市场、产品和消费模式有关的灵活性"①：规模经济让位于小批量生产和更为灵活的转包形式，弹性的就业模式代替了常规就业，生产性投资进一步被压缩，金融势力延伸到世界各地，交换价值凌驾于使用价值之上，消费也逐渐摆脱了对有用性的考量，关注"快速变化的时尚、调动一切引诱需求的技巧和它们所包含的文化转变"②。总之，"资本更加灵活的流动突出了现代生活的新颖、转瞬即逝、短暂、变动不居和偶然意外，而不是在福特主义之下牢固树立起来的更为稳固的价值观"③。资本主义正是以这种变集中为分散的方式提高了资本流通的灵活程度，顺利摆脱了 70 年代危机，进入更高的发展阶段。从政治上看，90 年代初社会主义阵营的垮塌意味着以美国为主导的资本主义力量最终赢得了冷战的胜利。这就为 70 年代以来的灵活积累体制扫清了障碍，推动了新自由主义意识形态在全球范围的扩张，客观上促进了资本主义全球市场的巩固。

　　面对资本主义自我修复机制的逐渐完善，知识分子动摇了对马克思主义和集体政治行动的信心，增加了自身的孤独和绝望。他们"不仅对人类智力持一种悲观主义论调，而且对人类意志也持一种悲观主义论调，从 60 年代那种天真地想象一个令人激动不已的新世界已在地平线上冉冉升起的革命乐观主义，一下子转变到 80 至 90 年代那种嘲讽政治信仰本身的极端相反的革命失败主义"④。对他们而言，大规模的有组织斗争已经失效，任何革命构想都是目的论神话。革命无非再造一个新的国家，设立一套新的官僚系统和制度规范。所以，知识分子从社会退守书斋，和群众革命斗争脱节了，他们"故意闭口不谈那些历史唯物主义经典传统最核心的问题，如：详尽研究资本主义生产方式的经济运动规律，认真分析资产阶级国家的政治机器以及推翻这种机器所必需的阶级斗争战略"⑤。

　　相反，他们开始强调"文化"的重要性，试图用"文化和哲学来补偿他们政治上的无家可归……利用他们巨大的文化资源来对抗文化作

---

① 大卫·哈维：《后现代的状况：对文化变迁之缘起的研究》，第 191 页。
② 同上，第 201 页。
③ 同上，第 220 页。
④ 道格拉斯·凯尔纳，斯蒂文·贝斯特：《后现代理论——批判性的质疑》，第 315 页。
⑤ 佩里·安德森：《西方马克思主义探讨》，高铦等译，人民出版社 1981 年版，第 60—61 页。

用正变得越来越重要的资本主义,从而证明他们依然和政治挂钩"①。反资本主义运动也从以变革政治经济为主的宏观政治转向从文化上寻求出路的微观政治:斗争的目标被大大缩小,而且更加分散;对必然性和普遍性的追求让位于对偶然性和特殊性的追求;战场从中心转移到边缘;有目的的集体抗争变成了游牧式"逃逸"。"这种主体主义政治立场很有点像在 1968 年五月事件及稍后事件中出现的那种自发主义和无政府主义。这种主体主义政治将欲望、快感、强度和躯体置于理性、话语以及主体间性之上。它颂扬片段化的力比多存在状态,视个人与社会的同一、统一和谐等概念为恐怖主义的、压迫性的并予以拒斥。"②

　　当然,当代批评理论诉诸感性和美学"并非是对失败的政治左派运动的简单选择。它们也是深化、丰富左派运动的方法"③。伊格尔顿曾批评说,传统左派的失误在于总是"先确定某一具体观念、实践或原理的资产阶级来源而后又利用意识形态的纯洁性来声明自己与之脱离关系",在他看来,这是"左派道德主义而不是历史唯物主义"。④ 但"激进主义批评的任务之一就是拯救和补偿我们所继承的阶级遗产中仍有活力和价值的一切对左派政治有用的东西"⑤。"政治美学化"恰恰是这样的"有用的东西"。资产阶级曾运用它把法律内化为人的"习惯性实践和本能性虔诚,它们比抽象的权利更灵活轻快,在此领域内主体被赋予了生动的力量和情感"⑥。对于左派而言,向资产阶级学习,重视这种对美学的利用,就是掌握了一种塑造政治主体性,夺取文化领导权的武器。

　　但"'马克思主义美学'问题归根到底是马克思主义政治问题"⑦。这就是说,"政治"和"美学"是目的和手段的关系。当代批评理论的失误恰恰在于颠倒了这种关系。如果不坚持"政治"中心,不从"唯物主

---

① 特里·伊格尔顿:《理论之后》,商正译,欣展校,商务印书馆 2009 年版,第 31 页。
② 道格拉斯·凯尔纳,斯蒂文·贝斯特:《后现代理论——批判性的质疑》,第 319 页。
③ 特里·伊格尔顿:《理论之后》,第 30 页。
④ 特里·伊格尔顿:《美学意识形态》,王杰等译,中央编译出版社,2013 年,第 8 页。
⑤ 同上,第 8 页。
⑥ 同上,第 11 页。
⑦ 特里·伊格尔顿:《沃尔特·本雅明或走向革命批评》,郭国良、陆汉臻译,译林出版社 2005 年版,第 123 页。

义政治视角内部出发"①,政治美学化就有可能陷入自发的资产阶级美学意识形态,丧失它的批判功能。如果要坚持"政治"这个中心,就必须"考虑所有的决定性因素、所有现存的**具体情况**,清点它们,对它们做出详细的分类和比较"。② 拒绝宏大叙事和普遍性,追求偶然性和异质性,固然可使斗争形式更加灵活,但也非常容易错失整体的视野。因为"社会、文化和政治理论不能与资本主义理论分离开来,不能与对资本主义不同层次之间的系统关系的分析以及对资本主义制度的分析分离开来,无论这是对资本主义各个层次或制度之独立运动的分析,还是对它们在资本主义生产模式中的互动的分析"③。一旦丧失了整体视野,政治的美学化也就没有了方向,它非但不会形成对资本主义的批判,反倒会被资本主义收编,"成为另一浮华商品","成为高价倒卖自身符号资本的一种方式"。④ 例如,朗西埃正是通过资本主义的文化逻辑再度塑造了木匠的形象,这个形象实际上是资产阶级的镜像。他忘记了生产形象和景观恰恰是当代资本主义的一种文化机制。正如大卫·哈维所言:"资本主义走到哪里,它的幻觉机器、它的拜物教和它的镜子系统就不会在后面太远。"⑤如果不从宏观的政治经济视野出发,分析并挑战这个镜子系统的运作逻辑,只能徒增"对于人类状况中的他者、异化和偶然性的消极描绘"⑥。资本主义的文化逻辑恰巧可以借此凸显其多元性,更加巩固其霸权。因此,当代批评理论越依靠政治美学化,就越掩盖资本主义文化逻辑,越去政治化。这正是当代批评理论的困境。

二、阿尔都塞的文艺评论:美学政治化

和当代批评理论的政治美学化的普遍趋势相比,阿尔都塞恰恰相

---

① 特里·伊格尔顿:《沃尔特·本雅明或走向革命批评》,第109页。
② 路易·阿尔都塞:《马基雅维利和我们》,见陈越编《哲学与政治:阿尔都塞读本》,吉林人民出版社2003年版,第395页。
③ 道格拉斯·凯尔纳,斯蒂文·贝斯特:《后现代理论——批判性的质疑》,第290页。
④ 特里·伊格尔顿:《理论之后》,第38页。
⑤ 大卫·哈维:《后现代的状况:对文化变迁之缘起的探究》,第427页。
⑥ 同上,第420页。

反,把美学政治化,这意味着揭示美学背后的物质生产模式和意识形态对抗关系。

在《"小剧院",贝尔多拉西和布莱希特(关于一部唯物主义戏剧的笔记)》一文中,阿尔都塞分析了《我们的米兰》的戏剧结构。阿尔都塞认为戏剧作品有两种辩证法。资产阶级情节剧充斥着源自黑格尔的虚假辩证法。在黑格尔看来,整个世界是"绝对精神"的结果。因此,他把世界构想为一个同心圆般的"表现性总体"①:政治、经济、艺术都是"绝对精神"这个圆心的外在表现。情节剧照搬了这种辩证法。它虽有正邪"冲突",但它们实际上是一母同胞的关系,无论怎样对抗,都会重新回归"母体"并增强"母体"的力量。这个"母体"就是资产阶级的道德意识形态。在这种情况下,冲突并不真实,其辩证法也徒具形式,不过是用彼此平衡的抽象观念来代替不平衡的现实。因此,它非但不能批判资产阶级意识形态,反倒会巩固其统治,让人们从"家喻户晓和众所周知的神话"中,"认出自己","承认"并接受现实的秩序。②

真实的辩证法坚持唯物主义的优先性。这是马克思与黑格尔的根本不同,也是马克思把辩证法"颠倒"过来的真正意涵。③ 在这种辩证法中,世界是一个真实的整体④,其中起作用的是各种力量的不平衡运动,而非包揽一切的抽象理念。《我们的米兰》之所以成功,正因为它表现了真实的辩证法的胜利。该剧的"不对称的"结构把每一幕都分成两部分:前面用来表现 19 世纪末米兰无产阶级的悲惨生活。其

---

① 路易·阿尔都塞:《在哲学中成为马克思主义者容易吗?》,见陈越编《哲学与政治:阿尔都塞读本》,吉林人民出版社 2003 年版,第 191 页。

② 路易·阿尔都塞,《保卫马克思》,第 136 页。

③ 关于马克思对黑格尔的"颠倒",阿尔都塞有专门的论述。阿尔都塞认为,"颠倒"只是一种修辞和隐喻式的说法。马克思对黑格尔的辩证法是从理论前提到结构形式的彻底改造,只有到马克思这里,唯物主义才对辩证法具有了第一性。因此,说马克思只是把黑格尔的辩证法形式从观念领域应用于现实领域,是不正确的,这种说法无疑是承认,马克思的辩证法不过是黑格尔辩证法的翻版而已,并没有看到辩证法在马克思那里所具有的革命性。(参看路易·阿尔都塞《论青年马克思(理论问题)》《矛盾与多元决定(研究笔记)》这两篇文章,见《保卫马克思》,顾良译,商务印书馆 2006 年版)结合阿尔都塞对马克思和黑格尔辩证法所做的这种哲学区分,便不难理解阿尔都塞何以强调戏剧结构的重要性。结构不是纯粹的,结构总是和一定的世界观联系在一起。因此,戏剧中的革命不仅要选择一个政治的立场,还要探索出一个与这个立场相适应的艺术结构,否则就不能达成理想的效果。

④ 关于整体和总体的区别,请参看阿尔都塞在《在哲学中成为马克思主义者容易吗?》一文中的论述,见陈越编《哲学与政治:阿尔都塞读本》,吉林人民出版社 2003 年版,第 191—193 页。

中虽无激烈冲突,却展现了时代的真实面貌——贫困和停滞;在每一幕的末尾,则安排了尼娜与其父还有杜加索的冲突,这些冲突是由尼娜父亲关于"贞操"的情节剧意识主导的。阿尔都塞认为该剧的出色之处在于,它用大部分无冲突的时间来展示时代,把冲突性的情节剧意识打发到舞台角落,结构上的这一错位揭露了在现实烛照下的情节剧意识的虚假:

> 这种辩证法只占剧情的一小部分,只占故事的一个枝节,它永远也不能贯穿于整个故事,也不能左右故事的发展;它恰好形象地表现了虚假意识和真实环境之间几乎毫无关系。这种最终被驱逐出舞台的辩证法,根据与意识内容相异的真实经验的要求,批准了必然的决裂。①

尼娜最后反抗父亲(情节剧意识的象征),勇敢出走正是"决裂"的结果,它让观众"通过直接发现它物"②获得了对"自发意识形态环境的批判"③,"重新退回"到现实之中。戏剧由此从"通过一种意识,即通过一个有言论、有行动、有思考和有变化的人,来反映剧情的整体含义"④的旧程式中解放了出来。

由此可见,阿尔都塞的艺术分析不是制造幻觉,而是要戳穿它,获取对现实的直接感知。⑤ 但他是如何把艺术政治化的? 它们之间需要哪些连接点?

一方面,是有"组织"的思考。这个"组织"指的是阶级斗争的群众

---

① 路易·阿尔都塞:《保卫马克思》,第 116 页。
② 同上,第 135 页。
③ 同上,第 136 页。
④ 同上,第 120 页。
⑤ 在《关于对艺术的认识的信》《克勒莫尼尼,抽象的画家》这两篇文章中,阿尔都塞也表达了同样的意思。比如,在《关于对艺术的认识的信》中,阿尔都塞说:"我相信,艺术的特性是'使我们看到'(nous donner a voir),'使我们觉察到','使我们感觉到'某种暗指现实的东西。"在《克勒莫尼尼,抽象的画家》中,他写道:"克勒莫尼尼的人的面孔不是表现主义的,因为它们的特征不是丑陋,而是变形:它们的变形只是形态的一种确定的不在场(determinate absence),一种对它们的无个性特征的'表现',而正是这种无个性特征构成对人道主义意识形态的范畴的实际废弃。"参见朱立元:《二十世纪西方文论》(上卷),高等教育出版社 2002 年版,第 665 页、674 页。

组织,而非"**超出社会关系**的共同体"①。尽管革命现实使得阿尔都塞本人对"组织"心存疑惑②,但他仍然"相信民众运动对于智慧的优先性",相信民众运动可以找到"真正民主和有效的组织形式"。③ 阿尔都塞之所以仍然承认"组织"的可能性,是因为他认识到:"观念,无论怎样真实,怎样在形式上得到了证明,它们也只有在具备了群众意识形态的形式并被阶级斗争所采用的情况下,才可能获得历史的能动性。"④这就把他和当代批评理论家们区别了开来。当代批评理论家由于被限制在学院内部,失去了和群众斗争的联系,这就为他们"提供了将他们自命为掌握着新的文化资本的新前卫分子的机会,或'仅仅由于好玩'而杜撰理论的机会"⑤,理论对他们而言,更多的是一种智力成果,而非现实斗争的工具。但对阿尔都塞来说,为了获得观念的"历史能动性",他始终没有放弃在阶级政治的理论视野和群众的斗争实践中进行思考。正是这样一种阶级—理论立场,教会他把文学艺术从美学神话中拉出来,放在政治的延长线上,从而实现对美学的政治化。

另一方面是"彻底的"思考。阿尔都塞认识到:"一个马克思主义者不能不彻底思考斗争,不彻底思考他所从事并献身的这场战斗的条件、机制和赌注……"⑥这些"条件""机制"和"赌注"就是资本主义社会的物质生产方式。资产阶级意识形态正是依靠整个物质生产方式发挥作用。所以,对意识形态的理解不能只停留在言辞和形象的层面,

---

① 路易·阿尔都塞:《今日马克思主义》,见《哲学与政治:阿尔都塞读本》,陈越编,吉林人民出版社 2003 年版,第 260 页。

② 比如,阿尔都塞在《来日方长》中坦言,运动"当然不能没有组织的控制,可后者——在像目前这样受到现存的马克思主义—社会主义传统和模式支配的情况下——似乎还没有发现一种无等级制统治的、恰当的协调形式。在这方面,我并不乐观……",见《来日方长》,蔡鸿滨译,陈越校,上海人民出版社 2013 年版,第 241 页。在《今日马克思主义》中,他也提到:"任何斗争的组织形式都掩藏着一个特有的意识形态,它被设计出来的目的,就是要捍卫并确保组织本身的统一性",但问题往往在于,"在马克思主义意识形态和为了组织的生存、统一性与防卫所需要的意识形态之间存在着差异并潜伏着矛盾"。见《今日马克思主义》,《哲学与政治:阿尔都塞读本》,吉林人民出版社 2003 年版,第 262 页。

③ 路易·阿尔都塞,《来日方长》,蔡鸿滨译,陈越校,上海人民出版社 2013 年版,第 241—242 页。

④ 同上,第 258 页。

⑤ 道格拉斯·凯尔纳,斯蒂文·贝斯特:《后现代主义理论——批判性的质疑》,第 327 页。

⑥ 路易·阿尔都塞:《在哲学中成为马克思主义者容易吗?》,见陈越编《哲学与政治:阿尔都塞读本》,吉林人民出版社 2003 年版,第 176 页。

而应该全面彻底地理解其现实根基。只有这样,才能真正起到教育人民的作用。因此必须要形成全面而集中,能够直击资本主义核心范畴——如生产关系、阶级、意识形态等——的理论机器,而不是建立各自为战的理论小作坊。如果没有阿尔都塞在《论再生产》和《阅读〈资本论〉》中对资本主义生产机制的整体研究,他也不可能对艺术作品的意识形态问题如此敏感。归根到底,艺术是整个生产机制的一个特殊环节,它的限度与可能也必须在生产的范畴内才能获得正确理解。因此,阿尔都塞的文艺批评的理论基础既不是美学也不是哲学,而是以唯物主义为原则的历史科学,无论是他对资产阶级文艺的批判还是对未来艺术的展望都是如此。他的批判是从正面对资产阶级意识形态的进攻,他的展望也主要着眼于新艺术能否促进人们的认识与行动,而不是着眼于能否在美学或哲学上提供救赎。

无论是有"组织"的,还是"彻底的"思考,阿尔都塞都从未放弃被当代批评理论指责的宏大叙事。即便在革命低潮的时候,他也仍然坚持从宏观上分析客观形势,分析"归根到底起决定作用的东西——经济,因而还有经济上的阶级斗争",以及"延伸为了夺取国家政权而进行的政治上的阶级斗争"[①]。他懂得,反抗资本主义的斗争是一场全面斗争,它不仅需要小规模的游击战,更需要大规模的阵地战。在这场斗争中,必须通过"恰当地提出和解决经济基础和上层建筑之间的关系这个难题"[②]来批判人们头脑中自发的资产阶级意识形态,建立新的政治与经济、知识与道德秩序。因此,斗争必须积极、正面,具有整体性,一旦消极退避或者采取了错误的战略,阵地就会陷落。

我们还应该看到阿尔都塞文艺批评的另一个面相。在《来日方长》中,阿尔都塞交代了他和马克思主义相遇的契机:

> 我在"遇到"马克思主义时,正是通过我的身体对它表示赞同的。这不光是因为马克思主义代表着一切对"思辨的"错觉的彻底批判,也是因为它使我不仅通过批判一切思辨的错觉,体验到与赤裸裸的现实的真正关系,而且从此以后还能够在思想本身中

---

① 路易·阿尔都塞:《在哲学中成为马克思主义者容易吗?》,见陈越编《哲学与政治:阿尔都塞读本》,吉林人民出版社2003年版,第193页。
② 安东尼奥·葛兰西:《现代君主论》,陈越译,上海人民出版社2006年版,第58页。

同样体验到这种肉体的关系(通过接触,但主要是通过对社会的或其他的物质材料进行加工的劳动而建立的关系)。我在马克思主义中,在马克思主义理论中,发现了把主动、勤劳的身体摆在被动、思辨的意识之上的优先地位来考虑的思想,我把这种关系就视为唯物主义本身。①

从这段自白中可以看到,阿尔都塞是在自己的身体经验中获得了唯物主义启示。承认了身体,也就承认了感性和欲望的正当性。在这一点上,阿尔都塞和当代批评理论是一致的。这就使阿尔都塞区别于"相对来说是非理论的、本质上是训诫的"传统左翼批评。② 这种批评重理性轻感性,重内容轻形式,它虽然倾向于从政治经济角度分析文艺或美学问题,但往往忽视了其独特性,最终沦为机械反映论或庸俗社会学。阿尔都塞固然重视文学艺术的认识作用,但这种认识的基础却是人的感性活动,因此就有了他对艺术的特殊规定:

> 艺术(我是指真正的艺术,而不是平常一般的、中不溜的作品)并不给我们以严格意义上的认识,因此它不能代替认识(现代意义上的,即科学的认识),但是它所给予我们的,却与认识有某种特殊的关系。……我相信,艺术的特性是"使我们看到","使我们觉察到"某种暗指现实的东西。③
>
> 艺术使我们看到的,因此也就是以"看到""觉察到"和"感觉到"的形式(不是以认识的形式)所给予我们的,乃是它从中诞生出来、沉浸在其中、作为艺术与之分离开来并且暗指着的那种意识形态。④

对艺术的感性特质的重视也使阿尔都塞和布莱希特产生了共鸣:

---

① 路易·阿尔都塞:《来日方长》,蔡鸿滨译,陈越校,上海人民出版社2013年版,第230页。

② 弗雷德里克·詹姆逊:《马克思主义与形式》,李自修译,百花洲文艺出版社1995年版,第1页。

③ 路易·阿尔都塞:《关于艺术的认识的信》,见朱立元:《二十世纪西方文论》(上卷),高等教育出版社2002年版,第665页。

④ 同上,第666页。

……布莱希特的确给了我们一些正面的指点。例如,他说过戏剧应该通过演员的行为举止,以具体的、可见的方式来montere,即让人看到(faire voir),而戏剧的特性就是要让人看到(montere),但他同样说过戏剧应该**让人得到娱乐**。因而戏剧的特性就是要让人看到某种重要的东西,同时让人得到娱乐。人们如何可能既让人看到,又让人得到娱乐,而娱乐又从何而来呢?……他倾向于把"让人看到"和让人认识到(科学)等同起来。……他倾向于把娱乐解释为一种快乐,理解的快乐,感到自己能够参与改造世界的快乐,改造的快乐。①

可以看出,阿尔都塞虽从"哲学家和政治人"的角度来谈论艺术,②但他清楚地意识到了内在于艺术的难题:如何使艺术既表达某种"观念"或"倾向",又能够在审美上令人欣然接受?为了解决这个难题,阿尔都塞有意识地在文学艺术的"内部"开展斗争。对阿尔都塞来说,左翼批评的任务就是通过建立自己的审美意识形态改变资产阶级对"人"的定义,用新的主体性代替旧的主体性。若要完成这项任务,就必须和最高水准的资产阶级审美形式展开较量。只有把"倾向"和"观念"呈现在比资产阶级文艺更高级的形式和更令人信服的审美经验中,才能让它们成为内化于人心的力量。但左翼文艺经常为了宣传而忽视审美,其批评也经常为了"内容"而忽略"形式":这就使"形式"和"审美"成了左翼文艺的"薄弱环节"。

阿尔都塞从文学艺术的"内部"进行批评,恰恰抓住了这个"薄弱环节",为《我们的米兰》写的剧评是一个很好的例子。阿尔都塞虽然在剧中"看到"了对情节剧意识的批判,但他依靠的不是对内容的直接把握,而是通过分析剧本结构得出结论。结构无疑属于戏剧形式的范畴,它所制造的戏剧效果直接诉诸观众的感性直观,直接影响观众的审美感知。《我们的米兰》之所以成功,正是因为形式创新:不对称的剧本结构打破了观众的期待视野,造成了"震惊"的体验,使观众在对戏剧形式的审美中感受到资产阶级意识形态的虚假,进而产生批判。

---

① 路易·阿尔都塞:《论布莱希特与马克思》,见《阿尔都塞论艺术五篇(上)》,《文艺理论与批评》2011年第6期,第48页。

② 同上,第43页。

阿尔都塞对克勒莫尼尼抽象画的分析也采用了形式分析的方法。他并不直接谈论作品"画"了什么,而是通过分析线条、色块、图案等形式要素来确定它让人"感受"到了什么。①

三、在立场之内的思考:阿尔都塞的启示

伊格尔顿认为,"理论诞生于我们被迫对我们正在从事的活动有了新的自我意识之时。它是我们不能再将那些做法视为天经地义这一事实的征兆。"②这意味着当代批评理论必须是反思的。在它批判资本主义社会之前,必须批判自身的理论前提。阿尔都塞的文艺评论恰好为这种自我批判提供了参照。

当代批评理论用美学代替政治经济学,用微观的文化政治代替宏观的阶级政治,用"超越社会关系的共同体"代替社会关系的现实结构。无论性别、种族,还是欲望、情感,谈论这些文化观念当然比分析政治经济现实便捷得多。但理论一旦因追求某种实用性而放弃耐心、艰苦的批判与自我批判,必然会迁就自发的资产阶级意识形态,③沦为"折中主义和理论的贫困"④。此时,当代批评理论表现出来的一切"激进性"都有可能沦为一种姿态,其"关键不是要改变政治世界而是要保证政治世界中自己的文化地位"⑤。这样非但不能有效地抵抗,反而认可了资本主义文化的合法性。

更为关键的是这些倾向背后隐藏着一种超越民族国家的无政府主义冲动。对当代批评理论家来说,"民族国家"即压迫性的"宏大叙事"。但民族国家是否应被立刻抛弃?虽然全球资本表面上已经超越了国界,但只要读过沃勒斯坦的"历史资本主义"学说和卡尔·波兰尼的"嵌含"理论,就不难看到资本的运作历来都有赖于民族国家的力

---

① 路易·阿尔都塞:《克勒莫尼尼,抽象画家》,见朱立元:《二十世纪西方文论》(上卷),高等教育出版社2002年版,第672页。
② 特里·伊格尔顿:《理论之后》,商正译,欣展校,商务印书馆2009年版,第27页。
③ 陈越:《领导权与"高级文化"》,《文艺理论与批评》2009年第5期。
④ 路易·阿尔都塞:《来日方长》,蔡鸿滨译,陈越校,上海人民出版社2013年版,第239页。
⑤ 特里·伊格尔顿:《理论之后》,商正译,欣展校,商务印书馆2009年版,第47页。

量。资本全球化的程度越深,民族国家在其中起到的作用就越大。因此,民族国家才是资本活动的真正场域。① 这就意味着:一方面,必须在民族国家的内部才能和资本展开较量;另一方面,还需要对民族国家展开全面的"局势分析",掌握它的"力量对比关系"。遗憾的是,当代批评理论并未提供一个既坚持唯物主义又坚持辩证法的关于国家和资本的理论。面对资本主义发展的新局面,鼓吹民族国家已经消亡的激进知识分子,正像列宁在《唯物主义和经验批判主义》中嘲讽的那些叫嚷着"物质消失"的哲学家;而迷恋文化观念的当代批评理论家,又像列宁当年批评的各种自发势力或小资产阶级的社会主义者。前者从本质上违背了唯物主义,它没有认识到现代民族国家才是当代资本主义的"流动性""碎片化"表象下掩盖的真正稳固的现实构造;后者则缺乏辩证的品格,它没有意识到在文化领导权斗争中"自发"和"自觉"及"批判"和"自我批判"之间的辩证关系,而是任由自发的意识形态以美学、身体、欲望、感性等形式随意生长:这两者共同造成了当代批评理论的软弱无力。

　　阿尔都塞的文艺评论,其可贵之处在于它的方法论启示。这首先表现在对"政治"和"美学"主从关系的处理上。马克思主义美学从属于马克思主义政治,这是阿尔都塞一贯的立场,也是当代批评理论应该正视的理论原则。阿尔都塞所说的"政治"不是以某种文化身份为号召的局部抵抗,更不是对未来革命可能性的直接放弃,而是通过分析社会物质生产条件,整体改造社会政治经济。这就使得阿尔都塞自始至终把目光投向宏观的社会结构和生产关系,而不是像当代批评理论那样迷恋于微观领域的理论游戏。因此,"生产"的范畴就成了阿尔

---

① 当然,过早地抛弃民族国家还有另外一个弊病,本文在此只是指出来,不做详细讨论:那就是说,在具有悠久革命历史的第三世界民族国家内部,由于有革命传统的影响,某种程度上还会设置抵御资本主义入侵的防线。也就是说,民族国家既有鼓励资本发展的一面,也有抵御资本扩张的一面。这一点在中国这样的社会主义国家非常明显。这里不由让人想起2016年发起,直到今天依然很热闹的关于"中国当代社会性质"的讨论。在这场讨论中,以潘毅为代表的一派认为,中国已经成为世界资本主义的中心,对内实行劳动力剥削,对外实行资本输出;以卢荻为代表的一派则认为无论从投资规模还是从产业结构上看,中国目前都不能被称为是资本主义国家,更不用说世界资本主义的中心了。况且,更重要的是,社会主义革命时期遗留下来的若干制度规范在现实生活中依然起着作用,并且有效阻止着资本主义对中国的大肆入侵。前者代表了当代西方激进左翼的立场。这种立场虽然激进,但却是以无视中国革命的历史经验为代价的。因此,它不啻把左派的政治原理教条化了,而且带有非常强烈的历史虚无主义色彩。

都塞一切思想的出发点和落脚点,并且渗透在其理论话语的各个方面。同时,围绕着"生产",他又阐明了关于国家和资本的宏观理论。"生产—国家—资本"这个三位一体的理论体系构成了阿尔都塞文艺评论的基础,它决定了其文艺评论不是一般的美学批评,而是唯物主义的政治批评,其目的在于促进人们对资本主义生产,尤其是意识形态生产的认识。当一切都被纳入"生产—国家—资本"的时候,文学艺术的独立地位也就被取消了,审美产生的感性和欲望也就不再被当作一种本能,不再被"抬高到了理论、理性以及诸如建立联盟这类实际政治议题之上"①,文学艺术不再被当作美学沉思而是被放置在具体的物质与精神生产过程中去考察。它引导我们去思考:美学是在怎样的历史条件下产生的?美学背后隐藏着怎样的意识形态关系?这种关系可以为国家与资本的联姻起到什么作用?审美产生的欲望和激情究竟是自主的还是受制于某种结构?能否作为独立的力量对社会环境产生影响?不管具体的答案如何,这些问题的提出本身就质疑并转换了当代批评理论的话语方式。它们把审美产生的欲望和情感从抽象的、绝对的层面上移置下来,赋予其现实基础,不仅打破了美学的自治神话,更打破了企图依靠纯粹的审美享受改变现实的幻想,从而保证了美学分析的"政治性"和"现实性"。

但是,阿尔都塞并没有使美学分析沦为一种工具,他拒绝任何反映论和决定论,正如他在《论布莱希特和马克思》中所说:"戏剧不是生活,戏剧不是科学,戏剧不是直截了当的政治宣传或骚动","戏剧应当止于戏剧,也就是说,止于一门艺术"。② 正因为有了对艺术特殊性的体认,阿尔都塞的批评实践才没有做出可以保证文学艺术**直接反映**现实的任何承诺。相反,他注意到了"形式"本身的意识形态功能,注意到了文学艺术"反映"现实的曲折性,以及由"形式"产生的审美感性在文化领导权斗争中的重要意义。这就保证了政治分析的"美学性",避免了左翼文化批评重内容、轻形式,重理性、轻感性,重政治、轻美学的倾向。需要注意的是,阿尔都塞对形式和审美感性的肯定,是由对文学艺术特殊性的体认以及左翼文化实践的教训决定的。这种肯定和

---

① 道格拉斯·凯尔纳,斯蒂文·贝斯特:《后现代理论——批判性的质疑》,张志斌译,中央编译出版社 2015 年版,第 319—320 页。
② 路易·阿尔都塞:《论布莱希特和马克思》,见《阿尔都塞论艺术五篇(上)》,陈越译,《文艺理论与批评》2011 年第 6 期。

当代批评理论本质上不是一回事,因为它们拥有各自不同的"难题性"。阿尔都塞的"难题性"是如何通过文学艺术的感性作用,让人们"看到"外部的社会存在和社会斗争,投身于对世界的认识和改造;在这里,"身体"和"感性"最终都指向了外部的"政治"。当代批评理论的"难题性"却是把"欲望""感性"本体论化,切断它们的外部联系;这看似激进,实际上却起到了去政治化的作用。

总而言之,阿尔都塞的文艺评论既是一种政治分析,又是一种美学分析;既研究了如何对资本主义进行理性批判,又探索了形式和感性对文化领导权斗争的作用;既坚持了唯物主义,又坚持了辩证法。这些相辅相成的因素结合起来,构成了阿尔都塞的唯物主义批评的基本面貌,而重读阿尔都塞的文艺评论,其目的正在于为当代批评理论提供了反思的机会,把它们从观念论拉回到唯物主义道路上来。

(作者单位:华东师范大学中文系)

学术编辑:刘 卓

阅读与评论

阿多诺与音乐美学
——《音乐社会学导论·序》

朱立元

阿多诺（T. W. Adorno，1903—1969）[①]是德国著名的哲学家、社会学家、美学家，是"法兰克福学派第一代宗师，西方马克思主义的主要代表人物之一，第二次世界大战之后德国最有影响的思想家之一"[②]。阿多诺1903年出生于德国法兰克福，母亲是职业歌唱家，姨母是钢琴家。在母亲和姨母的音乐教育与熏陶之下，阿多诺从小掌握了大量的专业音乐知识，并练习钢琴和作曲。他和凯倍尔一样，本来是希望走上音乐之路，做一名音乐家的，但是后来发现自己终其一生也难以攀上音乐的顶峰，所以还是走上了正规大学的学术之路。1922年，阿多诺进入法兰克福大学，主要学习哲学、社会学、心理学和音乐，在此期间结识法兰克福学派另一位学术大师霍克海默（Max Horkheimer）。1924年21岁的阿多诺以《胡塞尔现象学中事物的意向之先验性》的论文获得哲学博士学位。[③] 一年以后，阿多诺在维也纳跟随"新音乐"派奠基人勋伯格（Arnold Schönberg）的学生贝尔格（Alban Berg）、韦伯恩（Anton Webern）等人学习音乐理论与作曲。1931年阿多诺以论文《克尔凯郭尔：审美对象的建构》获得法兰克福大学哲学系编外讲师身份，次年，为躲避纳粹，前往英国牛津大学继续学习和研究。1938年，阿多诺受霍克海默邀请来到美国，随后加入纽约社会研究所，1941年成为助理所长。1949年，阿多诺重返德国，担任法兰克福大学哲学、音乐社会学访问教授，并与霍克海默一起重建

[①] 或译作阿道尔诺、阿多尔诺。
[②] 蒋孔阳、朱立元：《西方美学史》（第6卷），《二十世纪美学（上）》，北京师范大学出版社2013年版，第670页。
[③] 魏格豪斯：《法兰克福学派：历史、理论及政治影响》，孟登迎等译，上海人民出版社2010年版，第89页。

社会研究所,1950年任研究所副所长,1958年接替霍克海默任所长,一直到1969年在瑞士因心脏病去世。阿多诺一生著述非常丰富,涉及哲学、社会学、音乐学、美学等诸多领域,学术全集多达23卷①,其中涉及音乐的达16卷。代表性的著作有:《启蒙辩证法:哲学片段》(与霍克海默合著,1947)、《新音乐哲学》(1949)、《音乐社会学导论》(1962)、《否定的辩证法》(1966)、《美学理论》(遗著,1970)等。

阿多诺一生对音乐情有独钟,对音乐的美学研究在其学术生涯中占有相当重要地位,除了哲学、社会学方面的研究,阿多诺将大量精力投入对音乐的理论研究中。总体来看,阿多诺的音乐美学思想主要集中在两个方面:对流行音乐的批判和对严肃音乐的肯定。这两个方面也深刻体现了阿多诺的"否定的辩证法"思想,即通过艺术否定和批判社会现实。其实,阿多诺早在1932年发表的《论音乐的社会情境》中就按照音乐与社会的关系,把音乐分为肯定性与否定性两种类型,前者代表着商业社会中例如爵士乐、轻音乐等流行的音乐形式,而后者则意味着与商业社会及其流行音乐相对立的诸如新维也纳音乐等严肃的音乐形式。② 阿多诺在其后来的《新音乐的哲学》《音乐社会学导论》等著述中,基本延续了这一研究思路。例如,在《新音乐的哲学》的"序言"中,阿多诺自认为该著作更适合作为"霍克海默的《启蒙辩证法》一书的附录"。③ 由此可见,贯穿阿多诺的音乐美学思想始终的,与其说是对音乐本身的欣赏,不如说是通过音乐艺术表达其哲学、社会学思想。

阿多诺一生经历的两次世界大战,西方社会的工业文明与文化工业,都是阿多诺哲学、美学、艺术沉思的历史背景与现实考量。作为法兰克福学派的领军者,阿多诺的哲学思想、美学思想与艺术思想都具有鲜明的社会文化批评与否定哲学的色彩:一方面他毫不留情地批判文化工业对于艺术的格式化、标准化;另一方面又反复论证高雅文

---

① 张一兵:《无调式的辩证想象:阿多诺〈否定辩证法〉的文本学解读》,生活·读书·新知三联书店2001年版,第3页。

② 柯扬:《音乐:作为社会的批判者——阿多诺的否定性音乐美学述评》,《音乐研究》2006年第4期。

③ 阿多诺:《新音乐的哲学》"序"和"导论",转引自朱立元、李钧:《二十世纪西方美学经典文本·第3卷:结构与解放》,复旦大学出版社2001年版,第109页。

化的意义与价值。阿多诺对流行音乐的集中批判,始于1938年避难于美国时所写的《论音乐的拜物教性和听力的退化》一文,在该文中,阿多诺试图借用马克思的商品拜物教理论揭示美国"文化工业"社会下大众传播媒介,尤其是广播对听众感知能力的影响。阿多诺发现,"文化工业"中的音乐消费实践是一种市场化的运作,它严重破坏了传统音乐,并"在听众和音乐之间就出现了一种彼此异化的病变",即"人的意识和精神是与此同等地受损的"。[①]后来,阿多诺在1941年《论流行音乐》中,从流行音乐的生产机制上对导致这种"病变"的原因进行了解释。他认为,与严肃音乐相比,"流行音乐的全部结构都是标准化的,甚至连防止标准化的尝试本身也是标准化的",正因为这种标准化的生产机制,使得流行音乐在细节与架构上都趋于同质化,以至于在流行音乐内部,"位置是绝对的,每一细部都是可以替换的;它的功用就好像是机器里的一个齿轮"。[②]而与齿轮化的流行音乐批量生产相对应的,是伪个性化的音乐创作,以及被消费意识形态牢牢控制的普通大众。阿多诺分析指出,即便是爵士乐的即兴创作,表面看起来是一种个性化的音乐表达,实质上这种即兴乐中的节拍与和弦仍然是标准化的产物。与此同时,流行音乐也切合了商业社会中大众对闲暇的需求,即通过容易听得懂的流行音乐逃避枯燥的现实。然而,"由于音乐结构上的标准化旨在标准化的反映,所以听流行音乐不但要受到推销商的操纵,而且还有受到这种音乐本身固有性质的控制"[③]。在这个意义上,本来作为自律性艺术的流行音乐却完全服务于呈现总体性的商业社会,体现着商业社会的同一性本质,因而也可以说,从艺术与社会的关系角度看,流行音乐本质上是一种他律性的艺术,受其影响的大众自然丧失反抗总体性社会控制的意识。对此,阿多诺在《音乐社会学导论》一书中,通过生产力与生产关系的概念,研究有关音乐的意识形态和经济基础,进一步对流行音乐进行社会学上的批判。通过阿多诺的分析,可以看到,几十年来流行音乐在制作模式上几乎不会改变,它们"不过是把材料硬塞在已预制好的同样的空罐头里充作商品出售罢了",而习惯这种音乐的听众"都会不自觉地涌起机械性的反

[①] 斯茨勃尔斯基:《阿多诺的新音乐哲学》,王才勇译,《南京艺术学院学报》(音乐与表演版)1989年第3期。
[②] 阿多诺:《论流行音乐》,周欢译,《当代电影》1993年第5期。
[③] 赵勇:《整合与颠覆:大众文化的辩证法》,北京大学出版社2005年版,第66页。

应,事实上,他们的情感在这种音乐里已经预制好了,没有自我酝酿的机会和可能"。① 阿多诺上述对流行音乐商品化、标准化的一系列批判是十分深刻的,至今没有过时。由此,他把问题聚集于:音乐如何抵制"文化工业"所带来的消费逻辑和商业文化。阿多诺认为,"音乐的哲学今天只能是现代音乐的哲学"②,而他所谓的现代音乐,即是以勋伯格、贝尔格为代表的新维也纳乐派。他认为,新维也纳乐派的现代音乐是在音乐领域抵制文化工业的正面力量。

从音乐史的角度来说,新维也纳乐派对现代音乐的主要贡献在于创立了十二音体系。这种新音乐来自勋伯格对音乐技法的改革,他将瓦格纳(R. Wagner)浪漫主义传统的半音化调性体系改造为无调性的十二音技法,彻底突破"传统音乐中那种固有的持续性、动机、主题的展开,完整、延绵的旋律结构,音乐中常规的逻辑发展等等都受到剧烈的冲击和破坏,形成强烈的两极对照"。③ 阿多诺在年轻时代所接受到的音乐熏陶正是这种出现在 20 世纪初期的新生事物,由此,他极力推崇勋伯格的无调性音乐。当然,与对流行音乐的考察一样,阿多诺不仅从音乐学的角度对无调性音乐进行评论,而且从社会学的角度发掘这种音乐的社会批判功能。事实上,与勋伯格的无调性音乐相对,阿多诺在《现代音乐哲学》一书中,还讨论了现代音乐的另一类代表,即斯特拉文斯基(Igor F. Stravinsky)的"新古典主义"音乐。而这种音乐看重的恰恰是调性在音乐结构中的地位和作用。正如斯特拉文斯基所说:"调性体系或极性中心是为了使我们安排有序,明确地说,就是形式,在这个形式中创作的努力获得成果。"④ 然而,阿多诺指出,"商业社会本身的运动强调总体性,要求调性因素在最基本的功能水平上与社会的运动相适应",例如,"维也纳古典主义的和谐——经过痛苦牺牲才得到的和谐,和浪漫主义的奔放和憧憬,都已作为家用饰

---

① 杨小滨:《否定的美学:法兰克福学派的文艺理论和文化批评》,上海三联书店 1999 年版,第 128 页。
② 阿多诺:《新音乐的哲学》"序"和"导论",转引自朱立元、李钧:《二十世纪西方美学经典文本·第 3 卷:结构与解放》,第 116 页。
③ 于润洋:《对一种社会学派音乐哲学的考察(下)——阿多诺〈新音乐的哲学〉一书的解读和评论》,《中国音乐学》1995 年第 2 期,第 37 页。
④ 斯特拉文斯基:音乐现象(《音乐诗学》第一章,1942),转引自张洪模:《现代西方艺术美学文选——音乐美学卷》,春风文艺出版社/辽宁教育出版社 1991 年版,第 60 页。

物投放市场"。① 这也就是说，调性音乐在功能上符合商业社会的需要，已经沦为娱乐大众的文化商品。而勋伯格的无调性的十二音体系有着"实现自己的启蒙原则，不理睬文化工业装模作样的天真，成为工业所追求的全面控制的对立面，由于真实而遭排斥"。② 正是在无调性音乐遭到社会排斥的地方，阿多诺看到了这种音乐对现实社会的批判价值和意义，因为"对于阿多诺来说，是否具有否定性的内涵，这是他评价现代音乐的社会价值和艺术价值的标准"。③ 阿多诺始终认为，音乐是自律和他律的统一。当音乐受到总体性社会的束缚时，自律性就起到抵抗的作用。尤其是在资本主义现代社会，在商品化的生产逻辑下，音乐的自律性显得更加重要，越是自律性的音乐，就越能体现出对他律性的反抗。无调性音乐尽管在审美上表现为对旋律与和声的破坏，呈现出混乱和断片的样式，但是这种形式却打破了工业化社会中技术理性对个人的控制，以不妥协的先锋姿态抵制商业化的音乐消费实践，可以说，无调性音乐达到了以其极端自律性的美学样式批判和否定现实社会的目的。这一从音乐审美特质本身出发，对总体性现实社会商业化逻辑的深刻批判，体现了阿多诺音乐美学思想的独创性和独特性，值得我们细细地体会和领悟。

《音乐社会学导论》是阿多诺重要的音乐哲学美学论著，也是阿多诺1961年到1962年在法兰克福大学讲授《音乐社会学》课程的讲义。在法兰克福大学授课的同时，阿多诺应当时电台的邀请就音乐的类型、功能、接受，以及音乐内部的歌剧、室内乐、乐队和指挥、流行音乐、现代音乐，包括音乐的民族性、大众性等分专题进行讲座播出，所以这部著作的大部分曾经被北德意志广播电台在音乐讲座节目中播出。因而，这部著作的刊发形式与其教学和广播讲座的特定要求有密切关系。

本书是 Von Theodor W. Adorno: *Einleitung in die Musiksoziologie* 的全译本，由梁艳萍、马卫星、曹俊峰共同合作首次从德文翻译出来。在翻译过程中，译者参照了《音乐社会学导论》的英译本、俄译本和日

---

① 阿多诺：《新音乐的哲学》"序"和"导论"，转引自朱立元、李钧：《二十世纪西方美学经典文本·第3卷：结构与解放》，第115页。
② 同上，第120页。
③ 于润洋：《对一种社会学派音乐哲学的考察（上）——阿多诺〈新音乐的哲学〉一书的解读和评论》，《中国音乐学》1995年第1期。

译本(主要参照日译本和俄译本),并从中借鉴了相关的词语解释,既保证了翻译的准确性和学术质量,又有助于读者的理解。我相信,这部译著的出版,将有助于学界对于阿多诺音乐美学,以及他整个美学思想研究的深入,也为有兴趣的读者提供一个比较可靠的中译本。为此,我们应该感谢三位译者的辛勤劳动!

姑以此一小文代序。

(特奥多尔·W.阿多诺:《音乐社会学导论》,梁艳萍、马卫星、曹俊峰译,中央编译出版社2018年版)

(作者单位:复旦大学中国语言文学系)

学术编辑:胡　镓

《情感与行动——实用主义之道》中译本导言

[美]理查德·舒斯特曼
高砚平 译

中国读者熟悉我的哲学思想,多是通过我的实用主义美学与身体美学。这本新著,则旨在为我的实用主义哲学提供更加宽泛的认识。我的实用主义美学和身体美学正是内嵌于此框架之中,而且大多数主要路径也源出于此。因此,本书着力于解释的是,为何实用主义哲学不仅促生了我倡导的那种经验性的、行动主义的美学,而且也孕育了哲学作为一种生活艺术的观念,以及构成生活艺术之重要组成部分的身体美学。当然,身体美学又超出了哲学生活实践的范围,最终构建出一个跨学科领域,以探索身体在知觉、实践和表征中的用途,考究我们呈现、装饰身体的方式中包含的价值观。

实用主义美学和身体美学是实用主义哲学(起始于19世纪晚期)晚近的发展形式。本书在解释这种哲学如何最终滋生了独树一帜的美学和身体美学时,先是探究在我看来最核心、特别、有用的实用主义原则,及其主要的方向或倾向,继而探讨三位实用主义先驱(皮尔斯、威廉·詹姆斯和约翰·杜威)以及爱默生的美学观;爱默生是实用主义哲学的重要、持久的灵感来源,不过他在实用主义哲学正式披名之前已然离世。该书在考察实用主义美学谱系学时显示,虽然实用主义美学深植于经典实用主义思想,实质上却是新实用主义的产物,直至实用主义复兴的20世纪末叶才得到广泛认可,乃有明确响亮的"实用主义美学"之名。为进一步阐明实用主义的性质,该书亦对20世纪最重要的理论家皮尔·布尔迪厄的批评予以分析、反驳,但布尔迪厄也认同实用主义的诸多核心观点,比如实践的重要性、习性、具身化,以及塑造艺术创作与欣赏的社会政治因素等。最后,为深入认识实用主义,指明其意义和价值并不限于美学,更在于一般的文化理解,该书以实用主义之道探询艺术、宗教、文本性和生活,同时也将实用主义置入与非西方哲学,尤其是与东亚哲学的对话之中。

此书核心的阐说与主张,呈现于如下一系列文章,分作三篇:第一篇论及一般的实用主义,勾勒出基本原则和典型态度。在起始的短章中,我阐明自己倡导的实用主义的十条核心原则。第二章提出,虽然实用主义哲学通常等同于实践和行动概念(以及批评性地统治实践和行动的工具性思考),它实则也侧重情感(affect)或感受(feeling)。若无这种情绪的、情感的能量或冲动,我们定会丧失行动或持续思考的动力。这一章先是梳理经典实用主义家(皮尔斯、詹姆斯和杜威)、18世纪美国哲学家乔纳森·爱德华兹、新实用主义家理查德·罗蒂等人对情感一词的不同用法,之后探讨实用主义家如何吸收认知科学的新发展,探索情感的认知用途,继而阐明有着实用主义渊源的身体美学(通过提升身体技能来锐化情感感受力、控制力)如何促进认知科学的发展并改善日常生活行动。第三章则通过梳理"身体"在经典实用主义和新实用主义中的角色,进而解释身体美学根植于实用主义哲学的方式和原因。

第二篇较为集中地谈论实用主义美学,通过追溯其谱系学来厘清主要观念,又假借来自对立视角的批评来检验其中一些观念。本篇始于考察重要诗人、散文家爱默生(也是詹姆斯的教父)的美学观,展示他如何生动地呈现实用主义关于艺术和审美经验的诸多实用主义立场——杜威日后则以更哲学、体系性的方式做阐说与辩护。继之,探究首位引入实用主义概念的哲学天才皮尔斯的美学以及身体美学观念。虽然皮尔斯憾称自己远非美学专家,但显然承认美学的核心地位,并将其与逻辑学、伦理学并置而恭列为三种规范性学科。他提出,感性知觉,若其各因素的总和呈现了独特、直接的感受特质,则堪称审美,哪怕其呈现的感受并非愉悦。此外,皮尔斯论及知觉和内省的性质及其训练,更与身体美学之提高观察能力和反思意识的研究息息相关。

第六章的主题是皮尔斯友人威廉·詹姆斯。不同于皮尔斯,詹姆斯深谙艺术与审美理论,甚至自小沉淫画事。但跟皮尔斯一样,他也未曾专门探究过美学理论。原因在于,他认为审美哲学理论从未贴近艺术品中最重要、独特的部分,而正是这种特殊、不可界定、无以言传的特质,令作品之良莠高下立判。然而,从詹姆斯论及其他主题的著述,尤其是两卷本巨著《心理学原理》论注意力和意识流的篇什中,我们却可抽绎出他基本的美学观,且发现他关于意识统一性的理论,大约预备并塑造了杜威的审美经验统一性原则。

下一章转向杜威美学。我先是解释为何杜威从未使用实用主义一词来构造自己的美学,以及为何他使经验成为其艺术理论的决定性概念,随后批评性地分析这一论点,即审美经验的基本内核——无处不在的、统一的特质——是一切经验和思想的本质;继而阐明为何杜威反复拒绝"实用主义美学"概念,以及为何有待20世纪末叶的新实用主义来确立此概念,同时却又引杜威为渊源。

第二篇最后一章将布尔迪厄旨趣大异的艺术理论与实用主义美学并置相参。布尔迪厄批评实用主义的审美经验概念太过主观、不科学,也拒斥实用主义的修正主义理论和审美阐释,而以实用的实践和行动概念替代经验,将美学转变为解释艺术品起源的所谓艺术科学。布尔迪厄曾对我本人的思想(以及我的人生)产生过重要影响,我故而是怀着敬意回应他的批评的,我解释我们之间的不同,即学科模式和策略之不同,但也申说实用主义的多元论优势所在,它其实可以涵括布尔迪厄的起源解释及其他理解艺术的富有成效的方式。

第三篇即最后部分,是对实用主义某些议题的阐发,也转而更一般地考量实用主义,探索实用主义视角如何在今日渐趋世俗、全球化的世界中,为人生行为的重要哲学问题提供借鉴之用。开篇第九章旨在分析艺术与宗教之间千丝万缕的关联,先是解释19世纪末期以来,世俗化压力如何致使诸多西方思想家(包括一些实用主义家)转向艺术,以艺术替代宗教,因为传统宗教的宇宙论、本体论或历史事实,于智识阶层而言已然不复可信。我继而指出,艺术的当代话语虽自谓世俗化,实际上却深受传统宗教观念的塑造,比如,艺术与超自然或彼世的关联性。为此我集中分析了丹托艺术理论中的一个重要概念——"变容"(transfiguration),指明它实则含有深刻的宗教根源(耶稣神奇的超验性变容),继而探究实用主义哲学与禅宗如何给出更具内在性的"变容"观念,而此观念与彼世本体论全无关联,实是交互感知的效果而已。

实用主义与东亚哲学的关系,在第十章获得更加细致的探讨与展开。在这一章中,我多是在比较视域中关注中国古典哲学,以儒家为主,亦旁涉老庄。但目的却并不在观念之比较,而是希求在实用主义和中国哲学之间建立更加有力的对话。这有利于创造新的哲学思考来整合中西方思想,应对中美文化举世瞩目的新时代。身体美学乃其中一例。虽说身体美学侧重身体在知觉、思想、行动、伦理生活艺术中的重要性,但该书末章则指出,这并无意于排除或贬低书写在哲学实践和生活艺术之中的重要性。我们实际上需要在话语和非话语层面上齐驱并进;提升行为,亦提升语言,因为语言使用实是行为之一种。回到第一章阐明的原则:实用主义多元论。世界盘根错节,甚至我们颇为有限的回应,也令任何单维度哲学不知所措。须从工具盒中取用多样工具,并随世界状况之变化而积极发现新工具。哲思之业常在常新。

在收尾之处,我很乐意说明此书与中国的特殊关联。此书对艺术和情感的关注既是实用主义的,也是中国的。倘若说,中国古典哲学与实用主义皆强调实践和行动,是显而易见的,那么两者皆深切关注情感这一点,却有些含糊。我在中国的一次有趣经历或可证明。那是中国人民大学举办的《身体意识与身体美学》(*Body Consciousness*)的研讨会上,席间一位中国学者竟然说道,我更像一位中国哲学家,而不太像是美国实用主义家。我问他何出此言。他回答说,因为我像中国人那样用"心"思想,以他之见,实用主义总是关注工具性的、实践性的、科学的理性,而罔顾感受于思想的意义。那么此书将会有力地显示,美国实用主义家也是以"心"运"思"的,倘非如此,他们就断然不愿意去"思"了。

此书另一个重要的中国面向是,它的内容和结构是基于我 2017 年春天受邀复旦大学"高峰论坛"而做的系列讲座。复旦又筹措了它的翻译与出版。在此,对于复旦大学,尤其是朱立元教授、张宝贵教授和陆扬教授的种种慷慨,我深表谢意。此外,此书诚然译自我的英文文字,但完整的英文版本却尚不存在,我因此要特别感谢高砚平博士的悉心协助。她不仅翻译,且还从事繁重的编辑工作,遂使一系列独立的、偶或未经修葺的演讲稿转变为一部完整连贯的书。中国学者若从此书略有所获,也该对她表示感谢呢。

(理查德·舒斯特曼:《情感与行动——实用主义之道》,高砚平译,商务印书馆 2018 年版)

(作者单位:美国佛罗里达亚特兰大大学)

学术编辑:刘　卓

《外国美学》征稿启事

《外国美学》集刊自创刊至今已经有三十多年的历史。1983年，朱光潜先生在为《外国美学》集刊创刊所写的贺词中写道："今天已不再是闭关自守的时代，坐井观天者就难免诬天渺小。……在汝信同志的领导之下办好这个《外国美学》专刊，我相信它既有助于提高美学著作的质量，同时也有助于培养出一批杰出的美学方面的科学家。"几十年来，《外国美学》没有辜负朱光潜先生的期望，在培育人才、积聚研究力量、推动中国美学的发展方面，做了很多工作，刊出了一批好文章，形成了自己的传统。

研究外国美学，借鉴外国美学，与国际美学界对话，发展中国美学，这是中国美学家们的共同心愿，也是我们这个集刊的宗旨。近年来，中国美学界与国际美学界的对话和交流有了长足的发展。一些重要的国际美学会议在中国召开，中国学者参与国际美学活动的意愿和能力也有了很大的提高。外国美学研究的一些新的成果，也陆续被介绍到国内。美学这个学科正在重新受到全社会的普遍关注，对人的全面发展起着越来越重要的作用。

《外国美学》将继续保持这个集刊已经形成的坚持马克思主义指导、学风严谨、信息量大、覆盖面广的传统，努力做到古典美学和当代美学并重，中国学者的研究性论文与外国美学重要论文的翻译并重，专论与研究信息介绍并重，哲学美学与各门类艺术美学并重，使集刊的学术质量有进一步的提高。

本集刊将邀请当代世界最重要的美学家、国际美学协会的主要负责人，以及国内对外国美学有专门研究的学者担任编委，形成一个中外结合的编委会，同时，充分发挥编委会的作用，将《外国美学》办成一个高质量的介绍和研究国外美学的重要平台。

《外国美学》在中华美学学会的指导下，由中国社会科学院文学研究所部分科研人员与扬州大学文学院合作编辑，在江苏凤凰教育出版社出版。《外国美学》敬请各位专家赐稿。稿件范围包括国内学者首次发表的有关国外古代和现当代美学的研究论文、研究动态，国外学者首次发表的论文及经典性论文或重要论著选段的译作（请自行解决版权）。

论文请附200字左右的内容提要和3—5个关键词，文章标题需要译成英文。来稿格式务必符合国家统一标准，注释一般采用脚注，每页重新编号，以①②③……顺序自动编排；特殊稿件，可采用尾注。来稿作者请在文末注明真实姓名、学历、职称、工作单位、联系方式等。若系译稿，请附原文。来稿请注明"《外国美学》稿件"。

电邮地址：waiguomeixue@aliyun.com
waiguomeixue@hotmail.com